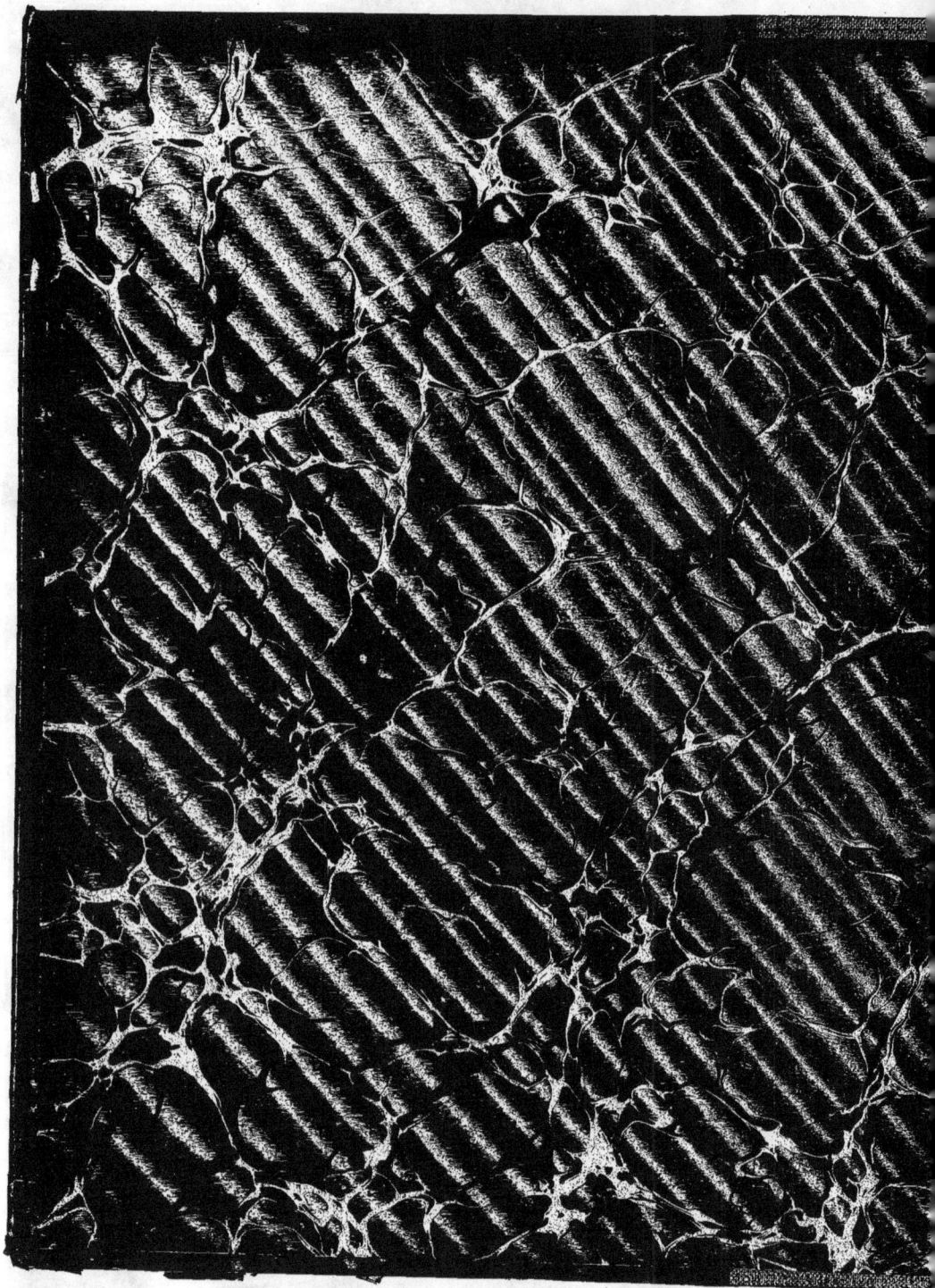

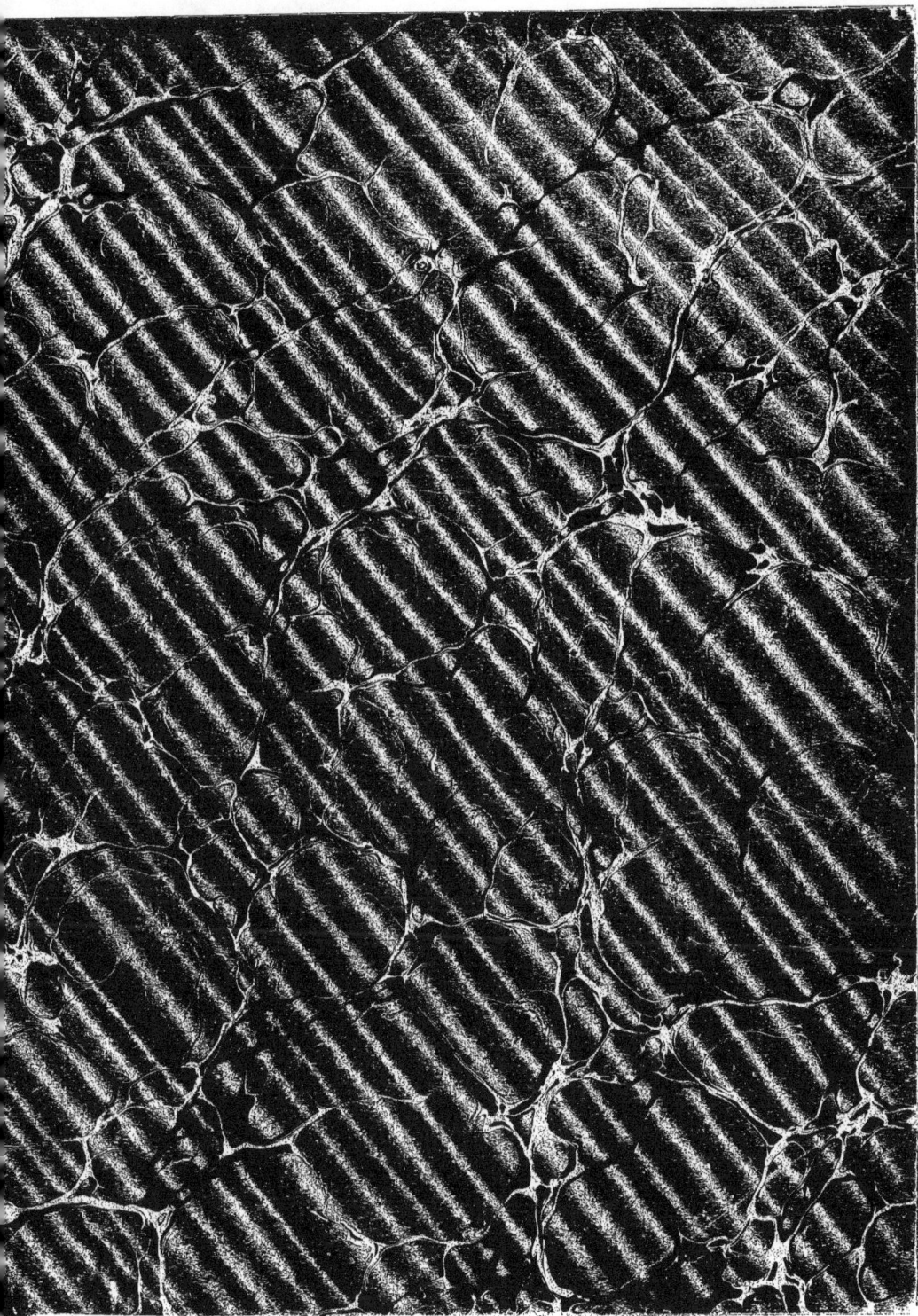

G. EIFFEL

OFFICIER DE LA LÉGION D'HONNEUR

ANCIEN PRÉSIDENT DE LA SOCIÉTÉ DES INGÉNIEURS CIVILS DE FRANCE

Travaux Scientifiques

EXÉCUTÉS

A LA TOUR DE TROIS CENTS MÈTRES

DE 1889 A 1900

PARIS

L. MARETHEUX, IMPRIMEUR

1, RUE CASSETTE, 1

MDCCCC

Fol. V
4091

Hommage de
G. Eiffel

Travaux Scientifiques

EXÉCUTÉS

À LA TOUR DE TROIS CENTS MÈTRES

De 1889 à 1900

Marzocchi pinx.   Imp. Ch. Wittmann

G. Eiffel

G. EIFFEL

OFFICIER DE LA LÉGION D'HONNEUR

ANCIEN PRÉSIDENT DE LA SOCIÉTÉ DES INGÉNIEURS CIVILS DE FRANCE

Travaux Scientifiques

EXÉCUTÉS

A LA TOUR DE TROIS CENTS MÈTRES

DE 1889 A 1900

PARIS

L. MARETHEUX, IMPRIMEUR

1, RUE CASSETTE, 1

MDCCCC

AVANT-PROPOS

L'exposé qui va suivre est extrait d'un ouvrage qui vient de paraître, constituant la monographie complète de la Tour de trois cents mètres, comme historique, calculs, exécution des travaux, description des organes mécaniques et applications scientifiques (La Tour de trois cents mètres, Imprimeries Lemercier, texte in-folio de 382 pages, album de 67 planches in-folio).

Il m'a paru utile d'en détacher le chapitre relatif aux travaux scientifiques, non seulement en raison de l'intérêt propre qui s'attache à chacun d'eux, mais encore pour répondre à ce reproche d'inutilité que tant de personnes peu renseignées continuent encore d'adresser à la Tour, malgré la grande part qu'elle peut revendiquer dans le succès de l'Exposition de 1889.

J'ai fait précéder cet exposé d'un chapitre relatif aux origines de la Tour, en y joignant une description et des renseignements très sommaires.

Enfin, un Appendice, extrait en majeure partie de la publication : « Les grandes usines, de Turgan », contient une Notice sur les travaux exécutés par mes Etablissements industriels, de 1867 à 1890.

CHAPITRE PREMIER

ORIGINES DE LA TOUR ET DESCRIPTION SOMMAIRE

---

§ 1. — Projets antérieurs.

Sans remonter à la Tour de Babel, on peut observer que l'idée même de la construction d'une tour de très grande hauteur a depuis longtemps hanté l'imagination des hommes.

Cette sorte de victoire sur cette terrible loi de la pesanteur qui attache l'homme au sol lui a toujours paru un symbole de la force et des difficultés vaincues.

Pour ne parler que des faits de notre siècle, la *Tour de mille pieds*, qui dépassait par sa hauteur le double de celle que les monuments les plus élevés construits jusqu'alors avaient permis d'atteindre, s'était posée dans l'esprit des ingénieurs Anglais et Américains comme un problème bien tentant à résoudre. L'emploi nouveau du métal dans la construction permettait d'ailleurs de l'aborder avec chance de succès.

En effet, les ressources de la maçonnerie, au point de vue de la construction d'un édifice très élevé, sont fort limitées. Dès que l'on aborde ces grandes hauteurs de mille pieds, les pressions deviennent tellement considérables que l'on se heurte à des impossibilités pratiques qui rejettent l'édifice projeté au rang des chimères irréalisables.

Mais il n'en est pas de même avec l'emploi de la fonte, du fer ou de l'acier, que ce siècle a vu naître comme matériaux de constructions, et qui a pris un développement si considérable. Les résistances de ces métaux se meuvent dans un champ beaucoup plus étendu, et leurs ressources sont toutes différentes.

Aussi, dès la première apparition de leur emploi dans la construction, l'ingénieur anglais Trevithick, en 1833, proposa d'ériger une immense colonne en fonte ajourée de 1.000 pieds de hauteur (304,80 m), ayant 30 mètres à la base et 3,60 m au sommet. Mais ce projet fort peu étudié ne reçut aucun commencement d'exécution.

La première étude sérieuse qui suivit eut lieu en 1874, à l'occasion de l'Exposition de Philadelphie. Il fut parlé plus que jamais de la Tour de mille pieds, dont le projet (décrit dans la Revue scientifique « La Nature ») avait été établi par deux ingénieurs américains distingués, MM. Clarke et Reeves. Elle était constituée par un cylindre en fer de 9 mètres de diamètre maintenu par des haubans métalliques disposés sur tout son pourtour et venant se rattacher à une base de 45 mètres de diamètre. Malgré le bruit fait autour de ce projet et le génie novateur du Nouveau-Monde, soit que la construction parût trop hardie, soit que les capitaux eussent manqué, on recula au dernier moment devant son exécution; mais cette conception était déjà entrée dans le domaine de l'ingénieur.

En 1881, M. Sébillot revint d'Amérique avec le dessin d'une Tour en fer de 300 mètres, surmontée d'un foyer électrique pour l'éclairage de Paris, projet sur le caractère pratique duquel il n'y a pas à insister.

MM. Bourdais et Sébillot reprirent en commun l'idée de cet édifice, mais leur *Tour soleil* était cette fois en maçonnerie. Ce projet soulevait de nombreuses objections qui s'appliquent d'ailleurs à une construction quelconque de ce genre.

La difficulté des fondations, les conséquences dangereuses qui pourraient résulter, soit des tassements inégaux du sol (tassements qui, dans le cas d'une tour en fer, n'ont aucun inconvénient sérieux), soit des tassements inégaux des mortiers et de leur prise insuffisante au sein de ces gros massifs, les difficultés et les lenteurs de construction qu'entraînerait la mise en œuvre du cube énorme des maçonneries nécessaires, ainsi que le prix considérable de l'ouvrage, — toutes ces considérations nous ont donné la conviction qu'une tour en maçonnerie, très difficile à projeter théoriquement, présenterait en pratique des dangers et des inconvénients considérables, dont le moindre est celui d'une dépense tout à fait disproportionnée avec le but à atteindre. Le fer ou l'acier nous semble donc la seule manière capable de mener à la solution du problème. Du reste, l'Antiquité, le Moyen âge et la Renaissance ont poussé l'emploi de la pierre à ses extrêmes limites de hardiesse, et il ne semble guère possible d'aller beaucoup plus loin que nos devanciers avec les mêmes matériaux, — d'autant plus que l'art de la construction n'a pas fait de très notables progrès dans ce sens depuis bien longtemps déjà.

Voici du reste la hauteur des plus hauts monuments du monde actuellement existants :

Colonne de la place Vendôme.	45 mètres.
Colonne de la Bastille.	47 —
Tours de Notre-Dame de Paris.	66 —
Panthéon	79 —
Capitole de Washington	93 —
Cathédrale d'Amiens	100 —
Flèche des Invalides	105 —
Dôme de Milan.	109 —
Saint-Paul de Londres.	110 —
Cathédrale de Chartres	113 —
Tour Saint-Michel, à Bordeaux.	113 —
Cathédrale d'Anvers	120 —
Saint-Pierre de Rome	132 —
Tour Saint-Etienne, à Vienne.	138 —
Cathédrale de Strasbourg	142 —
Pyramide de Chéops.	146 —
Cathédrale de Rouen.	150 —
Cathédrale de Cologne.	156 —
Obélisque de Washington	169 —
Tour Môle Antonelliana, à Turin.	170 —

L'édifice, tel que nous le projetions avec sa hauteur inusitée, exigeait donc rationnellement une matière sinon nouvelle, mais au moins que l'industrie n'avait pas encore mise à la portée des ingénieurs et des architectes qui nous avaient précédés. Cette matière ne pouvait pas être la fonte, laquelle résiste fort mal à des efforts autres que ceux de simple compression; ce devait être exclusivement le fer ou l'acier, par l'emploi desquels les plus difficiles problèmes de construction se résolvent si simplement, en nous permettant d'établir couramment soit des charpentes, soit des ponts à grande portée, qui auraient paru autrefois irréalisables.

§ 2. — Considérations générales sur les piles métalliques.

J'avais eu l'occasion, dans ma carrière industrielle, de faire de nombreuses études sur les piles métalliques, notamment en 1869 avec M. Nordling, ingénieur de la Compagnie d'Orléans. Je construisis, sous les ordres de cet éminent ingénieur, deux des grands viaducs de la ligne de Commentry à Gannat, ceux de la Sioule et de Neuvial.

Les piles de ces viaducs, dont la partie métallique a une hauteur maxima de 51 mètres au-dessus du soubassement en maçonnerie, étaient constituées par des colonnes en fonte, réunies par des entretoises en fer. . . . .

Je me suis attaché depuis à ce genre de construction, mais en remplaçant la fonte par le fer afin d'augmenter les garanties de solidité.

Le type de piles que j'y ai substitué consiste à former celles-ci par quatre grands caissons quadrangulaires, ouverts du côté de l'intérieur de la pile, et dans lesquels viennent s'insérer de longues barres de contreventement de section carrée, susceptibles de travailler aussi bien à la compression qu'à l'extension sous les efforts du vent.

Ce type est devenu courant et je l'ai employé à de nombreux viaducs. Parmi ceux-ci, je ne citerai que le pont du Douro, à Porto, — dont l'arche centrale comporte un arc métallique de 160 mètres d'ouverture et de 42^m,50 de flèche, et le viaduc de Garabit (Cantal), qui franchit la Truyère à une hauteur de 122 mètres. On sait que ce viaduc, d'une longueur de 564 mètres, a été établi sur le type du pont du Douro et que son arche centrale est formée par un arc parabolique de 165 mètres d'ouverture et de 57 mètres de flèche. C'est dans ce dernier ouvrage que je réalisai le type définitif de ces piles dont la hauteur atteint 61 mètres pour la partie métallique seule.

La rigidité des piles ainsi constituées est très grande, leur entretien très facile et leur ensemble a un réel caractère de force et d'élégance.

Mais si l'on veut aborder des hauteurs encore plus grandes et dépasser 100 mètres, par exemple, il devient nécessaire de modifier le mode de construction. — En effet, si les pieds de la pile atteignent la largeur de 25 à 30 mètres nécessaire pour ces hauteurs, les diagonales d'entretoisement qui les réunissent prennent une telle longueur que, même établies en forme de caisson, elles deviennent d'une efficacité à peu près illusoire et en même temps leur poids devient relativement très élevé. Il y a donc grand avantage à se débarrasser complètement de ces pièces accessoires et à donner à la pile une forme telle que tous les efforts tranchants viennent se concentrer dans ses arêtes. A cet effet, il y a intérêt à la réduire à quatre grands montants dégagés de tout treillis de contreventement et réunis simplement par quelques ceintures horizontales très espacées.

S'il s'agit d'une pile supportant un tablier métallique, et si l'on ne tient compte que de l'effet du vent sur le tablier lui-même, lequel est toujours considérable par rapport à celui qui s'exerce sur la pile, il suffira, pour pouvoir supprimer les barres de contreventement des faces verticales, de faire passer les deux axes des arbalétriers par un point unique placé sur le sommet de cette pile.

Il est évident, dans ce cas, que l'effort horizontal du vent pourra se décomposer directement suivant les axes de ces arbalétriers, et que ceux-ci ne seront soumis à aucun effort tranchant.

Si, au contraire, il s'agit d'une très grande pile, telle que la Tour actuelle, dans laquelle il n'y a plus au sommet la réaction horizontale du vent sur le tablier, mais simplement l'action du vent sur la pile elle-même, les choses se passent différemment et il convient, pour supprimer l'emploi des barres de treillis, de donner aux montants une courbure telle que les tangentes à ces montants, menées en des points situés à la même hauteur, viennent toujours se rencontrer au point de passage de la résultante des actions que le vent exerce sur la partie de la pile qui se trouve au-dessus des points considérés.

Enfin, dans le cas où l'on veut tenir compte à la fois de l'action du vent sur le tablier supérieur du viaduc et de celle que subit la pile elle-même, la courbe extérieure de la pile est moins infléchie et se rapproche de la ligne droite.

Ce nouveau système de piles sans entretoisements et à arêtes courbes fournit pour la première fois la solution complète des piles d'une hauteur quelconque.

§ 3. — Avant-projet de la Tour actuelle.

C'est l'ensemble de ces recherches qui me conduisit de suite à considérer comme réalisable, à l'aide d'études approfondies, l'avant-projet que deux de mes plus distingués collaborateurs, MM Émile Nouguier et Maurice Kœchlin, ingénieurs de ma maison, me présentèrent pour l'édification, en vue de l'Exposition de 1889, d'un grand pylône de 300 mètres ; cet avant-projet réalisait, d'après des études qui nous étaient communes, le problème de la Tour de 1.000 pieds. Ils s'adjoignirent pour la partie architecturale M. Sauvestre, architecte.

Je n'hésitai pas à assumer la responsabilité de cette entreprise et à consacrer à sa réalisation des efforts que je ne croyais certes pas, à ce moment, devoir être aussi grands.

Quoique j'aie moi-même dirigé les études définitives et l'exécution de l'œuvre avec l'aide des ingénieurs de ma maison, j'attribue avec d'autant plus de plaisir à MM. Nouguier et Kœchlin, mes collaborateurs habituels, la part qui leur revient, que, soit pour les études définitives, soit pour les travaux de montage, ils n'ont cessé de m'apporter un concours qui m'a été des plus précieux. M. Maurice Kœchlin principalement a suivi toutes les études avec une science et un zèle auxquels je me plais à rendre hommage.

§ 4. — Présentation et approbation des projets.

On me permettra de faire, pour l'historique de cette période, de larges emprunts au magistral *Rapport Général* de M. Alfred Picard, Inspecteur Général des Ponts et Chaussées, Président de section au Conseil d'Etat, aujourd'hui Commissaire Général de l'Exposition de 1900 (Tome deuxième — Tour Eiffel).

« Ces indications (*sur les hautes piles métalliques*) mettent en lumière et montrent en même temps combien, dans les ouvrages considérables, on était resté loin de la hauteur assignée à la Tour du Champ-de-Mars. Elles mettent aussi en lumière la part si large prise par M. Eiffel dans l'étude et l'exécution des travaux de ce genre : par sa science, par son expérience, par les progrès considérables qu'il a réalisés dans les procédés de montage, par la puissance de production de ses ateliers, cet éminent constructeur était tout désigné pour entreprendre l'œuvre colossale qui a définitivement consacré sa réputation.

« L'entreprise était bien faite pour tenter un constructeur habile, expérimenté et audacieux comme M. Eiffel : il n'hésita point à en assumer la charge et à présenter des propositions fermes au Ministre du Commerce et de l'Industrie en vue de comprendre la Tour dans le cadre de l'Exposition universelle de 1889.

« Dans la pensée de M. Eiffel, cette œuvre colossale devait constituer une éclatante manifestation de la puissance industrielle de notre pays, attester les immenses progrès réalisés dans l'art des constructions métalliques, célébrer l'essor inouï du génie civil au cours de ce siècle, attirer de nombreux visiteurs et contribuer largement au succès des grandes assises pacifiques organisées pour le Centenaire de 1789.

« Les ouvertures de M. Eiffel reçurent un accueil favorable de l'Administration. Lorsque, à la date du 1er mai 1886, M. Lockroy, alors Ministre du Commerce et de l'Industrie, arrêta le programme du concours pour l'Exposition de 1889, il y inséra l'article suivant : « Les « concurrents devront étudier la possibilité d'élever sur le Champ-de-« Mars une tour en fer à base carrée, de 125 mètres de côté à la base « et de 300 mètres de hauteur. Ils feront figurer cette tour sur le plan du « Champ-de-Mars, et, s'ils le jugent convenable, ils pourront présenter « un autre plan sans ladite tour. »

« On peut dire que, dès cette époque, le travail était décidé en principe. »

Peu de jours après, le 12 mai 1886, M. Lockroy instituait une Commission pour l'étude et l'examen du projet d'exécution que j'avais présenté.

Cette Commission était ainsi composée : Le Ministre du Commerce et de l'Industrie, président; — MM. J. Alphand, Directeur des travaux de la Ville de Paris; — G. Berger, ancien Commissaire des Expositions internationales; — E. Brune, architecte, professeur à l'École des Beaux-

Arts; — Ed. Collignon, ingénieur en chef des Ponts et Chaussées; — V. Contamin, professeur à l'Ecole Centrale; — Cuvinot, sénateur; — Hersent, Président de la Société des Ingénieurs civils; — Hervé-Mangon, Membre de l'Institut; — Ménard-Dorian, député; — Molinos, Administrateur des Forges et Aciéries de la Marine; — Amiral Mouchez, Directeur de l'Observatoire; — Phillipps, Membre de l'Institut.

« La Commission s'est réunie au Ministère du Commerce et de l'Industrie, le 15 mai 1886. Dans cette première séance, le Ministre a rappelé que l'adoption définitive. du projet présenté par M. G. Eiffel restait subordonnée aux décisions ultérieures de la Commission de contrôle et de finances, et que la Commission actuelle était exclusivement chargée d'étudier ce projet au point de vue technique et d'émettre un avis motivé sur les avantages qu'il présente et les modifications qu'il pourrait comporter. La Commission a entendu les explications fournies par M. G. Eiffel et a confié l'étude détaillée des plans et la vérification des calculs à une Sous-Commission composée de MM. Phillipps, Collignon et Contamin.

« Dans sa seconde séance, tenue le 12 juin, la Commission a reçu lecture du rapport présenté, au nom de la Sous-Commission, par M. Collignon, et, par un vote, a adopté à l'unanimité les conclusions de ce rapport. Ensuite, sur l'invitation du Ministre, elle s'est livrée à l'examen des divers autres projets de tour dont le Ministre s'était trouvé saisi dans l'intervalle des deux séances. Après avoir successivement examiné les projets présentés par MM. Boucher, Bourdais, Henry, Marion, Pochet, Robert, Rouyer et Speyser, la Commission a écarté plusieurs d'entre eux comme irréalisables, quelques autres comme insuffisamment étudiés, et finalement, sur la proposition de M. Alphand, elle a déclaré, *à l'unanimité*, que la tour à édifier en vue de l'Exposition universelle de 1889 devait offrir nettement un caractère déterminé, qu'elle devait apparaître *comme un chef-d'œuvre original d'industrie métallique* et *que la tour Eiffel semblait seule répondre pleinement à ce but*. En conséquence, la Commission, dans les limites du mandat purement technique qui lui était confié, a proposé au Ministre l'adoption du projet de tour Eiffel, sous la double réserve que l'ingénieur-constructeur aurait à étudier d'une manière plus précise le mécanisme des ascenseurs, et que trois spécialistes, MM. Mascart, Becquerel et Berger, seraient priés de donner leur avis motivé sur les mesures à prendre au sujet des phénomènes électriques qui pourraient se produire. *(Extrait des procès-verbaux de la Commission.)*

§ 5. — Traité définitif.

« Le 8 janvier 1887 (1), MM. Lockroy, Ministre, Commissaire général de l'Exposition, Poubelle, préfet de la Seine, dûment autorisé par le Conseil municipal, et Eiffel, soumissionnaire, signaient une convention aux termes de laquelle ce dernier s'engageait définitivement à exécuter la Tour de 300 mètres et à la mettre en exploitation à l'ouverture de l'Exposition de 1889.

« M. Eiffel demeurait soumis au contrôle des ingénieurs de l'Exposition et de la Commission spéciale instituée le 12 mai 1886.

« Il recevait :

« 1° Une subvention de 1.500.000 francs, échelonnée en trois termes, dont le dernier échéant à la réception de l'ouvrage;

« 2° L'autorisation d'exploiter la Tour pendant toute la durée de l'Exposition, tant au point de vue de l'ascension du public qu'au point de vue de l'installation de restaurants, cafés ou autres établissements analogues, sous la double condition que le prix de l'ascension entre 11 heures du matin et 6 heures du soir, serait limité, les jours ordinaires, à 5 francs pour le sommet et à 2 francs pour le premier étage, et les dimanches et jours fériés, à 2 francs pour le sommet et à 0,50 f. pour le premier étage, et que les concessions de cafés, restaurants, etc., seraient approuvées par le Ministre;

« 3° La continuation de la jouissance pendant vingt ans à compter du 1er janvier 1890.

« A l'expiration de ce dernier délai, la jouissance de la Tour devait faire retour à la Ville de Paris, qui était d'ailleurs substituée à l'Etat dans la propriété du monument, dès après l'Exposition. »

(1) *Rapport Général* de M. Alfred Picard.

§ 6. — Protestation des Artistes.

« Il avait fallu beaucoup de ténacité à M. Eiffel et quelque courage au Ministre, Commissaire général, pour conclure cette convention.

« Sans parler des sceptiques qui avaient mis en doute la possibilité de mener à bien une œuvre si nouvelle et si gigantesque, on avait assisté à une véritable levée de boucliers de la part des artistes.

« Voici une lettre fort curieuse, au point de vue historique, qui était adressée à M. Alphand, vers le commencement de février 1887, et qui portait la signature des peintres, des sculpteurs, des architectes et des écrivains les plus connus :

Nous venons, écrivains, peintres, sculpteurs, architectes, amateurs passionnés de la beauté jusqu'ici intacte de Paris, protester de toutes nos forces, de toute notre indignation, au nom du goût français méconnu, au nom de l'art et de l'histoire français menacés, contre l'érection, en plein cœur de notre capitale, de l'inutile et monstrueuse tour Eiffel, que la malignité publique, souvent empreinte de bon sens et d'esprit de justice, a déjà baptisée du nom de « Tour de Babel ».

Sans tomber dans l'exaltation du chauvinisme, nous avons le droit de proclamer bien haut que Paris est la ville sans rivale dans le monde. Au-dessus de ses rues, de ses boulevards élargis, le long de ses quais admirables, du milieu de ses magnifiques promenades, surgissent les plus nobles monuments que le génie humain ait enfantés. L'âme de la France, créatrice de chefs-d'œuvre, resplendit parmi cette floraison auguste de pierres. L'Italie, l'Allemagne, les Flandres, si fières à juste titre de leur héritage artistique, ne possèdent rien qui soit comparable au nôtre, et de tous les coins de l'univers Paris attire les curiosités et les admirations. Allons-nous donc laisser profaner tout cela? La ville de Paris va-t-elle donc s'associer plus longtemps aux baroques, aux mercantiles imaginations d'un constructeur de machines, pour s'enlaidir irréparablement et se déshonorer? Car la Tour Eiffel, dont la commerciale Amérique elle-même ne voudrait pas, c'est, n'en doutez pas, le déshonneur de Paris. Chacun le sent, chacun le dit, chacun s'en afflige profondément, et nous ne sommes qu'un faible écho de l'opinion universelle, si légitimement alarmée.

Enfin, lorsque les étrangers viendront visiter notre Exposition, ils s'écrieront, étonnés : « Quoi? C'est cette horreur que les Français ont trouvée pour nous donner une idée de leur goût si fort vanté? » Ils auront raison de se moquer de nous, parce que le Paris des gothiques sublimes, le Paris de Jean Goujon, de Germain Pilon, de Puget, de Rude, de Barye, etc..., sera devenu le Paris de M. Eiffel.

Il suffit, d'ailleurs, pour se rendre compte de ce que nous avançons, de se figurer un instant une tour vertigineusement ridicule, dominant Paris, ainsi qu'une noire et gigantesque cheminée d'usine, écrasant de sa masse barbare Notre-Dame, la Sainte-Chapelle, la tour Saint-Jacques, le Louvre, le dôme des Invalides, l'Arc de Triomphe, tous nos monuments humiliés, toutes nos architectures rapetissées, qui disparaîtront dans ce rêve stupéfiant. Et pendant vingt ans, nous verrons s'allonger sur la ville entière, frémissante encore du génie de tant de siècles, nous verrons s'allonger comme un tache d'encre l'ombre odieuse de l'odieuse colonne de tôle boulonnée.

C'est à vous qui aimez tant Paris, qui l'avez tant embelli, qui l'avez tant de fois protégé contre les dévastations administratives et le vandalisme des entreprises industrielles, qu'appartient l'honneur de le défendre une fois de plus. Nous nous en remettons à vous du soin de plaider la cause de Paris, sachant que vous y dépenserez toute l'énergie, toute l'éloquence que doit inspirer à un artiste tel que vous l'amour de ce qui est beau, de ce qui est grand, de ce qui est juste. Et si notre cri d'alarme n'est pas entendu, si nos raisons ne sont pas écoutées, si Paris s'obstine dans l'idée de déshonorer Paris, nous aurons du moins, vous et nous, fait entendre une protestation qui honore.

« De la forme de cette philippique, je ne dirai rien : les grands écrivains qui l'ont revêtue de leur signature avaient cependant donné jusqu'alors à leurs lecteurs une idée différente de la langue française.

« Dans le fond, l'attaque était tout à fait excessive, quelles que fussent les vues des protestataires sur la valeur esthétique de l'œuvre. Le crime qu'allaient commettre les organisateurs de l'Exposition, de complicité avec M. Eiffel, n'était point si noir que Paris dût en être à jamais déshonoré. De pareilles exagérations peuvent s'excuser de la part des artistes, peintres, sculpteurs et même compositeurs de musique : tout leur est permis; ils possèdent le monopole du goût; eux seuls ont le sentiment du beau; leur sacerdoce est infaillible; leurs oracles sont

indiscutables. Peut-être les auteurs dramatiques, les poètes, les roman-
ciers et autres signataires de la lettre méritaient-ils moins d'indul-
gence.

« M. Lockroy, qui, pour être ministre, n'avait rien perdu de son
esprit si fin ni de sa verve si mordante, remit à M. Alphand une réponse
que j'ai plaisir à reproduire, en me bornant à en retrancher un passage
pour ne point citer de nom propre :

*Les journaux publient une soi-disant protestation à vous adressée par les
artistes et les littérateurs français. Il s'agit de la Tour Eiffel, que vous avez
contribué à placer dans l'enceinte de l'Exposition Universelle. A l'ampleur des
périodes, à la beauté des métaphores, à l'atticisme d'un style délicat et précis, on
devine, sans même regarder les signatures, que la protestation est due à la
collaboration des écrivains et des poètes les plus célèbres de notre temps.*

*Cette protestation est bien dure pour vous, Monsieur le Directeur des
travaux. Elle ne l'est pas moins pour moi. Paris, « frémissant encore du génie
de tant de siècles », dit-elle, et qui « est une floraison auguste de pierres parmi
lesquelles resplendit l'âme de la France », serait déshonoré si on élevait une tour
dont « la commerciale Amérique ne voudrait pas ». « Cette main barbare »,
ajoute-t-elle dans le langage vivant et coloré qu'elle emploie, gâtera « le Paris
des gothiques sublimes », le Paris des Goujon, des Pilon, des Barye et des
Rude.*

*Ce dernier passage vous frappera, sans doute, autant qu'il m'a frappé,
« car l'art et l'histoire français », comme dit la protestation, ne m'avaient point
appris encore que les Pilon, les Barye, ou même les Rude, fussent des gothiques
sublimes. Mais quand des artistes compétents affirment un fait de cette nature,
nous n'avons qu'à nous incliner...*

*Ne vous laissez donc pas impressionner par la forme qui est belle, et voyez
les faits. La protestation manque d'à-propos. Vous ferez remarquer aux signataires qui vous l'apporteront que la construction de la Tour Eiffel est décidée
depuis un an et que le chantier est ouvert depuis un mois. On pouvait protester
en temps utile : on ne l'a pas fait, et « l'indignation qui honore » a le tort
d'éclater juste trop tard.*

*J'en suis profondément peiné. Ce n'est pas que je craigne pour Paris.
Notre-Dame restera Notre-Dame et l'Arc de Triomphe restera l'Arc de
Triomphe. Mais j'aurais pu sauver la seule partie de la grande ville qui fût*

sérieusement menacée : cet incomparable carré de sable qu'on appelle le Champ de Mars, si digne d'inspirer les poètes et de séduire les paysagistes.

Vous pouvez exprimer ce regret à ces Messieurs. Ne leur dites pas qu'il est pénible de ne voir attaquer l'Exposition que par ceux qui devraient la défendre ; qu'une protestation signée de noms si illustres aura du retentissement dans toute l'Europe et risquera de fournir un prétexte à certains étrangers pour ne point participer à nos fêtes ; qu'il est mauvais de chercher à ridiculiser une œuvre pacifique à laquelle la France s'attache avec d'autant plus d'ardeur, à l'heure présente, qu'elle se voit plus injustement suspectée au dehors. De si mesquines considérations touchent un ministre : elles n'auraient point de valeur pour des esprits élevés que préoccupent avant tout les intérêts de l'art et l'amour du beau.

Ce que je vous prie de faire, c'est de recevoir la protestation et de la garder. Elle devra figurer dans les vitrines de l'Exposition. Une si belle et si noble prose signée de noms connus dans le monde entier ne pourra manquer d'attirer la foule et, peut-être, de l'étonner.

« Cette page bien française a dû étonner quelque peu les expéditionnaires du Ministère ; la correspondance administrative n'est malheureusement d'ordinaire ni si vive, ni si gaie, ni si spirituelle ; sa sévérité s'accommode mal à nos vieilles traditions gauloises. Si M. Lockroy pouvait faire école, l'exercice des fonctions publiques serait moins monotone et certainement mieux apprécié. Le ministre avait su mettre les rieurs de son côté. Son procès était gagné. »

Je dois ajouter, pour être juste, que les plus célèbres parmi les signataires de la protestation lue plus haut s'empressèrent, une fois l'œuvre achevée et consacrée par le succès, de me témoigner leur regret d'avoir cédé aux importunités de ceux qui colportaient ce ridicule factum et d'y avoir donné leur signature. Mais il n'en est pas moins vrai que s'il s'était produit avant qu'il ne fût beaucoup trop tard pour être d'un effet quelconque, il aurait rendu plus difficile encore l'appui que le Ministre, M. Lockroy, accorda au projet, et il en aurait peut-être empêché la réalisation, et ce au grand préjudice de l'Exposition de 1889, dont la Tour a été sans conteste un des grands éléments de succès.

On me permettra de rappeler ce que je disais moi-même dans un entretien que j'eus à ce sujet avec M. Paul Bourde et qui fut reproduit dans le journal *le Temps* :

« Quels sont les motifs que donnent les artistes pour protester contre l'érection de la Tour? Qu'elle est inutile et monstrueuse! Nous parlerons de l'utilité tout à l'heure. Ne nous occupons pour le moment que du mérite esthétique sur lequel les artistes sont plus particulièrement compétents.

« Je vous dirai toute ma pensée et toutes mes espérances. Je crois, pour ma part, que la Tour aura sa beauté propre. Parce que nous sommes des ingénieurs, croit-on donc que la beauté ne nous préoccupe pas dans nos constructions et qu'en même temps que nous faisons solide et durable, nous ne nous efforçons pas de faire élégant? Est-ce que les véritables conditions de la force ne sont pas toujours conformes aux conditions secrètes de l'harmonie? Le premier principe de l'esthétique architecturale est que les lignes essentielles d'un monument soient déterminées par la parfaite appropriation à sa destination. Or, de quelle condition ai-je eu, avant tout, à tenir compte dans la Tour? De la résistance au vent. Et bien! je prétends que les courbes des quatre arêtes du monument telles que le calcul les a fournies, qui, partant d'un énorme et inusité empâtement à la base, vont en s'effilant jusqu'au sommet, donneront une grande impression de force et de beauté; car elles traduiront aux yeux la hardiesse de la conception dans son ensemble, de même que les nombreux vides ménagés dans les éléments mêmes de la construction accuseront fortement le constant souci de ne pas livrer inutilement aux violences des ouragans des surfaces dangereuses pour la stabilité de l'édifice.

« Il y a, du reste, dans le colossal une attraction, un charme propre, auxquels les théories d'art ordinaires ne sont guère applicables. Soutiendra-t-on que c'est par leur valeur artistique que les Pyramides ont si fortement frappé l'imagination des hommes? Qu'est-ce autre chose, après tout, que des monticules artificiels? Et pourtant, quel est le visiteur qui reste froid en leur présence? Qui n'en est pas revenu rempli d'une irrésistible admiration? Et quelle est la source de cette admiration, sinon l'immensité de l'effort et la grandeur du résultat?

« La Tour sera le plus haut édifice qu'aient jamais élevé les hommes. — Ne sera-t-elle donc pas grandiose aussi à sa façon? Et pourquoi ce qui est admirable en Egypte deviendrait-il hideux et ridicule à Paris? Je cherche et j'avoue que je ne trouve pas.

« La protestation dit que la Tour va écraser de sa grosse masse barbare Notre-Dame, la Sainte-Chapelle, la tour Saint-Jacques, le Louvre, le dôme des Invalides, l'Arc de Triomphe, tous nos monuments. Que de choses à la fois ! Cela fait sourire, vraiment. Quand on veut admirer Notre-Dame, on va la voir du parvis. En quoi, du Champ de Mars, la Tour gênera-t-elle le curieux placé sur le parvis Notre-Dame, qui ne la verra pas ? C'est, d'ailleurs, une des idées les plus fausses, quoique des plus répandues, même parmi les artistes, que celle qui consiste à croire qu'un édifice élevé écrase les constructions environnantes. Regardez si l'Opéra ne paraît pas plus écrasé par les maisons du voisinage qu'il ne les écrase lui-même. Allez au rond-point de l'Étoile, et, parce que l'Arc de Triomphe est grand, les maisons de la place ne vous en paraîtront pas plus petites. Au contraire, les maisons ont bien l'air d'avoir la hauteur qu'elles ont réellement, c'est-à-dire à peu près quinze mètres, et il faut un effort de l'esprit pour se persuader que l'Arc de Triomphe en mesure quarante-cinq, c'est-à-dire trois fois plus. En conséquence, il est tout à fait illusoire que la Tour puisse porter préjudice aux autres monuments de Paris ; ce sont là des mots.

« Reste la question d'utilité. Ici, puisque nous quittons le domaine artistique, il me sera bien permis d'opposer à l'opinion des artistes, celle du public.

« Je ne crois point faire preuve de vanité en disant que jamais projet n'a été plus populaire ; j'ai tous les jours la preuve qu'il n'y a pas dans Paris de gens, si humbles qu'ils soient, qui ne le connaissent et ne s'y intéressent. A l'étranger même, quand il m'arrive de voyager, je suis étonné du retentissement qu'il a eu.

« Quant aux savants, les vrais juges de la question d'utilité, je puis dire qu'ils sont unanimes.

« Non seulement la Tour promet d'intéressantes observations pour l'astronomie, la météorologie et la physique, non seulement elle permettra en temps de guerre de tenir Paris constamment relié au reste de la France, mais elle sera en même temps la preuve éclatante des progrès réalisés en ce siècle par l'art des ingénieurs.

« C'est seulement à notre époque, en ces dernières années, que l'on pouvait dresser des calculs assez sûrs et travailler le fer avec assez de précision pour songer à une aussi gigantesque entreprise.

« N'est-ce rien pour la gloire de Paris que ce résumé de la science contemporaine soit érigé dans ses murs?

« La protestation gratifie la Tour d' « odieuse colonne de tôle « boulonnée ». Je n'ai point vu ce ton de dédain sans une certaine impression irritante. Il y a parmi les signataires des hommes qui ont toute mon admiration; mais il y en a beaucoup d'autres qui ne sont connus que par des productions de l'art le plus inférieur ou par celles d'une littérature qui ne profite pas beaucoup au bon renom de notre pays.

« M. de Vogüé, dans un récent article de la *Revue des Deux Mondes*, après avoir constaté que dans n'importe quelle ville d'Europe où il passait, il entendait répéter les plus ineptes chansons alors à la mode dans nos cafés-concerts, se demandait si nous étions en train de devenir les *Græculi* du monde contemporain. Il me semble que n'eût-elle pas d'autre raison d'être que de montrer que nous ne sommes pas simplement le pays des amuseurs, mais aussi celui des ingénieurs et des constructeurs qu'on appelle de toutes les régions du monde pour édifier les ponts, les viaducs, les gares et les grands monuments de l'industrie moderne, la Tour Eiffel mériterait d'être traitée avec considération. »

J'ai tenu à reproduire cette réplique, malgré la vivacité de sa forme, parce qu'elle rappelle l'ardeur des polémiques qui avaient été engagées au moment de la construction et les difficultés sans cesse renaissantes contre lesquelles pendant deux années j'ai eu jusqu'au bout à lutter. Mais, mon projet avait deux puissants auxiliaires qui lui sont encore fidèles : le patronage des hommes connus par leur haute science et la force irrésistible de l'opinion du grand public.

§ 7. — Autres objections contre la Tour et son utilité.

Les objections les plus fréquemment mises en avant étaient que la construction elle-même était impossible, que jamais on ne pourrait lui donner une résistance capable de s'opposer à la violence du vent; que même y arrivât-on *sur le papier*, on ne trouverait pas d'ouvriers capables de travailler à cette hauteur, les difficultés devant être encore aggravées par les énormes oscillations que prendrait cette colossale tige de fer sous l'effet des vents.

Ces objections, qui semblent actuellement bien puériles, ne me touchaient guère. Je savais, par mes travaux antérieurs, que quand il s'agit de constructions métalliques, la science de la Résistance des matériaux est parvenue, de notre temps, à un degré de précision qui permet d'être assuré, par le calcul, de la détermination des efforts en chaque point de la construction et des résistances qu'on peut leur appliquer. Je savais aussi par l'expérience acquise aux grands viaducs de Garabit, de la Tarde, etc., que je n'avais eu aucune difficulté à recruter des hommes travaillant à l'aise au-dessus de vides atteignant 125 mètres, et pour lesquels l'effet de la hauteur était sans conséquence appréciable. Quant aux oscillations, le calcul les montrait si faibles et si lentes que les ouvriers portés par la construction n'en devaient ressentir aucun effet gênant et à peine s'en apercevoir.

J'eus bien davantage à lutter contre cette objection sans cesse renaissante de l'*inutilité* de la Tour, qui était la *tarte à la crème* courante. Voici ce que je ne cessais de répéter :

Connue du monde entier, la Tour a frappé l'imagination de tous en leur inspirant le désir de visiter les merveilles de l'Exposition, et il est indiscutable qu'elle a excité un intérêt et une curiosité universels.

Étant la plus saisissante manifestation de l'art des constructions métalliques par lesquelles nos ingénieurs se sont illustrés en Europe, elle est une des formes les plus frappantes de notre génie national moderne.

En dehors de ces premiers résultats, dont l'importance matérielle et morale est capitale dans la circonstance, il n'est pas douteux que les visiteurs qui seront transportés au sommet de la Tour auront un vif plaisir à contempler sans danger, d'une plate-forme solide, le magnifique panorama qui les entourera. A leurs pieds, ils verront la grande ville avec ses innombrables monuments, ses avenues, ses clochers et ses dômes, la Seine qui l'entoure comme un long ruban d'argent; plus loin, les collines qui lui forment une ceinture verdoyante, et par-dessus ces collines, un immense horizon d'une étendue de 180 kilomètres. On aura autour de soi un site d'une beauté incomparable et nouvelle, devant lequel chacun sera vivement impressionné par le sentiment des gran-

3

deurs et des beautés de la nature, en même temps que par la puissance
de l'effort humain. Ces spectacles ne sont-ils pas de ceux qui élèvent
l'âme?

La Tour aura en outre des applications très variées, soit au point
de vue de notre défense nationale, soit dans le domaine de la science.

« En cas de guerre ou de siège, on pourrait, du haut de la Tour,
observer les mouvements de l'ennemi dans un rayon de plus de 70 kilomètres, et cela par-dessus les hauteurs qui entourent Paris, et sur
lesquelles sont construits nos nouveaux forts de défense. Si l'on eût
possédé la Tour pendant le siège de Paris en 1870, avec les foyers
électriques intenses dont elle sera munie, qui sait si les chances de la
lutte n'eussent pas été profondément modifiées? La Tour serait la
communication constante et facile entre Paris et la province à l'aide
de la télégraphie optique, dont les procédés ont atteint une si remarquable perfection. » (Max de Nansouty. — *La Tour Eiffel.*)

Elle est elle-même à une distance telle des forts de défense qu'elle
est absolument hors de portée des batteries de l'ennemi.

Elle sera, enfin, un observatoire météorologique merveilleux, dans
lequel on pourra étudier utilement, au point de vue de l'hygiène et de
la science, la direction et la violence des courants atmosphériques,
l'état et la composition chimique de l'atmosphère, son électrisation, son
hygrométrie, la variation de température à diverses hauteurs, etc.

Comme observations astronomiques, la pureté de l'air à cette
grande hauteur et l'absence des brumes basses qui recouvrent le plus
souvent l'horizon de Paris permettront de faire un grand nombre
d'observations d'astronomie physique, souvent impossibles dans notre
région.

Il faut encore y ajouter l'étude de la chute des corps dans l'air, la
résistance de l'air sous différentes vitesses, l'étude de la compression
des gaz ou des vapeurs sous la pression d'un immense manomètre à
mercure de 400 atmosphères, et toute une série d'expériences physiologiques du plus haut intérêt.

Ce sera donc pour tous un observatoire et un laboratoire tels qu'il
n'en aura jamais été mis d'analogue à la disposition de la science.
C'est la raison pour laquelle, dès le premier jour, tous nos savants
m'ont encouragé par leurs plus hautes sympathies. Parmi ceux-ci, je

dois citer tout d'abord M. Hervé Mangon, membre de l'Institut, qui, dès le 3 mars 1885, dans une communication à la Société Météorologique de France, détaillait avec une grande science les services que devait rendre la Tour « dont, disait-il le premier, l'utilité comme instrument de recherches scientifiques ne saurait être mise en doute ».

A ce nom je dois ajouter celui de l'amiral Mouchez, directeur de l'Observatoire, du colonel Perrier, connu par ses grands travaux géodésiques, de M. Janssen, directeur de l'Observatoire de Meudon, etc.

Je puis maintenant ajouter que l'expérience a réalisé leurs prévisions et cet ouvrage est presque en entier consacré aux applications scientifiques et militaires de la Tour ainsi qu'aux recherches que je viens d'énumérer.

Sans m'attarder à rappeler toutes les difficultés que rencontrent, semées complaisamment sous leurs pas, tous ceux qui veulent entreprendre une œuvre nouvelle, je dirai seulement que, grâce aux bonnes raisons que je viens d'exposer rapidement et à la persévérance que je mis à leur service, la cause fut enfin gagnée : il n'y eut plus qu'à déterminer l'emplacement définitif sur lequel la Tour devait s'élever.

§ 8. — Choix de l'emplacement définitif de la Tour.

Voici, sur ce sujet, comment s'exprime M. Alfred Picard dans son *Rapport Général*.

« La première question à résoudre était celle de l'emplacement définitif de la Tour.

« De graves objections étaient faites au choix du Champ de Mars.

« Était-il rationnel de construire la Tour dans le fond de la vallée de la Seine? Ne valait-il pas mieux la placer sur un point élevé, sur une éminence, qui lui servirait en quelque sorte de piédestal et en augmenterait le relief?

« Ce gigantesque pylône n'allait-il pas écraser le palais du Champ de Mars?

« Convenait-il d'édifier un monument définitif dans l'emplacement où seraient sans aucun doute organisées les expositions futures, de s'astreindre ainsi à le faire nécessairement entrer dans le cadre de ces

expositions, alors que la nouveauté des installations est l'un des éléments essentiels, sinon l'élément primordial du succès?

« Certes, les critiques étaient graves. Mais, en éloignant la Tour,
on eût tout à la fois compromis le succès financier de l'entreprise et
perdu une forte part du bénéfice qu'elle devait apporter à l'Exposition
de 1889. Il ne restait donc à choisir qu'entre le Champ de Mars et la
place du Trocadéro.

« L'adoption de ce dernier emplacement n'eût fait gagner qu'une
hauteur de 25 mètres environ, chiffre bien minime relativement aux
300 mètres de la Tour; elle aurait donné lieu aux plus sérieuses difficultés pour l'assiette des fondations sur un sol profondément excavé par
les anciennes carrières de Paris; enfin le contact immédiat du monument
avec le palais du Trocadéro eût certainement produit un effet désastreux.

« Il fallut accepter le Champ de Mars. Du reste, à côté de ses
inconvénients, cette solution avait de réels avantages; elle permettait
notamment d'utiliser la Tour comme entrée monumentale de l'Exposition, en face du pont d'Iéna, d'éviter par suite la construction d'une
entrée spéciale et de réaliser de ce chef une grosse économie, tout en
dotant le concessionnaire d'une subvention de 1.500.000 francs.

« Cette dernière considération, qui avait si justement frappé
M. Lockroy, n'a peut-être pas toujours été suffisamment appréciée. »

En d'autres termes, la Tour est née de l'Exposition; sans celle-ci, il
est probable qu'elle n'eût pas été édifiée; elle devait donc contribuer à
son embellissement et à son attraction, en même temps qu'elle en béné-
ficierait elle-même. Son emplacement ne pouvait dès lors être que dans
l'enceinte même de l'Exposition. Si celle-ci avait été à Courbevoie, la
Tour l'y aurait certainement suivie; mais l'Exposition étant au Champ de
Mars, il est peu sérieux de regretter que la Tour n'ait pas été édifiée sur
le mont Valérien.

L'expérience a montré d'ailleurs que l'on ne pouvait faire un meilleur choix comme emplacement. La Tour formait en effet, dans celui qui
a été adopté, une entrée triomphale à l'Exposition, et, sous ses grands
arceaux, on voyait du pont d'Iéna se découper le Dôme central qui con-
duisait à la galerie des Machines et, de chaque côté, les dômes des
galeries des Beaux-Arts et des Arts libéraux, où ils s'encadraient merveilleusement.

De l'intérieur même des jardins de l'Exposition, apparaissait le Trocadéro qui formait le fond d'un admirable décor. En un mot, au grand
étonnement de beaucoup de personnes des plus compétentes, mais non
au mien, elle encadrait tout et n'écrasait rien, pas même les intéressants
édicules de l'habitation humaine construits à ses pieds.

A mon avis donc et à tous ces points de vue, les uns de nécessité
pratique, les autres de groupement architectural, la solution adoptée
semble être celle qui était préférable.

§ 9. — Esquisse générale de la Tour.

La Tour a la forme d'une pyramide quadrangulaire à faces courbes,
dont la hauteur est partagée en trois étages : le premier situé à
57,63 m au-dessus du sol dont l'altitude est (+ 33,50), le deuxième à
115,73 m, et le troisième à 276,13 m. C'est ce dernier plancher qui
porte le campanile formant le couronnement de la Tour et la lanterne du
phare dont la plate-forme supérieure est à la hauteur de 300,51 m au-
dessus du sol.

Les arêtes de la pyramide sont constituées jusqu'à la hauteur du
deuxième étage par quatre montants ou piliers distincts ayant la forme
de caissons carrés. A la naissance de l'ossature métallique, c'est-à-dire
dans le plan horizontal passant par les points où elle s'appuie sur les
soubassements en maçonnerie, ces quatre montants ont leurs centres
situés suivant les sommets d'un carré de 101,40 m de côté. Depuis le
sol jusqu'au niveau inférieur des grandes poutres en treillis qui sup-
portent le premier étage et entretoisent les montants en formant une
première ceinture horizontale, ces montants ont une inclinaison constante et leurs faces une largeur également constante de 15 mètres.
Cette inclinaison est de 65°,48'49" dans le plan des faces et de 54°,35'26"
dans le plan diagonal qui contient la projection de l'axe du montant.

Au delà du premier étage, leur inclinaison devient variable ainsi que
leur largeur, qui va en décroissant progressivement jusqu'au deuxième
étage, où elle n'est plus que de 10,41 m.

A ce deuxième étage, de nouvelles poutres horizontales entretoisent
les quatre montants; mais, au delà, le mode de construction change : les

faces extérieures des montants se réunissent deux à deux, leurs faces
intérieures disparaissent et l'on n'a plus, dans cette partie supérieure de
la Tour, qu'un grand caisson unique en forme de tronc de pyramide
quadrangulaire dont la base, à la hauteur de 115,73 m, a 31,70 m de
côté et dont celle au niveau du troisième étage, c'est-à-dire à la hauteur
de 276,13 m, a seulement 10,00 m.

Des arcs de 74 mètres de diamètre se développent entre les montants à l'étage inférieur; mais leur rôle est purement décoratif.

Au premier étage sont installés, dans les espaces compris entre les
montants d'une même face, quatre restaurants; de plus une galerie
couverte extérieure, portée par des consoles et ayant 270 mètres de
développement, fait le tour de la construction.

Tout l'espace compris entre les montants et dans l'intérieur de
ceux-ci porte un plancher laissant un grand vide central entouré d'un
garde-corps.

La surface totale des planchers de cet étage, déduction faite des
vides pour le passage des ascenseurs, mais en y comprenant la galerie,
est de 4.010 mètres carrés. La surface couverte par les galeries et les
restaurants est de 2.760 mètres carrés.

Le deuxième étage, après les modifications faites en 1900, a une
galerie extérieure de 4 m de largeur portée par des consoles sail-
lantes.

Le sol de cette galerie se trouve au niveau de la plate-forme proprement dite comprise entre les quatre piliers. En son centre est élevé
un pavillon octogonal à deux étages, de 6,72 m de côté, contenant un
restaurant, les services de l'ascenseur vertical et des boutiques. Une
terrasse supérieure en fer et tôle de 8 m de largeur, située à 3,31 m
au-dessus de la plate-forme, entoure le restaurant. La surface totale de
la plate-forme est de 1.501 m^2, y compris le pavillon central. Celle de la
terrasse supérieure est de 820 m^2, non compris ce pavillon, dont la surface est de 221 m^2.

Le troisième étage est complètement couvert et donne avec les
consoles extérieures une surface de 270 mètres carrés. Il forme une
sorte de cage vitrée par des glaces mobiles, d'où les visiteurs peuvent, à
l'abri du vent qui règne fréquemment à ces hauteurs, observer le panorama qui les entoure.

Fig. 1. Elévation

Echelle. 0.0008 p. m.

Côté extérieur 18.65 . Surf.^{ce} 350.^{mq}

Plancher de la terrasse supérieure (334.015)

Plancher de la terrasse du phare (326.715)

Planchers du 3.e Etage (308.63)

Plancher intermédiaire (229.63)

Côté extérieur 39.63. Surf.^{ce} 1570.^{mq}

Plancher du 2.e Etage (149.23)

Côté extérieur 70.^m696
Surface 4.200.^{mq}

Plancher du 1.er Etage
(91.^m13)

124.906

(36.30)   Sol ou centre de la Tour (33.50)

Entre les centres des sommiers n.3.907 (Cote 3600)

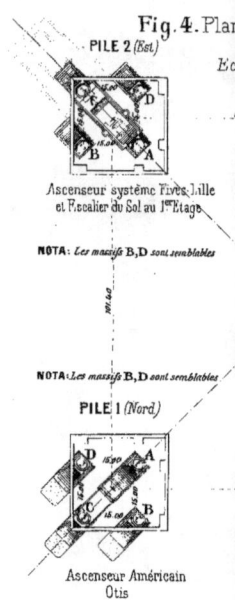

Fig. 4. Plan

PILE 2 (Est)

Ascenseur système Fives-Lille
et Escalier du Sol au 1.er Etage

NOTA: Les massifs B, D sont semblables

NOTA: Les massifs B, D sont semblables

PILE 1 (Nord)

Ascenseur Américain
Otis

Fig.

Ech

PILE N.3

PILE

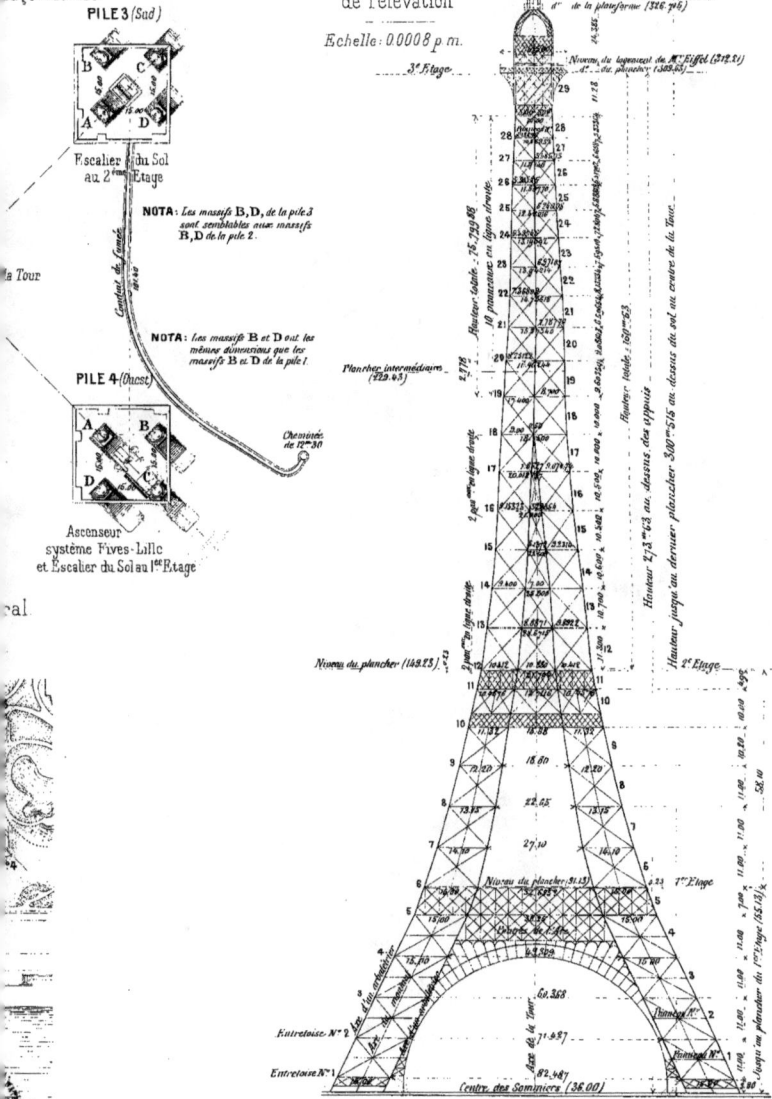

Fig. 2. Diagramme de l'élévation

Immédiatement au-dessus de cette partie couverte, se trouve une terrasse que je m'étais réservée en 1889, mais que j'ai livrée au public en 1900 ; le centre en est occupé par des laboratoires scientifiques et par une pièce servant aux réceptions.

Au-dessus de ce bâtiment central, sont disposées les poutres en croix supportant les poulies de transmission de l'ascenseur vertical du sommet. Sur ces poutres est installé un petit belvédère réservé, et elles sont surmontées des quatre grands arceaux à jour supportant la lanterne du phare. C'est sur la coupole supérieure de ce phare que s'appuie la petite plate-forme de 1,70 *m* de diamètre, qui est exactement à la hauteur de 300 mètres au-dessus du sol.

On peut y accéder facilement par des échelles intérieures, et l'on n'a plus au-dessus de soi que le paratonnerre.

L'axe du Champ de Mars étant très sensiblement incliné à 45 degrés sur le méridien, la Tour se trouve orientée de telle façon que ses pieds sont situés aux quatre points cardinaux.

Les piliers ont été numérotés en prenant pour origine celui qui est placé près de la Seine du côté du centre de Paris. Ce pilier qui porte le numéro 1 est le pilier Nord. L'ordre des numéros ayant été établi suivant le sens des aiguilles d'une montre, les autres piliers portent les désignations : 2 ou Est, 3 ou Sud, 4 ou Ouest.

Comme principe de construction, nous avons admis, au point de vue de la matière, l'emploi à peu près exclusif du fer de préférence à l'acier, qui a une rigidité moindre ; au point de vue de la forme des éléments, nous avons adopté celle que j'ai toujours préconisée dans nos constructions et notamment dans nos piles ; c'est-à-dire celle en *caissons* qui, avec le minimum de section, donne le maximum de résistance longitudinale et transversale, et permet aux pièces ainsi constituées de travailler aussi bien à la compression qu'à l'extension.

L'emploi de cette forme en caissons, avec parois pleines pour les pièces d'exceptionnelle résistance, et avec parois évidées en treillis pour toutes les autres beaucoup plus nombreuses, est une des caractéristiques du système de construction de la Tour.

Cet emploi presque général des caissons en treillis s'impose d'autant plus ici qu'il permet pour une résistance déterminée de n'opposer au vent que le minimum de surface.

Les moyens d'ascension sont donnés actuellement par :

1° Deux ascenseurs hydrauliques à accumulateurs, construits par la Compagnie de Fives-Lille, capables d'élever chacun cent voyageurs par voyage et d'effectuer dix voyages complets à l'heure du sol au deuxième étage, avec arrêt au premier.

2° Un ascenseur hydraulique avec réservoir supérieur, construit primitivement par la Société Otis, et dont le véhicule, transformé par la Compagnie de Fives-Lille, permet d'élever quatre-vingts voyageurs, et de réaliser quatorze voyages à l'heure du sol au premier étage.

3° Trois escaliers dont deux allant du sol au premier étage (piliers Est et Ouest) et un troisième du sol au deuxième étage (pilier Sud).

4° Un ascenseur vertical allant de la deuxième plate-forme au sommet et capable, après modifications, d'élever quatre-vingts voyageurs en réalisant dix voyages à l'heure. Un changement de cabine se fait au milieu du trajet.

En dehors des machineries qui actionnent directement les ascenseurs, on a groupé dans le pilier Sud les générateurs, les pompes et les groupes électrogènes servant à l'éclairage. Les générateurs peuvent produire ensemble 10.000 kg de vapeur à l'heure, et les machines sont capables de développer une puissance de 1.350 chevaux environ, dont 500 pour les pompes, et 850 pour les groupes électrogènes.

§ 10. — Renseignements généraux.

Le poids total de la Tour depuis les soubassements jusqu'au sommet est, y compris toutes constructions, de 9.700 tonnes.

Le poids des fers et fontes entrant dans l'ouvrage complet est de :

Fondations (caissons, etc.)	277.602 kilogrammes.
Superstructure.	7.341.214 —
Pièces mécaniques pour ascenseurs. . . .	946.000 —
Total.	8.564.816 kilogrammes.

La pression sur le sol, quand le vent n'agit pas, varie de 4,1 kg à 4,5 kg par cm² suivant les piles.

L'hypothèse admise pour l'intensité du vent est celle de 300 kg par mètre carré de surface offerte au vent. Celle-ci est de 8.515 *m*². L'effort de renversement correspondant est de 2.554 tonnes et s'exerce à une hauteur de 84,90 *m* au-dessus du niveau du soubassement.

A ce niveau, le maximum de pression se produit sur l'arbalétrier le plus voisin du centre. La valeur en est de 723.750 *kg* sans le vent, et 1.075.250 *kg* avec le vent. La pression totale maxima sur le sol a lieu pour la pile Nord et sous le caisson de cet arbalétrier; elle est de 5,95 *kg* par *cm*².

Les travaux sur place ont commencé le 26 janvier 1887 et ont été terminés le 31 mars 1889, jour de la pose du drapeau du sommet.

Le coût de la construction en 1889 a été le suivant :

Infrastructure	701.127 fr. o8
Superstructure	5.734.622 fr. 90
Frais d'ensemble	956.554 fr. 99
Total payé par M. Eiffel	7.392.304 fr. 97
Dépenses complémentaires payées par la Société de la Tour	407.096 fr. 34
Prix de revient total de la Tour	7.799.401 fr. 31

Au point de vue de l'Exploitation, le nombre total des visiteurs en 1889 a été de 1.968.287 donnant une recette de 5.919.884 francs.

Les deux journées où le nombre des visiteurs a été le plus élevé sont : celle du 10 juin (lundi de la Pentecôte), 23.202 visiteurs, et celle du dimanche 18 août, 18.950 visiteurs.

Les deux plus fortes recettes journalières ont été réalisées le lundi 9 septembre et le lundi 16 septembre, où elles ont été respectivement de 60.756 francs et 59,437 francs.

4

CHAPITRE II

---

§ 1. — Visibilité.

Du sommet de la Tour se découvre un magnifique panorama qui, sur de nombreux points de l'horizon, s'étend à une distance d'environ 85 *km*.

La vue est limitée par :

Au N.-O., la forêt de Lyons, à l'extrémité de la chaîne de montagnes du Coudray (85 *km*).

Au N., les environs de Clermont (60 *km*).

Au N.-E., la forêt de Compiègne (80 *km*).

A l'E., les environs de Château-Thierry (70 *km*).

Au S.-E., les plateaux de la Brie, vers Provins (80 *km*).

Au S., les plateaux de la forêt de Fontainebleau et ceux voisins d'Étampes (55 *km*).

À l'O., les coteaux de Saint-Cloud et les environs de Vernon (65 *km*).

Il est facile de déterminer la distance théorique à laquelle la rotondité de la Terre permet à la vue de s'étendre.

Soit BF (voir fig. 1) un arc de grand cercle terrestre et AB l'altitude du sommet de la Tour. Le rayon visuel, partant du point A, sera tangent à ce cercle au point C.

O étant le centre de la Terre, on a :

$$\overline{AC}^2 = (OB + AB)^2 - \overline{OC}^2.$$

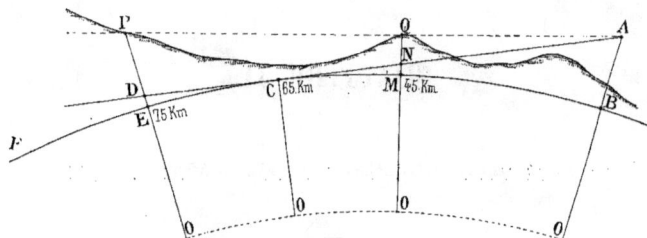

Fig. 1.

En désignant la distance AC par R, le rayon de la Terre OB, OC par T, et par H l'altitude AB du sommet, on a :

$$R^2 = (T + H)^2 - T^2 = H(2T + H) \qquad \text{d'où} \qquad R = \sqrt{H} \times \sqrt{2T + H}.$$

H étant négligeable, au moins en ce qui concerne la Tour, vis-à-vis de 2 T = 12.732.396 m, on peut poser :

$$R = \sqrt{H} \times \sqrt{12.732.396} = 3.750 \sqrt{H}.$$

Pour les distances de 100 km, où l'angle au centre est moindre que 1°, la distance R et la longueur de l'arc de grand cercle BC sont égales. La distance de visibilité pourra donc pratiquement être calculée par cette formule, quand on ne tient pas compte de la réfraction atmosphérique dont nous étudierons plus loin les effets.

On trouve, en appliquant cette formule aux principaux points de la Tour :

Cote du sommet . . .	H = 334	√H = 18,27	R = 65.224 m
— du 2ᵉ étage . . .	149	12,21	43.590
— du 1ᵉʳ étage . . .	91	9,54	34.057

En réalité, la vue s'étend plus loin en raison de l'altitude des points de l'horizon, qui dépassent toujours la cote o. Si C est le point de tangence pour le sommet A (voir fig. 1), tous les points dont l'altitude telle que DE les portera sur le prolongement de AC ou au-dessus de cette ligne, seront visibles du sommet A.

Cette altitude DE sera donnée par la même formule que précédemment, la distance CD représentant la distance au helà du point de tangence : pour la distance du point de tangence lui-même, nous la prendrons égale à 65 *km*.

Si les distances totales AD (ou EB mesurée sur le grand cercle) sont de 75 et de 85 *km*, les différences CD sont de 10 et de 20 *km*, et on a pour les altitudes H' et H" des points tels que D :

$$10.000 = 3.570\sqrt{H'} \qquad \sqrt{H'} = \frac{10.000}{3.570} = 2,82 \qquad H' = 7,95\ m$$

$$20.000 = 3.570\sqrt{H''} \qquad \sqrt{H''} = \frac{20.000}{3.570} = 5,64 \qquad H'' = 31,81\ m$$

On peut par la même formule chercher à quelle distance les points ayant une altitude de 300 *m* sont visibles.

On a :

$$\sqrt{300} = \frac{D}{3.570} \qquad D = 3.570 \times 17,32 = 61.500\ m$$

En y ajoutant la longueur tangentielle . . . . 65.000 *m*

La distance totale cherchée est de . . . . 126.500 *m*

Il y a donc des chances de trouver des points visibles à 125 *km* parmi ceux qui sont à une altitude de 300 *m* et au-dessus.

Inversement, la portée extrême du phare étant de 200 *km*, on peut rechercher quelle serait l'altitude nécessaire pour l'apercevoir.

On a :

$$\sqrt{H} = \frac{200.000 - 65.000}{3.570} = \frac{135.000}{3.570} = 37,8 \qquad H = 1.430\ m$$

Aucun point, dans un rayon de 200 *km* de Paris, n'a cette altitude.

Mais, non seulement pour les points situés dans le rayon de 125 *km*, mais même pour ceux situés dans le rayon de 85 *km*, et dont la visibilité correspond à la faible altitude de 32, ce n'est en général pas l'altitude absolue qui règle cette question ; ce sont surtout les obstacles dus aux sommets plus rapprochés qui forment un écran au-dessus duquel le rayon visuel doit passer. Si un point M a une altitude MQ qui dépasse le rayon visuel AC, le nouveau rayon visuel extrême deviendra AQ, qui,

prolongé, viendra couper en P la verticale passant par le point E. Pour
que ce point soit visible, il faudra donc que l'altitude du point E soit au
moins égale à PE.

Il est donc nécessaire, pour déterminer quels sont les points visibles dans chaque direction de l'arc de grand cercle passant par la
Tour, de faire un profil en long sur une longueur de 85 à 90 *km* environ,
indiquant les différents reliefs du terrain, et de mener les tangentes
allant du sommet aux points hauts. On aura ainsi en quelque sorte tous
les points dans cette direction éclairés par le phare, les autres restant
dans l'ombre. La partie vue sera l'ensemble de tous ces points éclairés
qui viendront en apparence se souder les uns aux autres.

Pratiquement, cette détermination se fait par les procédés géométri-
ques usités pour la télégraphie optique, en tenant compte de la réfraction atmosphérique qui augmente notablement l'étendue de la visibilité.
Nous allons décrire sommairement ces procédés d'après deux Mémoires
du Colonel Mangin, que le Service géographique du Ministère de la
Guerre a bien voulu nous communiquer.

Méthode du Colonel Mangin.

En vertu de la réfraction atmosphérique, la trajectoire des rayons
lumineux n'est pas une ligne droite, mais une ligne courbe dont les tangentes aux deux lieux extrêmes forment avec la droite qui les réunit un
angle égal à $\frac{8}{100}$ de l'angle formé au centre de la Terre par les rayons
aboutissant à ces points. Chaque extrémité est vue de l'autre suivant la
tangente à cette trajectoire et paraît plus élevée qu'elle ne l'est réellement. Les obstacles intermédiaires sont relevés de même, soit de $\frac{8}{100}$ de
l'angle au centre qui leur correspond ; comme c'est une quantité angu-
lairement moindre, il peut arriver que les deux points donnés s'aperçoi-
vent, bien que la ligne droite qui les joint soit interceptée par un obstacle
intermédiaire.

Soit MON (voir fig. *a*) l'arc de grand cercle terrestre compris entre
les points A et B, A*mn*B le profil du terrain, A*ab*B la trajectoire courbe du
rayon lumineux, à l'extrémité de laquelle les tangentes AT et BT font

avec la droite AB un angle égal à $\frac{8}{100}$ de l'angle au centre ACB=α; si R est le rayon de la Terre, l'arc MON a pour valeur Rα, qui exprime aussi sans erreur sensible la distance AB ainsi que le développement de la trajectoire AabB. On peut considérer cette trajectoire comme un cercle d'un très grand rayon ρ, ayant pour angle au centre le double de $\frac{8}{100}$ de α, soit 0,16 α. On a donc 0,16$\alpha\rho$=Rα, d'où

$$\rho = \frac{R}{0,16}.$$

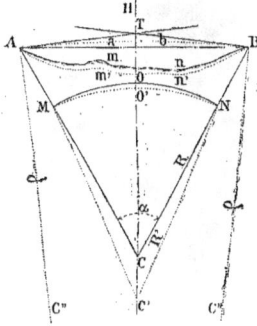

Fig. a.

Le procédé graphique proposé consiste à substituer à cette trajectoire la droite AB, et à modifier l'arc de grand cercle MON et le profil Amnb, de telle sorte qu'en chaque point du terrain AB les flèches comprises entre la droite AB, le profil modifié A$m'n'$B et l'arc de grand cercle modifié MO'N, de rayon R', aient respectivement la même longueur que les flèches comprises entre la trajectoire réelle, le profil vrai et l'arc de grand cercle réel.

On a la relation(1): $\frac{1}{R'} = \frac{1}{R} - \frac{1}{\rho} = \frac{1}{R} - \frac{0,16}{R} = \frac{0,84}{R}$

d'où : $R' = \frac{R}{0,84} = \frac{6.366.198}{0,84} = 7.578.807.$

On obtiendra le profil du terrain en comptant les altitudes intermédiaires, non plus à partir de l'arc MON, mais à partir de l'arc MO'N et en portant les longueurs qui les représentent, non suivant les verticales correspondantes, mais suivant des parallèles à la verticale moyenne de la ligne AB, ce qui ne donne lieu qu'à des erreurs négligeables.

(1) L'égalité entre les flèches de la trajectoire AB par rapport à sa corde et les flèches telles que OO' donne : $\rho(1 - \cos BC''T) = R(1 - \cos\frac{\alpha}{2}) - R'(1 - \cos NC'O')$ ou $\rho \sin^2\frac{\alpha''}{4} = R\sin^2\frac{\alpha}{4} - R'\sin^2\frac{\alpha'}{4}$, ou, comme les angles sont très petits, $\rho\alpha''^2 = R\alpha^2 - R'\alpha'^2$. Enfin nous avons admis que $\rho\alpha'' = R\alpha = R'\alpha'$. En divisant les termes de l'équation par les carrés de ces quantités égales on a :

$$\frac{1}{\rho} = \frac{1}{R} - \frac{1}{R'} \qquad \text{ou} \qquad \frac{1}{R'} = \frac{1}{R} - \frac{1}{\rho}$$

Supposons un grand cercle terrestre de rayon R' (voir fig. *b*) agrandi pour tenir compte de la réfraction; soit MO'N l'arc qui sépare les deux points dont la corde MN est la distance mesurée sur la carte,

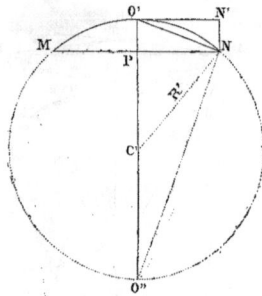

Fig. *b*

abaissons la perpendiculaire C'PO' et menons la tangente O'N'; on peut remplacer sans erreur sensible la demi-corde PN par la corde O'N. En faisant NN'$=h$ et PN$= d$, les triangles rectangles O'NO'' et PNO'' donnent :

$$\overline{O'N}^2 = O'O'' \times O'P .$$

d'où

(1) $d^2 = 2R'h$

et

(2) $h = \dfrac{d^2}{2R'}.$

En remplaçant R' par sa valeur 7.578.807 *m* on a, en prenant le *km* pour unité de la distance *d* et en conservant le mètre pour la hauteur *h*,

$$d = 3,894\sqrt{h} \qquad \text{et} \qquad h = 0,066\,d^2.$$

C'est d'après ces formules que se calculent les tables de visibilité.

A l'altitude de 334 *m* (sommet de la Tour), l'étendue de l'horizon rapportée au niveau de la mer est de 71,167 *km* au lieu de 65,224 *km*, obtenu sans tenir compte de la réfraction, soit plus de 9 p. 100 d'augmentation.

Il est facile de trouver une relation entre l'altitude CO'$=y$ d'un point quelconque C (voir fig. *c*), d'une ligne de visée AB et les altitudes des points extrêmes *h* et H, connaissant la distance *d* du point C au point A, ainsi que D l'écartement des

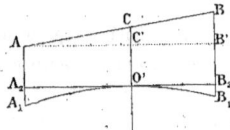

Fig. *c*.

points A et B, et en comptant toutes ces altitudes sur des verticales parallèles à la verticale médiane CO'. Par des similitudes de triangles, on obtient :

$$y - (h - 0,066\,d^2) : H - h - 0,066[(D - d)^2 - d^2] :: d : D$$

d'où :

(3)
$$y = \frac{Hd + h(D - d)}{D} - 0,066(D - d).$$

Si l'altitude y_1 du terrain en regard du point C est inférieure à la valeur de y donnée par la relation (3), la visibilité existe, et la différence de $y - y_1$ indique de combien la ligne de visée passe au-dessus du point considéré du terrain; si cette valeur de y_1 est supérieure à y, la visibilité n'existe pas.

Le choix de ce point C se détermine en général par l'inspection de la carte; mais il convient avant tout de chercher le point le plus bas de la ligne de visée, qui est le point le plus critique, et d'examiner sa position par rapport au terrain.

Pour trouver le minimum de y, il faut égaler à zéro sa dérivée par rapport à la variable d, on a ainsi :

$$\frac{H - h}{D} - 0,066D + 0,132d = 0 \qquad \text{d'où} \qquad d = \frac{D}{2} - \frac{H - h}{0,132D}$$

qui peut s'écrire :

(4)
$$d = \frac{1}{2}D - 7,6\frac{H - h}{D}.$$

Soit P (voir fig. d) ce point dont le pied de la verticale est en P_1, la tangente en ce point est parallèle à la ligne de visée et coupe la verticale de A en un point A_2, tel que $A_2A_1 = 0,066\ d^2$. L'altitude du point P sera :

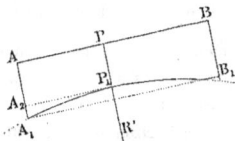
Fig. d.

(5) $PP_1 = AA_2 = AA_1 - A_2A_1 = h - 0,066d^2.$

Si la formule (4) donne d négatif, cela signifie que le point le plus bas tombe en dehors de la ligne AB et la visibilité existe *a priori*, toutes les fois que le terrain ne présente pas de points supérieurs à l'altitude de A. Si la formule (4) donne d positif et la formule (5) PP_1 négatif, la visibilité n'existe pas.

Tracé graphique. — L'échelle des reliefs doit être notablement plus

5

grande que celle des longueurs; mais quand on est conduit à un grand rapport d'agrandissement, les déformations, en faisant usage du cercle MO'N, deviennent trop importantes, et il y a nécessité de remplacer le tracé circulaire par un tracé elliptique; il y a même avantage à le faire dans tous les cas, parce que l'on est ainsi complètement maître du rapport d'agrandissement.

Pour déterminer cette ellipse, on peut considérer : 1° que l'on trace sur un plan vertical une épure de visibilité donnant à une même échelle, celle de la carte, les hauteurs et les distances, ainsi que le rayon terrestre agrandi MO'N; 2° que l'on projette cette épure sur un nouveau plan vertical faisant avec le premier un angle α.

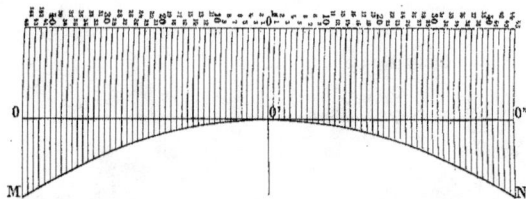

Fig. 2. — Gabarit-cherche d'une carte au $\dfrac{200.000}{1}$ avec un relief à l'échelle de $\dfrac{2.000}{1}$. Réduction au 1/4.

Le cercle terrestre deviendra une ellipse, les distances horizontales seront réduites dans le rapport $\dfrac{1}{n} = \cos\alpha$, les distances verticales resteront les mêmes; 3° que l'on grandisse cette deuxième épure n fois, afin de ramener les distances horizontales à leur longueur primitive, celle de la carte, et à maintenir le rapport n existant entre les hauteurs verticales et les horizontales. De cette façon, il n'y aura eu, par rapport à l'épure primitive, aucune déformation anormale.

L'ellipse définitive aura pour petit axe horizontal le diamètre terrestre agrandi pour la réfraction, et pour grand axe vertical ce même diamètre multiplié par le grandissement n choisi pour les verticales.

C'est de cette façon que l'on a tracé un *gabarit-cherche* dont ci-dessus la reproduction au $\dfrac{1}{4}$ (fig. 2).

En opérant sur une carte au $\frac{1}{200.000}$ et en prenant l'échelle des alti-

tudes 100 fois plus grande, soit de $\frac{1}{2.000}$, le tracé de l'ellipse se fera par

la formule réduite $y = \frac{a}{2b^2} x^2$, dans laquelle b est le demi-axe horizontal,

égal au rayon de la Terre 7.578.807 m, réduit à l'échelle de $\frac{1}{200.000}$, soit

37,89 m. Le rapport $\frac{a}{b}$ étant égal à 100, on a $y = \frac{100}{75,78} x^2 = 1,319 \, x^2$, qui

pour $x = 45$ km, représenté par 0,225 m, donne une flèche de 0,067 m.
On opère de même pour avoir les points intermédiaires de 10 en 10 km,
et on trace les verticales pour chaque km, en numérotant ces distances à
partir de la verticale centrale prise comme origine, à droite et à gauche
de l'épure.

Pour faire usage de ce gabarit-cherche, il faut opérer comme suit :

1° Unir deux points sur la carte au $\frac{1}{200.000}$;

2° Porter la distance de ces deux points sur la ligne droite OO'O" de
manière que son milieu se trouve à peu près sur la verticale O'H ;

3° Rapporter sur les verticales des deux points à partir de l'arc ter-

restre leurs altitudes à l'échelle $\frac{1}{2.000}$;

4° Joindre les deux points ainsi obtenus pour avoir la ligne de
visée AB ;

5° Déterminer la
plus petite distance
aa' au moyen de la
tangente parallèle à
AB, et voir à quel
point de la carte elle
correspond en mesu-
rant ba'' (voir fig. 3);

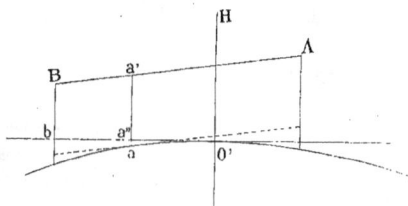

Fig. 3.

6° Rapporter l'al-
titude de ce point de la carte sur aa'' pour voir si le terrain n'intercepte
pas AB ;

7° Rapporter de même les altitudes des points de terrain dont le relief paraît le plus à craindre, en choisissant convenablement les numéros kilométriques des verticales qui correspondent à la position de ces points par rapport aux points donnés.

L'ensemble de ces points forme un profil, donnant les points visibles, et s'inscrit au crayon sur un gabarit et est ensuite effacé, de manière que le même gabarit serve indéfiniment.

Une première carte au $\dfrac{1}{320.000}$ a été établie par ces procédés en 1889, par M. A. Bourdon, ingénieur civil; elle s'étendait sur 90 km. Une nouvelle, plus complète au point de vue topographique et à l'échelle de $\dfrac{1}{200.000}$, a été établie en 1899 par M. Raoul d'Esclaibes-d'Hust, lieutenant-colonel d'artillerie en retraite et directeur du service d'optique de la Tour, en se servant des résultats de la première carte, et en outre en faisant la reconnaissance directe à la lunette d'un grand nombre de points. Cette carte, dessinée par M. A. Fortier, est celle dont la réduction au $\dfrac{1}{400.000}$ figure à la fin de ce volume. Elle donne en bistre tous les points visibles, le fond blanc étant conservé pour les parties invisibles.

§ 2. — Téléphotographie.

Deux expériences de téléphotographie ont été faites en 1896 de la terrasse de la 3ᵉ plate-forme par M. le capitaine du Génie M. V. Bouttieaux, adjoint au chef du matériel du Génie à Versailles, qui a publié les plus intéressants Mémoires sur la *Téléphotographie en ballon* (*Revue de l'Aéronautique*, 1894).

M. le capitaine Bouttieaux a bien voulu nous remettre quelques-uns de ses clichés, dont deux sont reproduits dans les planches ci-contre; il y a joint une note sommaire sur ses procédés opératoires que nous donnons ci-dessous, en raison de leur intérêt pratique :

« Ces expériences ont comporté deux séries distinctes :

« 1° Photographies instantanées, exécutées avec des appareils étudiés pour la photographie en ballon (obturateur ayant une vitesse du centième de seconde).

Photographie à grande distance *Le Panthéon* Clichés du Capitaine Boutteaux

*Vue prise de la 4.me plateforme de la Tour
avec un objectif de 1.m de foyer
Plaques orthochromatiques et écran jaune
Pose : 10 secondes*

Notre Dame.

Vue prise de la 4.me plateforme de la Tour avec un objectif de 1.^m de foyer. Instantané au 100.e de seconde.

« Les épreuves de Montmartre et de la Concorde donnent des échantillons des résultats obtenus ; les clichés sont extrêmement nets avec l'objectif de 1 m de foyer, et peuvent être agrandis jusqu'à 40 et 50 fois.

« 2° Photographies posées avec des objectifs à long foyer et des téléobjectifs.

« Il est indispensable dans ce cas, pour obtenir le plus de netteté possible, d'employer des plaques orthochromatiques et un écran jaune.

« Les objectifs de 1 m de foyer, dans ces conditions, nécessitent une pose de 8 à 10 secondes avec un diaphragme de $\frac{f}{20}$; la netteté peut être conservée avec ce temps de pose, lorsqu'il y a peu de vent. Néanmoins, les clichés ne sont jamais aussi nets que dans la première série, à cause des vibrations de la Tour.

« Lorsqu'il y a du vent, il est impossible de songer à obtenir des photographies posées, les balancements de la Tour donnent du flou aux épreuves.

« Voici pour les objectifs à long foyer.

« Quant aux téléobjectifs à fort grossissement, ils nécessitent des temps de pose atteignant une et deux minutes et leur emploi n'est possible que par vent nul ; encore, dans ce cas, le mouvement des ascenseurs apporte-t-il une certaine vibration qui ôte de la netteté aux clichés.

« Il résulte des faits ci-dessus que dans le cas d'un observatoire métallique comme la Tour, il convient pour la photographie à grande distance :

« 1° D'employer les objectifs à long foyer (1 m de distance focale) ;

« 2° De faire usage de plaques orthochromatiques avec écran jaune lorsque le vent est faible (épreuves posées) ;

« 3° De faire uniquement de l'instantané dès qu'il y a un vent notable.

« Le 6 octobre 1896, jour de l'arrivée du Czar à Paris, les clichés posés étaient flous, alors que des instantanés sont parfaitement détaillés.

« Comme distances, il est difficile, à moins de temps exceptionnels, de dépasser 4 ou 5 km ; l'heure la plus favorable est toujours vers la fin de l'après-midi. »

§ 3. — Télégraphie optique.

Ce que nous avons dit précédemment sur la visibilité montre, sans qu'il soit besoin d'insister, l'importance que prend la Tour au point de vue de la défense nationale, comme observatoire de télégraphie optique, soit diurne, soit nocturne à l'aide des projecteurs Mangin. Aussi, le service compétent du Ministère de la Guerre a-t-il dû, en prévision de cet emploi, déterminer expérimentalement un certain nombre de points situés sur la périphérie extrême, avec lesquels il y avait possibilité d'échanger des signaux. Bien entendu, ces points parfaitement précisés sont connus de ce service seul. Si ces communications avec des points éloignés avaient existé pendant l'investissement de Paris en 1870, on se rend parfaitement compte quels incalculables services elles auraient rendus à la défense.

Sans entrer dans aucun détail à ce sujet, nous pouvons cependant donner quelques indications au point de vue de la défense du camp retranché de Paris, d'après une note que nous a remise le lieutenant-colonel d'artillerie en retraite, M. d'Esclaibes, auteur de la carte de visibilité que nous avons reproduite.

« Au point de vue des relations avec la province en cas d'investissement, on peut communiquer soit directement, soit par un seul relai judicieusement choisi à l'avance, avec Beauvais, Soissons, Provins, Fontainebleau, Chartres et même Rouen.

« Comme communication des nouveaux forts entre eux et avec Paris, en supposant coupées les lignes télégraphiques ou téléphoniques qui les réunissent, la Tour peut servir de relai commun, sauf à établir au centre de quelques-uns d'entre eux une légère tourelle de hauteur très restreinte. La Tour peut donc rendre au point de vue de la télégraphie optique militaire d'inappréciables services et contribuer pour une grande part à assurer la défense du camp retranché de Paris. »

C'est en vue de cette éventualité qu'il a été stipulé, à la convention originelle avec l'État, qu'en cas de guerre, le Ministère de la Guerre prenait immédiatement possession de la Tour et de tous ses organes mécaniques, ainsi que de tous les appareils d'éclairage électrique qui en dépendent.

CHAPITRE III

MÉTÉOROLOGIE

---

§ 1. — Avant-propos.

La Tour est un observatoire météorologique incomparable, dont le caractère ne tient pas à son altitude absolue, laquelle est seulement de 334 m ; ce caractère dépend essentiellement de la hauteur au-dessus du terrain de la couche d'air considérée, pour laquelle sont écartées les perturbations dues au voisinage immédiat du sol.

Déjà à cette faible hauteur de 300 m, les phénomènes de vent et de température sont absolument différents de ceux qui se passent au niveau du sol, dont la température propre et le relief communiquent aux couches voisines des variations tout à fait spéciales.

A cette hauteur, l'amplitude des variations de température ou d'état hygrométrique est bien moindre que près du sol ; les vents sont plus réguliers et plus forts, et en somme ce n'est que dans les stations de montagnes élevées que l'on retrouve des résultats analogues à ceux que fournit la Tour.

Aussi, dès l'origine de la construction, en 1889, il a été installé, par les soins et sous la direction de M. E. Mascart, Membre de l'Institut et Directeur du Bureau central météorologique de France, un service de météorologie extrêmement important.

Les instruments de mesure sont disposés sur la petite plate-forme de 1,60 m de diamètre qui termine la Tour à 300 m du sol ; à l'aide d'un câble, ils transmettent électriquement leurs indications à des appareils enregistreurs situés au rez-de-chaussée du Bureau central, qui est voisin.

Toutes les observations sont relevées heure par heure : pour le vent en vitesse et en direction, pour la température, pour la pression atmosphérique, pour l'état hygrométrique, etc. ; elles sont inscrites sur les registres du Bureau et leur résumé figure dans le Bulletin publié journellement.

Ces observations sont centralisées par M. Alfred Angot, docteur ès sciences, météorologiste titulaire du Bureau central, qui en a analysé les résultats comparativement aux observations faites dans le local du Bureau central ; ils font l'objet de savants Mémoires insérés dans les *Annales* du Bureau. Tous ceux que ces questions intéressent devront les consulter ; ils renferment tous les documents détaillés et leur discussion scientifique. Un premier Mémoire concerne les résultats de 1889 ; cinq autres, ceux des années 1890, 1891, 1892, 1893 et 1894. Enfin, un Mémoire général récapitule les observations de ces cinq années, sauf celles relatives au vent, qui font l'objet d'un Mémoire spécial allant jusqu'en 1895.

Un deuxième Mémoire récapitulatif allant jusqu'en 1899 est en préparation et sera publié en 1900.

Cet ensemble forme un véritable monument scientifique qui fait le plus grand honneur à son auteur.

Les paragraphes qui suivent en sont textuellement extraits ; nous en avons omis les parties mathématiques et celles qui, par leur caractère de science trop spéciale, ne rentraient pas dans le cadre de cet ouvrage.

§ 2. — Premières observations des années 1889 et 1890.

(*Annales du Bureau central météorologique.*)

I. — PRESSION ATMOSPHÉRIQUE.

Les observations de pression atmosphérique ont été faites régulièrement au Bureau météorologique à l'altitude de 33,40 m, dans une pièce du rez-de-chaussée, et sur la Tour Eiffel, à l'altitude de 312,90 m, dans une des pièces qui sont au-dessus de la troisième plate-forme.

« La différence d'altitude des deux instruments est de 279,5 m, et leur distance horizontale d'environ 480 m. On a employé dans les deux stations des baromètres enregistreurs Richard à mercure, multipliant par 2 les variations de la pression; la marche de ces enregistreurs est contrôlée par les observations directes, faites trois fois par jour au Bureau et quatre ou cinq fois par semaine, quelquefois même plus en été, à la Tour Eiffel, avec deux baromètres à mercure à large cuvette, comparés directement l'un à l'autre. Toutes les observations ont été réduites à zéro et corrigées de l'erreur instrumentale; les hauteurs réduites au niveau de la mer sont, de plus, ramenées à la gravité normale, c'est-à-dire exprimées en colonnes de mercure dont la densité est évaluée au niveau de la mer et à la latitude de 45 degrés. »

Variations diurnes et annuelles de la pression. — Nous n'entrerons pas dans le détail de ces variations qui comporte une analyse très délicate sur des chiffres ne différant entre eux que de centièmes de millimètre et qui a été longuement et savamment étudiée dans les Mémoires de M. Angot. Nous donnerons seulement ses conclusions.

La variation diurne par la distribution horaire de ses maxima et de ses minima, est très différente à 300 m de hauteur de ce qu'elle est près du sol; elle se rapproche beaucoup de ce que l'on observe au sommet des montagnes. Les premiers résultats de 1889 ont été d'ailleurs nettement confirmés par les observations des cinq années suivantes.

Quant à la variation annuelle, la pression moyenne pendant les six mois de 1889 a été, pour le Bureau météorologique, de 760,67 mm, et pour la Tour de 735,58 mm. Ces pressions ramenées au niveau de la mer ont donné, pour le Bureau météorologique, 763,73 mm, et pour la Tour, 763,64 mm. Dans les cinq années qui ont suivi, les moyennes des pressions vraies ont été : pour le Bureau, de 759,38 mm, et de 734,15 mm pour la Tour. Les moyennes des pressions réduites sont : pour le Bureau, de 762,69 mm, et pour la Tour, de 762,57 mm.

La conclusion est que la pression observée au sommet de la Tour est trop basse par rapport à celle du Bureau, non seulement comme moyenne, mais encore dans tous les mois (voir tableau, p. 42). Cette différence ne peut en aucune manière être attribuée aux instruments et

6

correspond à un fait réel. L'explication de cet excès de pression, dans le voisinage immédiat du sol, est, d'après M. Angot, qu'en raison des grandes vitesses des vents à 300 m par rapport au sol, il existerait dans cette région un matelas d'air retenu par le frottement et qui se trouve comprimé entre le sol et les couches supérieures, animées d'une plus grande vitesse et plus libres dans leurs mouvements.

1890-1894. — *Pression moyenne au Bureau météorologique et à la Tour Eiffel.*

	Pressions vraies		Pressions réduites	
	Bureau mm.	Tour mm.	Bureau mm.	Tour mm.
Janvier	760,65	734,61	764,07	763,93
Février	61,61	35,75	65,00	64,89
Mars	58,78	33,21	62,12	61,98
Avril	57,59	32,45	60,88	60,76
Mai	57,25	32,38	60,51	60,41
Juin	59,98	35,26	63,17	63,07
Juillet	58,60	34,08	61,83	61,72
Août	58,94	34,43	62,16	62,06
Septembre	60,88	36,13	64,15	64,08
Octobre	57,88	32,79	61,19	61,09
Novembre	59,22	33,62	62,57	62,41
Décembre	61,23	35,13	64,63	64,45
Année. . . .	59,38	34,15	62,69	62,57

« *Variations accidentelles du baromètre.* — D'une manière générale, les mouvements du baromètre se produisent d'une façon exactement semblable, à l'amplitude près, au sommet de la Tour Eiffel et au Bureau météorologique; les plus petits accidents se retrouvent de la même manière sur les courbes des deux enregistreurs. Les pressions ramenées au même niveau ne diffèrent que de quelques dixièmes de millimètre et d'un millimètre au plus dans les cas extrêmes, tels que le suivant :

« Au mois de novembre 1889, du 7 au 23, une aire de hautes pressions, venue par le golfe de Gascogne, s'est étendue sur la France et l'Europe centrale; elle a disparu vers le sud-est de la Russie le 25, tandis que les basses pressions gagnaient le nord-ouest de l'Europe depuis le 24; une bourrasque très importante (735 *mm*) avait son centre le 25 au matin au sud-ouest de la Norvège et faisait baisser le baromètre à Paris jusqu'à 752,8 *mm*. Vers la fin de cette période, le 21, tandis que le vent était nul ou faible du S.-E. au niveau du sol, il a commencé à souffler au sommet de la Tour Eiffel du S.-S.-O. à partir de 6 heures du soir, et il s'est produit entre le sommet et la base une inversion de température remarquable qui a duré plus de deux jours, jusqu'au 24 à 7 heures du matin, et sur laquelle nous reviendrons plus tard.

Pendant ce temps, la comparaison des pressions observées réellement au sommet de la Tour avec celles que l'on peut calculer par la formule de Laplace, en partant des observations du Bureau, a donné les résultats suivants :

« Le 20 et le 21 novembre, la pression vraie de la Tour était un peu plus faible (de — 0,1 mm à — 0,2 mm) que la pression calculée ; la différence s'accentue au moment de l'inversion de température et atteint — 0,4 mm en moyenne dans la nuit du 21 au 22. A partir du soir du 22, jusqu'au soir du 23, alors que le baromètre commence à baisser lentement, la pression vraie de la Tour devient plus grande que la pression calculée ; la différence est de + 0,2 mm en moyenne. Le 24, au contraire, à partir de 9 heures du matin, au moment où le baromètre se met à baisser rapidement, la pression vraie de la Tour est beaucoup plus faible que la pression calculée ; la différence augmente progressivement et atteint — 1 mm en moyenne le 25, entre 1 heure et 6 heures du matin, au moment de la plus grande vitesse de la baisse du baromètre. La différence s'atténue au moment du minimum et change de signes dès que le baromètre remonte ; l'écart moyen est de 0,7 mm entre midi et 6 heures du soir, alors que la hausse du baromètre est la plus rapide ; il devient seulement + 0,4 mm à partir de 8 heures du soir. »

II. — Température de l'air.

1° *Installation des instruments*. — Une série d'observations de la température a été faite au Bureau central dans la cour à l'altitude de 31,6 m et à 1,60 m du sol, dans un abri en fer à double toit, analogue à celui qui est en usage dans toutes les stations françaises.

« A la Tour Eiffel, les thermomètres sont placés à l'altitude de 335,3 m au-dessus de la mer et à 301,8 m du sol, sous un abri à double toit, accroché, du côté nord, en dehors de la balustrade de la plate-forme du paratonnerre. L'abri, comme celui de la terrasse du Bureau central, est entièrement ouvert au nord et par-dessous (voir D, fig. 4) (1). Il est fermé à l'est, au sud et à l'ouest par deux séries de persiennes inclinées en sens inverse et distantes intérieurement de 5 cm environ. Le vent étant beaucoup plus fort à cette hauteur que près du sol, les petites causes d'erreur introduites par l'abri deviennent négligeables, et les observations de température peuvent être considérées comme faites dans d'excellentes conditions. Sous cet abri sont placés un psychromètre, un thermomètre à maxima, un thermomètre à minima, un thermomètre et un hygromètre enregistreurs Richard; on y a ajouté un thermomètre transmetteur électrique, de l'invention de MM. Richard frères, qui donne au Bureau central météorologique la marche continue de la température au sommet de la Tour Eiffel.

« En plus de ces instruments, on a installé à la Tour Eiffel deux autres séries de thermomètres à lecture directe et enregistreurs, l'une à la

Fig. 4.

(1) L'abri est en réalité beaucoup plus large qu'il n'a été indiqué sur la figure; il a 1 m de largeur et contient sur une même rangée un psychromètre, le thermomètre enregistreur et les thermomètres à maxima et à minima; sur la rangée sont l'hygromètre enregistreur et le thermomètre transmetteur; la face nord, ainsi que la face inférieure, sont garnies d'un grillage métallique à mailles très larges.

1889. — Moyennes horaires de la température au Bureau météorologique (cour).

HEURES	JUILLET	AOUT	SEPT.	OCTOBRE	NOV.	DÉC.
0 (Minuit)	16,67	15,53	13,42	9,33	6,31	0,87
1	16,10	15,16	13,01	9,00	5,84	0,85
2	15,75	14,84	12,62	8,84	5,58	0,74
3	15,30	14,58	12,26	8,76	5,48	0,68
4	15,04	16,19	11,97	8,63	5,44	0,66
5	14,95	13,94	11,63	8,50	5,33	0,65
6	15,37	14,28	11,56	8,46	5,15	0,58
7	16,55	15,40	12,63	8,61	5,09	0,54
8	17,93	17,10	13,38	9,16	5,36	0,61
9	19,15	18,46	14,87	10,08	6,01	0,72
10	20,03	19,66	16,39	11,17	7,65	1,18
11	21,17	20,68	17,58	12,11	7,77	1,53
12 (Midi)	21,81	21,61	18,52	13,14	8,46	2,05
13	22,17	21,45	19,10	13,65	8,98	2,37
14	22,56	21,85	19,35	13,92	9,08	2,48
15	22,51	22,05	19,40	13,72	8,87	2,35
16	22,59	22,00	18,90	13,24	8,17	2,11
17	22,24	21,21	18,12	12,33	7,75	1,97
18	21,56	20,19	16,99	11,40	7,39	1,85
19	20,75	18,99	15,92	10,83	7,21	1,67
20	19,55	17,99	15,35	10,53	6,88	1,51
21	18,76	17,39	14,76	10,17	6,74	1,37
22	18,11	16,64	14,25	9,78	6,43	1,17
23	17,48	16,02	13,72	9,44	6,32	1,06
24 (Minuit)	16,79	15,48	13,14	9,24	6,12	0,85

1889. — Moyennes horaires de la température à la Tour Eiffel (sommet).

HEURES	JUILLET	AOUT	SEPT.	OCTOBRE	NOV.	DÉC.
0 (Minuit)	15,04	14,47	13,11	8,51	6,25	—0,89
1	16,50	16,19	12,84	8,23	6,35	—0,85
2	14,28	14,00	12,59	8,02	6,30	—0,86
3	16,04	13,77	12,26	7,92	6,23	—0,91
4	13,55	13,41	11,85	7,60	5,95	—1,99
5	13,54	13,90	11,66	7,47	5,81	—1,10
6	13,72	13,45	11,61	7,30	5,61	—1,19
7	13,85	13,81	11,73	7,53	5,51	—1,32
8	14,67	14,67	11,83	7,62	5,61	—1,35
9	15,25	15,27	12,36	8,08	5,85	—1,05
10	16,32	16,24	12,83	8,56	6,06	—0,66
11	17,11	17,00	13,72	8,95	6,42	—0,50
12 (Midi)	17,62	17,49	14,45	9,86	6,65	—0,35
13	18,28	17,65	15,10	10,08	6,93	—0,13
14	18,54	18,65	15,44	10,32	6,86	—0,10
15	18,72	18,25	15,69	10,50	6,69	—0,18
16	18,72	18,23	15,55	10,01	6,42	—0,31
17	18,70	18,00	15,38	9,67	6,33	—0,29
18	18,54	17,46	14,94	9,52	6,20	—0,28
19	17,97	16,77	14,59	9,50	6,27	—0,28
20	17,18	16,23	14,33	9,28	6,31	—0,45
21	16,76	15,75	13,75	9,02	6,29	—0,74
22	16,47	15,32	13,50	8,86	6,17	—0,86
23	15,86	14,91	13,09	8,84	6,15	—0,94
24 (Minuit)	15,28	14,46	12,64	8,54	5,89	—0,94

1889. — Différence entre le Bureau météorologique (cour) et la Tour.

HEURES	JUILLET	AOUT	SEPT.	OCTOBRE	NOV.	DÉC.
0 (Minuit)	1,63	1,06	0,31	0,82	0,06	1,76
1	1,60	0,97	0,17	0,77	0,51	1,70
2	1,47	0,84	0,63	0,82	—0,72	1,66
3	1,26	0,81	0,00	0,84	0,75	1,59
4	1,49	0,78	0,12	1,65	0,51	1,75
5	1,41	0,74	—0,03	1,63	—0,51	1,75
6	1,65	0,83	0,05	1,16	—0,46	1,77
7	2,70	1,59	0,30	1,08	—0,42	1,86
8	3,50	2,43	1,55	1,34	—0,25	1,96
9	3,90	3,19	2,51	2,00	0,16	1,77
10	3,71	3,42	3,56	2,61	1,00	1,84
11	4,06	3,68	3,86	3,16	1,35	2,03
12 (Midi)	4,19	4,12	4,07	3,28	1,81	2,40
13	3,89	3,80	4,00	3,57	2,06	2,50
14	4,02	3,80	3,91	3,60	2,22	2,58
15	3,79	3,80	3,71	3,22	2,18	2,53
16	3,85	3,77	3,35	3,23	1,75	2,42
17	3,54	3,21	2,74	2,66	1,42	2,26
18	3,02	2,73	2,65	1,88	1,19	2,13
19	2,78	2,22	1,33	1,33	0,94	1,95
20	2,37	1,76	1,02	1,25	0,57	1,96
21	2,00	1,34	1,01	1,15	0,45	2,11
22	1,64	1,32	0,73	0,99	0,26	2,03
23	1,68	1,11	0,63	0,60	0,17	2,00
24 (Minuit)	1,51	1,02	0,50	0,69	0,23	1,79

plate-forme intermédiaire (230,2 *m* au-dessus de la mer, 196,7 *m* au-dessus du sol); l'autre à la deuxième plate-forme (156,6 *m* au-dessus de la mer, et 123,1 *m* au-dessus du sol).

« 2° *Variation diurne de la température.* — Dans le tableau (p. 45) nous donnons, pour le Bureau central météorologique (cour) et pour la Tour Eiffel les moyennes horaires de la température dans tous les mois d'observation.

« Il est intéressant de comparer les variations diurnes indiquées par le tableau précédent avec celle du parc Saint-Maur, qui représente la variation normale pour la région de Paris. Nous donnons ici le résultat de cette comparaison. Pour ne pas allonger inutilement, nous nous bornons à reproduire les différences moyennes horaires entre le Bureau (cour) et Saint-Maur, pour les six mois de juillet à décembre; enfin, nous donnons pour chaque mois les différences horaires entre Saint-Maur et la Tour Eiffel.

Différences horaires de température.

Heures	B. C. M. (cour) —Saint-Maur	Saint-Maur — Tour Eiffel					
	Juill.-Déc.	Juillet	Août	Septembre	Octobre	Novembre	Décembre
0 (Minuit) . . .	1°63	—0°01	—0°62	—2°01	—0°89	—1°43	+0°82
1	1,54	+0,10	—0,58	—2,23	—0,65	—1,87	0,68
2	»	»	»	»	»	»	»
3	»	»	»	»	»	»	»
4	1,61	—0,07	—1,03	—1,92	—0,33	—2,15	0,51
5	1,50	0,00	—1,04	—1,84	+0,17	—2,04	0,49
6	1,34	+0,62	—0,59	—1,82	—0,01	—1,91	0,59
7	1,09	1,98	+0,74	—0,97	+0,04	—1,82	0,63
8	0,90	2,83	1,71	+0,97	0,72	—1,54	0,64
9	0,50	3,60	2,85	2,48	1,60	—0,62	0,65
10	0,41	3,74	2,88	3,47	2,24	+0,47	0,87
11	0,44	3,54	3,16	3,45	2,85	1,14	1,38
12 (Midi)	0,49	3,91	3,28	3,53	2,92	1,62	1,69
13	0,48	3,50	3,43	3,24	3,03	2,01	1,75
14	0,51	3,31	3,37	3,28	3,14	2,19	1,77
15	0,69	3,13	3,08	2,63	2,50	2,04	1,71
16	0,89	2,96	2,46	2,26	2,30	1,63	1,46
17	1,05	2,48	2,33	1,53	1,32	0,80	1,06
18	1,20	2,01	1,65	0,37	0,45	0,47	0,88
19	1,39	1,41	0,89	—0,78	—0,20	—0,01	0,83
20	1,54	0,74	0,31	—1,37	—0,30	—0,55	0,83
21	1,57	0,13	—0,01	—1,43	—0,59	—0,52	0,99
22	1,64	—0,29	—0,27	—1,65	—0,83	—0,85	0,98
23	1,65	—0,03	—0,57	—1,92	—1,08	—1,11	0,99
24 (Minuit) . . .	1,64	—0,16	—0,70	—1,84	—1,08	—1,19	0,87

« Les différences horaires entre le Bureau météorologique et Saint-Maur sont positives; la température est donc plus élevée dans l'intérieur de la ville, au Bureau, qu'à la campagne, comme on le savait depuis longtemps; mais il est intéressant d'étudier la marche horaire de ces différences, qui sont loin d'être constantes.

« L'excès de température de la ville sur la campagne est relativement faible au milieu du jour (0°,4 environ), mais considérable pendant la nuit, où il atteint et dépasse 1°,6. L'influence de la ville, en même temps qu'elle élève la température moyenne, modifie complètement la forme de la variation diurne et en diminue l'amplitude. Ces comparaisons, qui seront continuées, sont intéressantes en ce qu'elles permettront d'évaluer avec plus de détail qu'on ne l'a fait d'ordinaire la grandeur et la nature des erreurs auxquelles sont sujettes les observations météorologiques faites dans les villes.

« Comme les observations de la Tour Eiffel se trouvent, grâce à l'altitude même de la station et à la force du vent qui y règne, soustraites aux influences perturbatrices de la ville, nous les avons comparées non à celles du Bureau météorologique, mais à celles de Saint-Maur qui donnent les valeurs normales correspondant au climat de Paris. La différence d'altitude des thermomètres dans les deux stations est de 285 m, ce qui, en admettant une décroissance moyenne de 1° pour 180 m, devrait donner entre elles une différence normale de température de 1°,58.

« Non seulement la température au sommet de la Tour pendant la nuit diffère constamment de celle de Saint-Maur de moins que 1°,58, mais, même pendant cinq mois sur six (décembre 1889 fait seul exception), la température est plus élevée en valeur absolue au sommet de la Tour qu'à Saint-Maur, et il y a inversion de température entre le sol et 300 m de hauteur. Pendant le jour, au contraire, la différence de température est beaucoup plus grande entre les deux stations que la valeur normale 1°,58.

« Ces différences s'expliquent aisément par le rôle que joue le sol dans la variation diurne de la température. L'air, qui a un très faible pouvoir absorbant, s'échauffe peu directement pendant le jour, et de même se refroidit peu pendant la nuit. A une certaine hauteur dans l'air libre, l'amplitude de la variation diurne doit donc être très faible; elle n'est grande dans les couches inférieures que parce que celles-ci s'échauf-

fent et se refroidissent au contact du sol. Pendant les cinq mois de juillet
à novembre inclus, l'amplitude de la variation diurne au sommet de la
Tour a été moindre que 4°,5 en moyenne qu'au Parc Saint-Maur. Sur les
montagnes, les mêmes effets se produisent, mais d'une manière propor-
tionnellement moins marquée qu'à la Tour Eiffel, car la masse de la
montagne joue encore un certain rôle et produit au sommet une variation
diurne beaucoup plus grande que celle que l'on devrait observer normalement à la même hauteur dans l'air libre.

« Le phénomène d'inversion des températures avec la hauteur est en
quelque sorte normal dans les nuits claires et calmes. C'est seulement
quand le froid est amené par un vent d'est de vitesse notable que la température est plus basse pendant la nuit au sommet de la Tour Eiffel que
près du sol.

« Une conséquence intéressante de cette différence dans les variations diurnes est qu'à une certaine hauteur la température moyenne doit
être relativement plus élevée que près du sol. Pendant le jour, en effet,
les courants ascendants rendent plus rapide la décroissance verticale des
empératures qui se rapproche de la détente adiabatique; pendant la nuit,
au contraire, les couches inférieures se refroidissent beaucoup, et, quand
l'air est calme, ce refroidissement ne se communique pas sensiblement
aux couches plus hautes. Ce dernier effet est beaucoup plus grand que
l'action inverse pendant le jour; les couches supérieures doivent donc
présenter, en moyenne, une température plus élevée que celle que l'on
calculerait en partant de la température des couches voisines du sol et en
tenant compte de la décroissance normale. Cet excès moyen de température des couches élevées provient ainsi de ce fait que le refroidissement
nocturne est relativement moins grand en haut que ne l'est le réchauffe-
ment diurne.

« 3° *Variation annuelle de la température.* — Nous donnons dans le
tableau suivant les moyennes mensuelles de la température obtenues en
1889, au Bureau météorologique (cour), au sommet de la Tour Eiffel et
au Parc Saint-Maur. Ces nombres sont les moyennes des vingt-quatre
heures.

« L'altitude des thermomètres à Saint-Maur (50 m) et sur la terrasse
du Bureau central (53 m) est sensiblement la même; les nombres sont
donc directement comparables. La moyenne du Bureau, dans l'intérieur

de Paris, est exactement de 1°,13 plus élevée qu'à la campagne; mais la différence est loin d'être constante dans tous les mois.

Moyennes mensuelles de la température en 1889.

	Parc Saint-Maur	Bureau météorologique (cour)	Tour Eiffel	Différences avec Saint-Maur	
				Bureau météorologique (cour)	Tour Eiffel
Juillet.	17°84	18°92	16°22	+1°08	—1°62
Août.	16,80	17,96	15,73	1,16	—1,07
Septembre . . .	13,70	15,21	13,50	1,51	—0,20
Octobre.	9,51	10,62	8,80	1,11	—0,71
Novembre . . .	5,86	6,77	6,21	0,91	+0,35
Décembre. . . .	0,27	1,31	—0,70	1,04	—0,97
Moyenne. .	10,66	11,79	9,99	1,13	—0,67

« La durée des observations sur la Tour Eiffel est encore trop courte pour qu'on puisse en déduire des conclusions intéressantes sur la décroissance moyenne de la température avec la hauteur. On voit toutefois que, sauf en juillet, la différence avec Saint-Maur a été constamment plus petite que la valeur 1°,58 qui correspondrait à une décroissance de 1° pour 180 *m*; cela tient surtout aux inversions très fréquentes de température qui se présentent pendant la nuit et dont l'effet, comme nous l'avons indiqué à propos de la variation diurne, est de donner à une certaine distance du sol une température moyenne relativement plus élevée que dans les couches les plus basses.

« Un seul mois, celui de novembre, a donné une température absolue plus haute sur la Tour Eiffel qu'à Saint-Maur; cette anomalie tient uniquement à une période d'inversion remarquable, qui a duré du 21 au 24 novembre, et pendant laquelle la température à 300 *m* de hauteur a été constamment beaucoup plus haute que près du sol (la différence a même atteint 12°,8 le 22, à 5 heures du matin) ; nous reviendrons plus loin sur cette période. Si l'on retranche de novembre les trois jours compris du 21 à midi au 24 à midi, on trouve, comme température moyenne des vingt-sept jours qui restent, 6°,24, à Saint-Maur et 5°,97 à la Tour Eiffel, ce qui fait disparaître l'anomalie indiquée.

« 4° *Variations irrégulières de la température.* — Les variations irrégulières de la température se produisent sensiblement de la même

7

manière au Bureau météorologique et au Parc Saint-Maur, malgré la
distance; mais il n'en est plus de même à la Tour Eiffel. Très fréquemment les courbes des enregistreurs de la Tour et du Bureau
ne présentent aucune analogie; d'une manière générale, celles de la
Tour sont moins régulières : en même temps que l'oscillation diurne
diminue d'importance, les perturbations accidentelles sont beaucoup
plus marquées, et souvent même il s'en manifeste de considérables,
qui restent absolument inaperçues en bas. Les observations de la
Tour Eiffel sont particulièrement intéressantes en ce qu'elles montrent
que les conditions générales de l'atmosphère à une très faible hauteur
peuvent différer entièrement de ce que l'on observe près du sol, où les
influences perturbatrices de toutes sortes ralentissent et même suppriment
complètement un grand nombre de mouvements.

« Un des exemples les plus remarquables sous ce rapport a été
fourni par la période comprise entre le 21 et le 24 novembre (voir
fig. 5). A la Tour Eiffel, la température était comme d'ordinaire plus

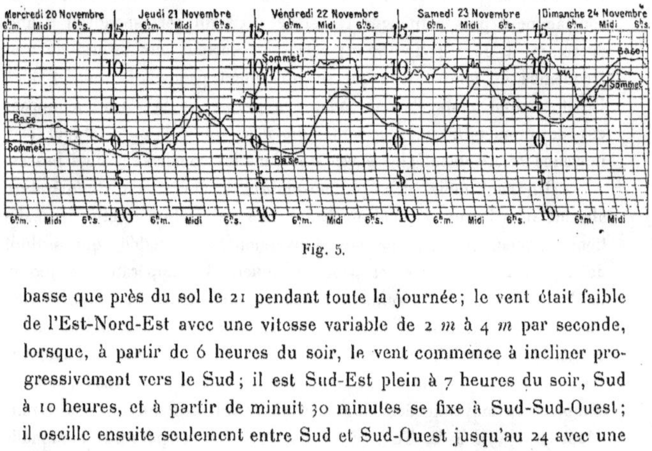

Fig. 5.

basse que près du sol le 21 pendant toute la journée; le vent était faible
de l'Est-Nord-Est avec une vitesse variable de 2 m à 4 m par seconde,
lorsque, à partir de 6 heures du soir, le vent commence à incliner progressivement vers le Sud; il est Sud-Est plein à 7 heures du soir, Sud
à 10 heures, et à partir de minuit 30 minutes se fixe à Sud-Sud-Ouest;
il oscille ensuite seulement entre Sud et Sud-Ouest jusqu'au 24 avec une
vitesse comprise entre 5 m et 10 m, tandis qu'en bas l'air était presque
constamment calme ou qu'on ne ressentait qu'un vent très faible d'entre
Sud et Sud-Est, dont la plus grande vitesse n'a pas dépassé 2 m. En

même temps, la température à la Tour, au lieu de baisser dans la soirée du 21, remonte brusquement à partir de 6 heures du soir et augmente de 7°,3 entre 6 heures du soir et 2 heures du matin. Depuis ce moment jusqu'au 24 à 7 heures du matin, où une dépression profonde arrive par le nord des Iles Britanniques et amène au niveau du sol à Paris le régime des vents de Sud-Ouest, la température est restée constamment plus haute sur la Tour Eiffel qu'à la base, comme on le voit sur la figure 5, qui est une réduction exacte des courbes des thermomètres enregistreurs installés au sommet de la Tour Eiffel et à la base (pilier Est). Il y a donc eu à 300 m de hauteur seulement un changement complet de régime qui a mis plus de deux jours à se faire sentir jusqu'au sol. Ce qu'il y a de plus remarquable, c'est que rien ne pouvait faire prévoir d'en bas ces conditions; depuis le soir du 21 jusqu'au matin du 24, le ciel a été constamment d'une pureté parfaite.

« En raison de l'intérêt que présente cette période, nous donnons ici le détail des observations horaires de la température à la Tour Eiffel et au Parc Saint-Maur pendant la durée de l'inversion, du 21 à 4 heures du soir jusqu'au 24 à 9 heures du matin.

Températures à Saint-Maur et à la Tour Eiffel, du 21 au 24 novembre 1889.

Heures	Saint-Maur	Tour Eiffel	Diffé-rences	Heures	Saint-Maur	Tour Eiffel	Diffé-rences
21 nov. 16.	4°1	3°1	— 1°0	11.	3,9	10,8	+ 6,9
17.	2,2	2,7	+ 0,5	(Midi) 12.	5,2	10,3	+ 5,1
18.	1,1	2,9	+ 1,8	13.	6,6	10,7	+ 4,1
19.	0,2	3,3	+ 3,1	14.	7,2	10,7	+ 3,5
20.	—0,6	3,8	+ 4,4	15.	7,1	10,9	+ 3,8
21.	—1,0	5,7	+ 6,7	16.	5,9	11,2	+ 5,3
22.	—1,6	5,0	+ 6,6	17.	4,9	11,0	+ 6,1
23.	—1,9	6,5	+ 8,4	18.	4,3	8,0	+ 3,7
22 nov. (Min.) 0.	—2,1	6,1	+ 8,2	19.	2,7	8,1	+ 5,4
1.	—2,2	9,3	+11,5	20.	2,0	8,7	+ 6,7
2.	»	10,0	»	21.	1,8	8,9	+ 7,1
3.	»	9,7	»	22.	0,8	9,0	+ 8,2
4.	—2,9	9,7	+12,6	23.	0,2	9,0	+ 8,8
5.	—3,0	9,8	+12,8	23 nov. (Min.) 0.	0,0	8,7	+ 8,7
6.	—2,9	9,3	+12,2	1.	—0,7	8,3	+ 9,0
7.	—2,9	8,7	+11,6	2.	»	8,9	»
8.	—2,0	8,6	+10,6	3.	»	9,6	»
9.	—0,5	9,2	+ 9,7	4.	—1,0	9,1	+10,1
10	1,8	9,4	+ 7,6	5	—1,1	9,0	+10,1

	Heures.	Saint-Maur.	Tour Eiffel.	Différences.		Heures.	Saint-Maur.	Tour Eiffel.	Différences.
23 nov.	6.	—0°9	8°9	+ 9°8		20.	3,1	10,9	+ 7,8
	7.	—0,7	9,8	+10,5		21.	5,0	10,6	+ 5,6
	8.	—0,5	10,4	+10,9		22.	3,9	10,2	+ 6,3
	9.	1,5	9,0	+ 7,5		23.	3,6	11,2	+ 7,6
	10.	4,0	9,3	+ 5,3	24 nov. (Min.)	0.	3,7	10,9	+ 7,2
	11.	5,9	8,0	+ 2,1		1.	3,7	11,5	+ 7,8
(Midi)	12.	7,0	10,0	+ 3,0		2.	»	11,1	»
	13.	8,9	10,0	+ 1,1		3.	»	10,0	»
	14.	9,2	9,7	+ 0,5		4.	1,7	9,0	+ 7,3
	15.	9,2	9,0	— 0,2		5.	1,3	8,9	+ 7,6
	16.	7,9	8,5	+ 0,6		6.	1,5	8,4	+ 6,9
	17.	6,1	8,9	+ 2,8		7.	2,9	5,1	+ 2,2
	18.	4,5	9,4	+ 4,9		8.	3,4	5,1	+ 1,7
	19.	4,0	10,0	+ 6,0		9.	5,6	5,1	— 0,5

« Ces différences de température sont d'autant plus remarquables que la variation diurne de la température a été très grande au Parc Saint-Maur le 22 et le 23 à cause de la pureté du ciel ; malgré ces conditions défavorables, l'inversion de température a persisté même pendant la journée.

III. — Humidité atmosphérique.

« 1° *Installation des appareils.* — L'humidité atmosphérique est enregistrée au sommet de la Tour Eiffel, depuis le 10 juillet 1889, au moyen d'un hygromètre à cheveu de MM. Richard frères, installé à côté des thermomètres, à 301,8 m au dessus du niveau du sol et 335,3 m audessus du niveau de la mer. Cet instrument est contrôlé par les observations directes effectuées au psychromètre aussi souvent que cela est possible.

« 2° *Variation diurne de l'humidité relative.* — Le tableau suivant contient, pour les six derniers mois de l'année 1889, les moyennes horaires de l'humidité relative à la Tour Eiffel ; nous ajoutons comme terme de comparaison la valeur correspondante pour le Parc Saint-Maur. Les observations n'ayant commencé à la Tour que dans l'après-midi du 9 juillet, les moyennes de ce mois ne comprennent que 22 jours seulement, du 10 au 31. Enfin les moyennes de décembre ne comprennent également que 22 jours, l'enregistreur ayant été arrêté du 10 au 15 inclus et du 27 à la fin du mois.

Variation diurne de l'humidité relative à la Tour Eiffel et au Parc Saint-Maur.

Heures	Tour Eiffel						Parc Saint-Maur					
	Juillet	Août	Sept.	Octobre	Nov.	Déc.	Juillet	Août	Sept.	Octobre	Nov.	Déc.
0 (Minuit)	70,6	77,1	68,8	78,5	80,2	81,8	85,3	87,9	89,3	93,7	93,4	92,3
1	71,5	78,1	69,9	81,1	78,8	81,6	87,4	88,4	91,7	93,8	93,9	91,2
2	73,0	80,8	70,9	82,5	78,8	82,5	»	»	»	»	»	»
3	74,6	81,7	75,0	84,2	82,5	82,0	»	»	»	»	»	»
4	77,0	85,1	75,9	85,8	82,7	84,3	91,2	92,4	93,6	93,5	94,5	94,3
5	76,5	83,5	75,3	85,1	81,9	84,4	91,5	92,4	94,0	93,4	94,2	94,9
6	76,0	84,8	75,5	86,2	82,5	85,9	88,1	90,4	93,5	93,8	94,5	93,4
7	73,5	83,0	74,3	84,8	82,3	87,9	82,4	85,5	89,2	93,9	94,0	93,9
8	71,6	78,8	74,7	85,8	83,3	88,4	76,4	77,6	81,6	92,2	93,7	93,6
9	69,3	71,5	70,5	83,6	83,9	87,6	68,6	69,4	73,6	86,6	89,9	91,9
10	67,6	66,7	67,5	81,0	84,5	87,2	62,9	63,4	66,0	82,7	85,3	89,8
11	65,0	62,5	62,9	77,3	82,1	87,9	59,1	59,7	60,6	77,7	82,3	86,4
12 (Midi)	62,7	59,3	60,3	73,3	79,8	87,1	56,1	55,9	56,4	72,8	78,0	84,5
13	62,6	59,3	55,8	68,6	78,6	85,3	54,5	54,4	54,2	69,7	75,4	84,7
14	59,7	58,4	55,0	66,8	80,2	85,4	53,8	55,5	52,3	66,8	74,1	83,8
15	60,4	57,7	54,4	69,5	81,8	84,6	53,6	53,4	54,1	69,4	75,9	84,3
16	59,1	57,4	56,1	71,5	83,6	84,9	55,4	57,0	56,5	72,9	79,4	85,9
17	57,6	59,2	57,3	73,4	82,7	85,5	56,3	58,7	61,2	81,1	85,5	88,7
18	58,9	62,1	58,4	72,0	83,5	84,1	58,6	65,1	68,6	85,4	87,1	88,5
19	59,6	64,4	59,8	72,1	82,4	83,1	64,3	74,1	77,4	88,7	88,5	90,0
20	61,9	67,5	62,1	74,8	80,2	83,7	71,0	76,8	80,9	89,5	91,8	90,7
21	62,9	69,6	63,5	77,1	80,0	85,8	76,2	80,7	83,6	91,2	90,8	91,4
22	63,1	73,8	65,0	75,4	80,3	84,7	80,0	83,3	85,0	92,7	90,8	92,6
23	65,8	77,0	67,0	75,8	79,3	85,7	82,1	86,6	88,4	93,6	91,3	93,0
24 (Minuit)	68,9	77,9	68,8	78,1	80,3	83,4	85,3	88,5	89,4	93,7	91,9	93,2

« On voit par ces nombres que l'amplitude de la variation diurne de l'humidité relative est, comme celle de la température, beaucoup moindre au sommet de la Tour Eiffel qu'au Parc Saint-Maur. La différence porte presque entièrement sur les nombres de la nuit : tandis que dans les couches voisines du sol l'air se rapproche beaucoup de la saturation pendant la nuit, à 300 *m* de hauteur, au contraire, l'humidité relative varie beaucoup moins et l'air reste ainsi plus sec. Ce phénomène était facile à prévoir.

« 3° *Variation annuelle et variations irrégulières de l'humidité relative.* — Les moyennes mensuelles de l'humidité relative à la Tour Eiffel et à Saint-Maur sont indiquées dans le tableau suivant; nous ferons remarquer encore que les nombres relatifs aux mois de juillet et de décembre à la Tour Eiffel ne sont pas comparables à ceux de Saint-Maur, parce

qu'il n'y a eu, dans chacun de ces deux mois, que vingt-deux jours
d'observation.

Moyennes mensuelles de l'humidité relative.

	Juillet	Août	Septembre	Octobre	Novembre	Décembre
Tour Eiffel	(66,7)	70,8	65,7	77,8	81,5	(85,1)
Parc Saint-Maur .	72,2	74,6	76,5	85,9	88,0	90,3

« Dans tous les mois, l'humidité relative est moindre à la Tour
Eiffel qu'au Parc Saint-Maur; cette différence tient uniquement à la nuit,
pendant laquelle l'air est toujours en moyenne plus sec à 300 m de hauteur que près du sol, comme nous l'avons indiqué à propos de la variation diurne.

« Les variations accidentelles de l'humidité relative sont, comme
celles de la température, beaucoup plus grandes et plus rapides à la
Tour Eiffel que près du sol, et ces variations ne présentent fréquemment
aucune analogie avec celles des couches inférieures de l'atmosphère.
Souvent, tandis que l'humidité n'est que de 75 à 80 en bas, l'air est saturé
au sommet de la Tour, qui se trouve dans une couche de véritables
nuages; inversement, tandis qu'en bas l'air est saturé et qu'on est dans
les brouillards, il peut faire très beau et très sec à 300 m.

« La période du 21 au 24 novembre, que nous avons déjà signalée
à propos de la pression et de la température, a offert aussi des particu-
larités intéressantes pour l'humidité; dans la nuit du 21 au 22, entre
1 heure et 4 heures du matin, alors que la température était de 12° plus
élevée sur la Tour Eiffel qu'à Saint-Maur, l'humidité relative variait de
30 à 24 en haut et à Saint-Maur était constamment égale à 100. Pendant
le même temps, la tension de la vapeur restait comprise entre 3,7 mm et
3,9 mm à Saint-Maur, et entre 2,2 mm et 2,6 mm à la Tour Eiffel; après
4 heures du matin, au contraire, bien que l'humidité relative à la Tour
soit restée beaucoup plus faible qu'à Saint-Maur, la tension de vapeur
est devenue plus grande.

« Les conditions générales d'humidité, aussi bien que de température, peuvent donc différer extrêmement à 300 m de hauteur de celles
qu'on observe près du sol.

IV. — PLUIE ET ÉVAPORATION.

« Nous ne donnerons pas les chiffres des observations recueillis à la Tour, parce qu'ils n'ont aucune signification réelle. Le vent y est tellement fort que, dans la plupart des cas, les gouttes de pluie sont animées d'un mouvement horizontal et ne tombent pas dans le pluviomètre; il est arrivé fréquemment que, pendant des averses importantes, non seulement le pluviomètre n'indiquait rien, mais que le sol de la plate-forme du sommet n'était pas mouillé, et recevait à peine quelques gouttes, tandis que les objets verticaux ruisselaient d'eau. Pour obtenir, dans ces conditions, des nombres qui aient quelque signification, il faudrait changer complètement le mode ordinaire d'observation de la pluie, et la recueillir dans un pluviomètre dont l'entonnoir, au lieu d'être horizontal, pourrait s'incliner et se placer normalement au vent.

V. — VITESSE DU VENT.

« 1° *Installation des anémomètres*. — Les anémomètres employés au Bureau central météorologique et à la Tour Eiffel sont identiques; ce sont des anémomètres imaginés par MM. Richard frères ; ils se composent (fig. 6) d'un moulinet formé de six ailettes en aluminium, inclinées à 45°, et rivées sur des bras très légers en acier : leurs dimensions sont calculées pour que le moulinet fasse exactement le tour pour 1 *m* de vent; leur marche est, du reste, vérifiée sur un manège, et, s'il y a lieu, on établit

Fig. 6.

pour chaque appareil une table de correction. Comme le moulinet tourne dans un plan vertical et doit toujours se présenter normalement

au vent, il est monté à l'extrémité d'une pièce horizontale formant
girouette et tournant autour d'un axe vertical, qui est placé très près du
plan de rotation des ailettes, afin de diminuer autant que possible la distance que le moulinet doit parcourir pour s'orienter. L'orientation est
assurée par une queue rivée à l'autre extrémité de la girouette, et formée
de deux plaques de tôle ajustées en angle aigu. Le moulinet complet ne

Fig. 7.

pèse que 150 g; il offre à l'air une surface de 6 décimètres carrés
environ, et son axe de rotation se trouve constamment lubrifié par un
dispositif spécial placé dans la boîte métallique que l'on aperçoit sur la
figure, immédiatement derrière le moulinet, et qui contient également les
appareils interrupteurs du courant.

« Cet instrument est d'une sensibilité remarquable et peut mesurer
des vitesses qui ne dépassent pas 0,1 m à 0,2 m par seconde; il se met
instantanément à tourner dès que le vent commence à souffler, et
s'arrête aussitôt que le vent cesse, tandis que le moulinet de Robinson à

cause de sa grande masse et de sa faible surface utile, prend un certain temps pour acquérir sa vitesse, et, une fois lancé, continue à tourner longtemps après que le vent a cessé.

« Les moulinets de ce genre, installés au Bureau central et à la Tour Eiffel, transmettent leurs indications sur des cinémographes de MM. Richard frères, qui indiquent à la fois la vitesse du vent à chaque instant en mètres par seconde, et le temps pendant lequel le vent a parcouru une distance de 5 *km*. Nous reproduisons la figure qui indique la disposition de l'appareil récepteur (fig. 7). Le cylindre enregistreur fait une révolution en un jour, et une heure correspond à une longueur de 15,15 *mm*; la minute est donc représentée par 0,25 *mm* environ, quantité encore appréciable. La figure montre sur le cylindre, à la partie inférieure, la courbe qui donne à chaque instant la vitesse du vent en mètres par seconde; à la partie supérieure, on distingue les traits du totalisateur, dont l'intervalle correspond à une distance de 5 *km* parcourue par le vent. En mesurant au planimètre l'aire de la courbe inférieure, on s'assure aisément qu'elle concorde toujours exactement avec les sommes données par le totalisateur.

« L'anémomètre de la Tour Eiffel est installé à l'altitude de 338,5 *m* et à 305 *m* du sol, au-dessus de la girouette C (fig. 4). Pendant la durée de l'Exposition, l'appareil récepteur était placé dans la vitrine de MM. Richard frères, dans le Palais des Arts libéraux. En novembre 1889, il a été transporté dans la salle des machines de la Tour, à la base du pilier Sud.

« Les observations ont commencé le 16 juin 1889 ; il y a eu deux jours d'interruption en novembre (le 10 et le 11) au moment du transport du récepteur de l'Exposition à la salle des machines de la Tour, et six jours en décembre, du 13 au 19, par suite d'un givre épais qui a immobilisé entièrement le moulinet.

« Au Bureau météorologique, l'anémomètre Richard est installé à l'angle nord-ouest de la tourelle, à l'altitude de 54 *m*, et à 20,9 *m* du sol. L'appareil récepteur est dans la pièce qui est immédiatement au-dessous de la terrasse.

« Les enregistreurs de la Tour Eiffel, qui avaient été installés provisoirement en novembre 1889 dans la salle des machines de la Tour, à la base du pilier Sud, ont été transportés en novembre 1890 dans

8

une salle du rez-de-chaussée du Bureau météorologique, qui a été reliée à la Tour Eiffel par un câble à 20 fils.

« A l'anémo-cinémographe de MM. Richard frères, employé au sommet de la Tour Eiffel depuis l'origine des observations et dont l'appareil enregistreur est représenté figure 7, on a pu, en octobre 1890, ajouter un autre cinémographe à indications instantanées, duquel M. Eiffel a fait don au Bureau central météorologique. Le dessin en est reproduit figure 8. »

Fig. 8.

Nous donnons également (fig. 9), d'après un article de M. Alfred Angot dans *la Nature* du 9 mai 1891, la disposition de la pièce du Bureau météorologique où ont été réunis tous les enregistreurs de la Tour.

« Le câble électrique à 20 fils, qui vient de la Tour par les égouts du Champ-de-Mars et de la rue de l'Université, aboutit dans une boîte de communications F, d'où sortent ensuite les fils qui se rendent, comme le montre la figure, aux divers appareils récepteurs. Ces appareils, qui ont tous été imaginés et construits par MM. Richard frères, sont les suivants :

« En E, tout au bout de la table, est le thermomètre. Cet appareil

fonctionne par cinquièmes de degré, c'est-à-dire que dès que la température au sommet monte ou baisse d'un cinquième de degré, la plume
du récepteur E s'élève ou s'abaisse de la même quantité vis-à-vis d'une
feuille de papier enroulée sur un cylindre qui fait un tour entier en une
semaine. On trouve donc au bout de la semaine, sur ce papier, une courbe
continue qui donne tous les mouvements de la température pendant ce
temps.

Fig. 9. — Appareils enregistrant à la surface du sol, rue de l'Université (Bureau central
météorologique), les indications données par les instruments placés au sommet de la
Tour Eiffel.

« En C est la girouette, qui, au moyen de trois fils seulement,
enregistre les variations de la direction du vent par cent vingt-huitièmes
de circonférence, c'est-à-dire que l'appareil est assez sensible pour
donner trente-deux directions intermédiaires entre le nord et l'ouest,
par exemple.

« En B est l'enregistreur de la composante verticale du vent; la
plume de cet instrument se déplace de gauche à droite quand le vent
est ascendant, de droite à gauche quand le vent descend, et les déplace-

ments sont proportionnels, à chaque instant, à la vitesse du vent dans un sens ou dans l'autre.

« Enfin, en A et en D sont deux anémomètres qui indiquent la vitesse horizontale du vent ; le premier est actionné par le moulinet de Robinson, qui est en usage dans la plupart des stations météorologiques ; le second est actionné par un moulinet spécial, beaucoup plus sensible et plus exact, imaginé par MM. Richard frères.

« Ces deux derniers instruments inscrivent la vitesse du vent en mètres par seconde sur un cylindre qui fait sa révolution entière en une journée, et sur lequel il est difficile de distinguer des intervalles de temps plus petits qu'une minute. Comme la vitesse du vent varie avec une extrême rapidité, il y a grand intérêt à pouvoir, lors des tempêtes, obtenir des détails beaucoup plus grands et surtout à mesurer exactement alors les maxima de la vitesse. C'est à cette objet qu'est destiné le cinémographe à indications instantanées de MM. Richard frères, que l'on aperçoit en G à la droite de la figure. Dans cet appareil, la vitesse du vent s'inscrit à chaque instant sur une bande de papier qui se déroule avec une vitesse de 3 cm par minute ; une seconde de temps correspond donc à un demi-millimètre ; quantité parfaitement appréciable. Cet appareil, qui débite en vingt-quatre heures une longueur de 43,20 m de papier, serait impossible à employer d'une manière courante ; il faudrait dépenser plus d'une journée de travail à relever les indications qu'il fournit pour quelques heures ; il est donc réservé seulement pour les moments intéressants, pour les tempêtes.

« Dans ce but, il est muni d'une sorte de verrou qui est commandé électriquement par l'anémomètre ordinaire D ; tant que ce dernier instrument indique une vitesse du vent inférieure à 20 m par seconde, le verrou de G est fermé et cet appareil reste au repos ; dès que la vitesse du vent sur l'anémomètre D atteint 20 m, le verrou de G s'ouvre et l'anémomètre entre en action sans pour cela interrompre la marche de D ; les deux appareils fonctionnent alors simultanément, D donnant les grandes variations de la vitesse du vent et G les plus petits détails, et cela jusqu'au moment où la vitesse du vent retombe au-dessous de 16 m par seconde ; G s'arrête alors de nouveau automatiquement.

« Nous donnons ici (fig. 10) deux réductions des courbes obtenues avec ce dernier instrument ; dans les courbes originales, la distance qui sépare deux traits verticaux, et qui correspond à une minute, est exactement de 3 *cm*.

« On remarquera particulièrement la courbe obtenue le 24 novembre 1890 entre 7^h27^m et 7^h28^m du matin; le vent avait à ce moment une variabilité extrême : en moins de trente secondes, il a passé de 34 *m* à 18 *m*; les pressions correspondantes auraient été respectivement de 116 *kg* et de 32 *kg* par *m²*. On voit ainsi à quelles énormes varia-

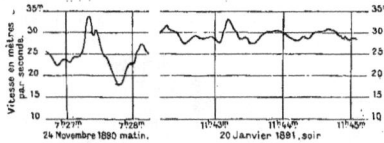

Fig. 10. — Spécimens des courbes obtenues par les anémomètres.

tions de pression un corps est exposé en quelques secondes pendant les tempêtes.

« L'autre courbe, qui a été obtenue pendant le coup de vent de la nuit du 20 au 21 janvier 1891, est, au contraire, beaucoup plus régulière.

« Parmi les instruments énumérés plus haut, il n'y a pas de baromètre. On a reconnu que les variations de pression, en haut et en bas de la Tour, étaient assez peu différentes pour qu'il n'y eût aucun intérêt à transmettre en bas les fluctuations de la pression au sommet; elles sont enregistrées sur place par un baromètre ordinaire.

« 2° *Variation diurne de la vitesse du vent.* — Nous donnons dans le tableau suivant, pour chaque mois, les moyennes horaires de la vitesse du vent en mètres par seconde au Bureau météorologique et à la Tour Eiffel, pour toute la période que comprennent les observations jusqu'à la fin de l'année 1889.

	Tour Eiffel						Bureau météorologique (Terrasse)					
Heures	Juillet	Août	Sept.	Octobre	Nov. (28 j.)	Déc. (25 j.)	Juillet	Août	Sept.	Octobre	Nov.	Déc.
	m	m	m	m	m	m	m	m	m	m	m	m
0 (Minuit).	9,22	7,25	9,73	9,36	7,87	8,22	1,93	2,00	1,70	1,34	1,72	1,64
1	8,64	7,74	9,39	9,08	8,09	8,16	1,64	1,81	1,64	1,30	1,68	1,64
2	8,12	7,48	9,14	8,64	8,39	8,53	1,62	1,75	1,45	1,32	1,45	1,50
3	8,08	7,47	8,70	8,78	7,90	8,42	1,56	1,74	1,52	1,11	1,28	1,60
4	7,79	7,00	8,81	9,02	7,93	8,62	1,54	1,71	1,47	1,19	1,56	1,54
5	7,69	6,98	8,30	8,90	7,96	9,01	1,50	1,56	1,38	1,16	1,61	1,69
6	7,31	6,22	8,10	9,39	8,06	8,71	1,70	1,68	1,43	1,38	1,50	1,77

Heures	Tour Eiffel						Bureau météorologique (Terrasse)					
	Juillet	Août	Sept.	Octobre	Nov. (28 j.)	Déc. (25 j.)	Juillet	Août	Sep.	Octobre	Nov.	Déc.
	m	m	m	m	m	m	m	m	m	m	m	m
7	6,60	5,88	8,15	9,55	8,34	8,57	2,17	1,89	1,41	1,42	1,64	1,68
8	6,00	4,72	7,19	9,14	7,75	8,62	2,25	2,31	1,72	1,46	1,49	1,83
9	6,08	4,71	6,56	8,63	7,34	8,47	2,69	2,45	2,10	1,84	1,56	1,91
10	5,94	4,88	5,96	8,05	6,63	7,95	2,83	2,75	2,48	2,15	1,81	2,04
11	6,80	5,58	6,33	7,39	6,53	7,48	3,12	3,08	2,71	2,59	2,08	2,16
12 (Midi) . .	7,27	5,62	6,16	7,36	6,60	7,60	3,28	3,15	2,78	2,86	2,13	2,28
13	7,17	6,11	6,54	7,35	6,70	7,72	3,18	3,46	2,84	2,61	2,27	2,43
14	7,21	6,05	6,82	7,54	6,54	7,77	3,24	3,15	2,97	2,77	2,34	2,30
15	6,86	5,74	6,84	7,27	6,68	7,60	3,12	2,88	2,65	2,32	1,95	2,12
16	7,50	5,81	6,52	7,67	7,29	7,87	3,28	2,72	2,51	1,97	2,06	2,28
17	7,42	6,17	6,58	7,77	7,75	8,14	3,18	2,86	2,13	1,45	1,93	2,28
18	7,46	5,74	7,30	8,76	8,07	8,33	2,92	2,53	1,86	1,28	2,07	2,18
19	7,34	5,86	8,07	8,94	8,23	8,47	2,56	1,87	1,67	1,16	1,98	2,02
20	7,92	6,40	9,10	9,62	8,39	8,72	2,08	1,77	2,01	1,25	1,82	1,87
21	8,46	6,57	9,74	9,13	8,14	8,36	2,05	1,77	2,08	1,43	1,81	1,77
22	8,97	6,97	10,35	9,12	8,01	8,04	1,91	2,20	1,95	1,32	1,89	1,63
23	9,04	7,26	10,38	9,16	7,90	7,70	1,91	1,94	1,96	1,26	1,50	1,48
24 (Minuit) .	9,17	7,16	9,77	9,24	7,78	8,31	1,85	2,00	1,79	1,25	1,83	1,60

« Dans tous les mois, sans exception, la variation diurne de la vitesse du vent au Bureau météorologique offre les caractères normaux; il y a un minimum le matin vers l'heure du lever du soleil et un maximum vers 1 heure de l'après-midi; et l'amplitude est plus grande en été qu'en hiver.

« A la Tour Eiffel, la variation diurne est toute différente : le maximum se présente au milieu de la nuit et le minimum le matin vers 10 heures dans la saison chaude et plus tard encore en hiver. Ces caractères opposés se remarquent aisément sur les figures 11 et 12, qui représentent la variation diurne de la vitesse du vent à la Tour et au Bureau respectivement pendant les trois mois chauds (juin-septembre) et les trois mois froids (octobre-décembre) que comprend la période

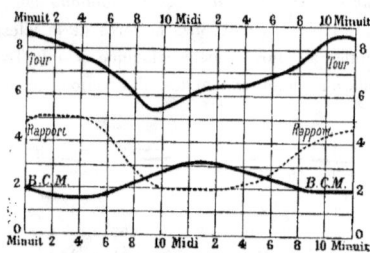
Fig. 11.

d'observation. La variation diurne de la vitesse du vent sur la Tour
Eiffel est donc ainsi tout à fait analogue à celle que l'on observe au sommet des hautes montagnes.

« Cette inversion dans la variation diurne de la vitesse du vent en
haut de la Tour et près
du sol est encore mise
plus nettement en évi-
dence par les courbes
ponctuées des figures 11
et 12, qui représentent
la variation diurne du rapport des vitesses dans les
deux stations. Aussi bien
dans les mois chauds que
dans les mois froids, ce

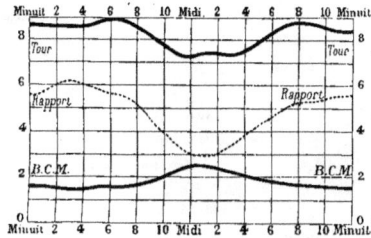

Fig. 12.

rapport est maximum vers 3 heures du matin et minimum dans la journée; dans la nuit, la vitesse sur la Tour est de cinq à six fois plus
grande qu'au Bureau, tandis que le rapport est seulement de deux à trois
au milieu du jour.

« C'est certainement la première fois qu'on constate une variation
diurne semblable à une aussi petite hauteur dans l'atmosphère, et c'est
un des résultats les plus intéressants que les observations de la Tour
aient fournis jusqu'à ce jour. Il en résulte que la variation diurne de la
vitesse du vent telle qu'on la constate dans tous les observatoires, à une
petite distance du sol, est un phénomène local qui est produit par
l'échauffement diurne dans les couches les plus basses de l'atmosphère,
et qui a déjà disparu complètement dans l'air libre à une distance de
300 m du sol.

« 3° *Variation annuelle de la vitesse du vent.* — Nous donnons dans le
tableau (p. 64) les valeurs moyennes de la vitesse du vent à la Tour
Eiffel et au Bureau météorologique pour tous les mois pendant lesquels
les observations ont été poursuivies.

« La période d'observations est encore trop courte pour qu'on puisse
en déduire quelques conclusions sur la variation annuelle de la vitesse
du vent. On remarquera seulement qu'il n'y a aucune analogie entre les
vitesses moyennes observées à la Tour et au Bureau météorologique;

dans les six derniers mois de 1889, la plus grande vitesse moyenne à la Tour est celle d'octobre; ce même mois, au contraire, est celui qui donne la plus petite vitesse moyenne au Bureau météorologique.

Vitesse moyenne du vent.

	Bureau météorologique (1889)	Tour Eiffel (1889)
Juillet.	2,39	7,54
Août	2,30	6,26
Septembre	2,02	7,95
Octobre	1,66	8,56
Novembre	1,80	7,63 (1)
Décembre	1,90	8,21 (2)
Moyenne.	2,11	7,69

« Les vitesses moyennes indiquées ci-dessus sont les moyennes des vingt-quatre observations horaires; elles diffèrent nécessairement un peu de la moyenne vraie, qui serait obtenue en prenant le quotient du chemin total du vent par le temps. Cette différence provient de ce que, le vent étant souvent très variable, vingt-quatre observations équidistantes ne suffisent pas pour représenter exactement le phénomène; le vent peut, par exemple, tomber à zéro dans une partie du temps, alors qu'il a une vitesse notable aux époques d'observations.

« Le cinémographe Richard donne à la fois la vitesse à chaque instant et le total du chemin parcouru par le vent dans un intervalle quelconque; il est donc facile d'en déduire la vitesse moyenne vraie de chaque mois. Nous donnons dans le tableau suivant, pour chaque mois de 1889, le chemin total parcouru par le vent en kilomètres et la vitesse moyenne vraie correspondante en mètres par seconde.

Vitesse moyenne vraie au Bureau météorologique.

	Chemin total km	Vitesse moyenne m
1889. Juillet.	6.072	2,27
Août	5.740	2,14
Septembre	4.786	1,85
Octobre.	4.169	1,56
Novembre	4.391	1,69
Décembre	4.992	1,86

(1) Moyenne pour 28 jours; lacune le 10 et le 11, pendant le déplacement de l'enregistreur.
(2) Moyenne pour 25 jours; lacune du 13 au 18, causée par le givre.

« Les observations des deux premiers mois, étant incomplètes pour le total du chemin parcouru, ne figurent pas sur ce tableau.

« Les vitesses moyennes vraies ainsi obtenues sont toutes plus faibles que les moyennes des vingt-quatre observations. La différence est de 0,12 m, les différences extrêmes étant 0,17 m (septembre) et 0,04 m (décembre).

« A la Tour Eiffel, où le vent est beaucoup plus régulier que près du sol, il n'y a pas de différence appréciable entre la moyenne vraie et la moyenne de vingt-quatre heures.

VI. — DIRECTION DU VENT.

« 1° *Méthodes d'observation.* — La direction du vent est enregistrée d'une manière continue au Bureau central au moyen d'une girouette ordinaire à deux ailes, très mobile, placée à l'angle nord-est de la tourelle ; l'axe de cette girouette commande directement un cylindre vertical sur lequel est enroulée une feuille de papier ; une plume, mue par un mouvement d'horlogerie, descend en vingt-quatre heures suivant une génératrice du cylindre et marque ainsi à chaque instant la direction du vent.

« La circonférence qui correspond à une rotation complète du vent a sur le papier 157 mm de longueur, et la plume descend exactement d'un centimètre par heure.

« A la Tour Eiffel, la girouette est installée en C (fig. 14). Elle se compose de deux roues montées sur un même axe horizontal et dont l'ensemble peut se mouvoir autour d'un axe vertical ; quand les roues ne sont pas orientées exactement dans la direction du vent, elles se mettent à tourner, ce qui change en même temps leur orientation. Cette disposition a l'avantage, tout en conservant une grande sensibilité à l'appareil, de diminuer les oscillations brusques que présentent fréquemment les girouettes.

« Au moyen d'un système de transmission électrique spécial, à trois fils seulement, imaginé par MM. Richard frères, tous les mouvements de la girouette se reproduisent à distance sur un cylindre vertical identique à celui de la girouette enregistrante du Bureau météorologique, que nous avons décrite plus haut. Les contacts sont établis de façon que la trans-

9

mission s'effectue par $\frac{1}{128}$ de circonférence, c'est-à-dire qu'il suffit que la direction du vent change de $\frac{1}{128}$ de circonférence, c'est-à-dire de 2°40'45" pour que le cylindre récepteur placé à une grande distance tourne dans le sens convenable de la même quantité ; cet intervalle est tellement petit que la courbe reproduit exactement l'apparence des courbes obtenues par transmission mécanique directe. Pendant la durée de l'Exposition, l'appareil récepteur était placé à côté de ceux des anémomètres, dans la vitrine de MM. Richard frères ; du mois de novembre 1889 au mois d'octobre 1890, il a été transporté dans la salle des machines de la Tour Eiffel, à la base du pilier Sud. Enfin, depuis le mois d'octobre 1890, il a été installé définitivement au Bureau météorologique même.

« Le dépouillement des courbes obtenues tant au Bureau qu'à la Tour Eiffel a été fait de la même manière, en relevant à chaque heure la direction du vent ; cette direction est notée en chiffres de 0 à 32, 0 correspondant à N., 2 à N.-N.-E., 8 à E., 16 à S., 24 à O., et ainsi de suite. La direction du vent est donc appréciée à moins de $\frac{1}{64}$ de circonférence, c'est-à-dire environ à 5° près, ce qui a paru suffisant. On a supprimé la direction du vent et noté *calme* toutes les fois que la vitesse du vent au moment de l'observation était inférieure à 0,5 m au Bureau météorologique et à 1 m à la Tour Eiffel, car en dessous de ces limites on n'est plus sûr que les girouettes obéissent au vent et s'orientent exactement. »

2° *Direction du vent au Bureau météorologique et à la Tour Eiffel*. — Nous donnons dans le tableau ci-contre le nombre de fois que le vent a soufflé de chaque direction dans tous les mois, et le nombre des calmes, en ne considérant, pour abréger, que les quatre quadrants N., E., S et O., sans tenir compte des intermédiaires qui figurent en détail dans le rapport de M. Angot.

Il résulte de l'examen de ce tableau :

1° Que le nombre des journées calmes est beaucoup plus grand à la base qu'au sommet de la Tour : 15 p. 100 contre 2 p. 100 ;

2° Que les vents de la région du Nord et de celle du Sud sont beaucoup plus fréquents au sommet qu'à la base.

Un tableau analogue, établi pour les cinq années suivantes, indique la même proportion des calmes, mais une prédominance des vents du secteur Ouest par rapport aux autres.

Fréquence des différentes directions de vent en 1889 au B. C. M. et à la T. E. S.

DIRECTIONS	JUILLET		AOUT		SEPT.		OCTOBRE		NOVEMBRE		DÉCEMBRE		TOTAUX		RAPPORTS	
	B.C.M.	T.E.S.	B.C.M.	T.E.S.	B.C.M.	T.E.S.	B.C.M.	T.E.S.	B.C.M.	T.E.S.	B.C.M.	T.E.S.	B.C.M.	T.E.S.	B.C.M.	T.E.S.
Secteur Nord (N.-E. à N.-O.)	136	144	20	78	161	217	30	48	109	188	67	148	523	823	11,8	18,6
Secteur Est (N.-E. à S.-E.)	89	130	38	44	149	168	72	67	184	162	213	222	745	793	16,9	17,9
Secteur Sud (S.-E. à S.-O.)	93	115	105	180	43	74	354	423	112	197	223	248	930	1.237	21,1	28,1
Secteur Ouest (S.-O. à N.-O.)	363	344	461	408	278	249	154	199	179	155	109	119	1.544	1.474	34,9	33,3
Calmes	63	11	120	34	89	12	134	7	136	18	132	7	674	89	15,3	2,1
													4.416	4.416	100,0	100,0

En dehors de la girouette et des anémomètres dont nous venons de résumer les données, on a installé au sommet de la Tour Eiffel, en juillet 1889, un moulinet destiné à l'étude de la composante verticale des vents. Cet instrument, désigné par la lettre B sur la figure 14, se compose de quatre ailettes planes, inclinées à 45° et mobiles autour d'un axe vertical. Par sa construction même, ce moulinet reste immobile dans un courant d'air horizontal, tourne dans un sens quand le vent a une composante verticale ascendante, et dans l'autre sens quand le vent a une composante verticale descendante. Toutefois, l'observation de cet instrument présente de grandes difficultés; il peut tourner même dans un courant parfaitement horizontal, si la vitesse du vent n'est pas rigoureusement la même aux deux extrémités du diamètre du moulinet, et il suffit pour cela du plus petit obstacle. Les premières observations, obtenues en 1889, ont révélé une cause d'erreur de ce genre, due à la présence de la tige centrale qui porte le paratonnerre.

VII. — EXAMEN D'ENSEMBLE DES OBSERVATIONS DE 1889.

M. Angot a résumé, dans un article paru dans *la Nature* du 25 janvier 1890, l'ensemble de ses observations de 1889. Nous le reproduisons ci-dessous, en raison de son intérêt, bien qu'il y ait quelques répétitions par rapport à l'examen détaillé qui vient d'être exposé :

« Ce qui frappe tout d'abord dans l'observation du vent, c'est la force tout à fait imprévue qu'il possède déjà à 300 m de hauteur. Les cent une premières journées d'observation qu'on a recueillies entre le milieu de juin et le 1er octobre, dans la belle saison, ont donné une vitesse moyenne de 7,05 m par seconde, ou plus de 25 km à l'heure. Pendant la même période, un instrument identique à celui de la Tour Eiffel, placé sur la tourelle du Bureau central météorologique à 21 m au-dessus du sol, et à une distance horizontale d'environ 500 m de la Tour, indiquait seulement une vitesse moyenne de 2,24 m, c'est-à-dire un peu moins du tiers de ce qu'on observait au sommet de la Tour. On savait bien que la vitesse du vent augmente avec la hauteur ; car, près du sol, les mouvements de l'air sont gênés et retardés par le frottement contre toutes les aspérités, collines, maisons, arbres, etc. ; mais on n'admettait pas jusqu'ici une loi de variation aussi rapide. Ce fait a une très grande importance pour les études relatives à la navigation aérienne ; il importe, en effet, de savoir pendant combien de temps en moyenne la vitesse du vent reste au-dessous de telle ou telle valeur, contre laquelle peut lutter avantageusement la machine du ballon dirigeable. Or, pendant la période que nous avons étudiée, la vitesse du vent à 300 m a été pendant 59 p. 100 du temps supérieure à 8 m par seconde, et pendant 21 p. 100 supérieure à 10 m.

« Les observations anémométriques de la Tour Eiffel ont mis en évidence un autre fait encore plus imprévu que la grandeur même de la vitesse du vent : c'est la manière dont cette vitesse varie régulièrement dans le cours de la journée.

« Les deux courbes en traits pleins de la figure 13 donnent respectivement pour la Tour Eiffel et le Bureau météorologique la loi de variation diurne de la vitesse du vent. Au Bureau météorologique, comme du reste dans toutes les stations basses, la vitesse est la plus faible vers le lever

du soleil (1,6 m à 5 heures du matin) et la plus forte au milieu du jour
(4,1 m à 1 heure du soir). A la Tour Eiffel, au contraire, la plus petite
vitesse (5,4 m s'observe entre 9 et 10 heures du matin, et la plus grande
se produit au milieu de la nuit (8,8 m à 11 heures du soir). C'est presque
exactement ce qui se passe au sommet des montagnes, comme au Puy-
de-Dôme et au Pic-du-Midi, où la vitesse du vent est maximum pendant
la nuit et minimum au milieu du jour, suivant ainsi une marche inverse
de celle des régions basses. Cette inversion est encore mise plus nettement en évidence par la courbe
pointillée de la figure 13, qui donne
pour chaque instant le rapport des
vitesses du vent à la Tour Eiffel et
au Bureau météorologique. Ce rapport est le plus grand et égal à
5 entre 2 et 4 heures du matin ; le
plus petit est égal à 2 entre 10 heures du matin et 3 heures du soir ;
sa variation diurne présente exactement la forme caractéristique de
celle de la vitesse du vent sur les

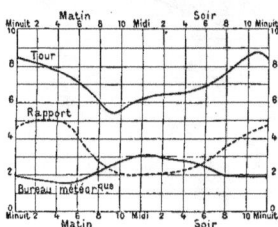

Fig. 13. — Variation diurne de la vitesse
du vent sur la Tour Eiffel et au Bureau
météorologique.

montagnes. C'est certainement la première fois que l'on signale une
variation semblable à une hauteur aussi faible dans l'atmosphère.

« Au point de vue de la vitesse du vent, considérée soit dans sa
grandeur absolue, soit dans sa variation diurne, la Tour Eiffel se rapproche donc beaucoup plus des stations de montagnes que des stations
ordinaires. Il en est de même pour la température. En admettant, comme
d'ordinaire, une décroissance de 1° pour 180 m d'altitude, le thermomètre
devrait être constamment plus bas au sommet de la Tour de 1,°6 qu'au
niveau du sol, dans la campagne des environs de Paris, à l'Observatoire
du Parc Saint-Maur, par exemple. Nous avons pris cette station comme
terme de comparaison au lieu d'un point situé dans Paris même, plus
près de la Tour, parce que la température de Paris n'existe pas, à proprement parler ; elle est absolument artificielle et peut varier de plusieurs
degrés suivant l'emplacement des instruments, l'état du ciel, la direction
du vent, etc.

« La figure 14 donne, pour chaque mois, la différence moyenne

entre la Tour Eiffel et le Parc Saint-Maur, non seulement pour la température moyenne (ligne du milieu), mais pour la température minima de
chaque jour (ligne supérieure) et pour la température maxima (ligne
inférieure).

« Dans tous les mois sans exception, au moment du maximum
diurne, la température, au sommet de la Tour, est plus basse qu'au

pied; la différence est même beaucoup
plus grande que la valeur théorique
1°,6 que nous avons indiquée et qui
est représentée sur le diagramme par
une ligne ponctuée; les journées sont
donc relativement froides au sommet.
Par contre, les nuits (minima, ligne
supérieure) sont très chaudes : non seulement la différence entre le sommet
et la base n'atteint pas 1°,6, mais c'est
le sommet qui est le plus chaud en
valeur absolue. Au sommet de la Tour,

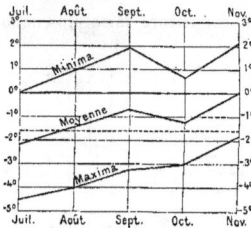

Fig. 14. — Différence de températures
entre la Tour Eiffel et Paris.

les journées sont donc relativement fraîches et les nuits chaudes; l'amplitude de la variation diurne de la température est beaucoup moindre
que près du sol.

« La cause principale de ces différence est la faiblesse des pouvoirs
absorbant et émissif de l'air, qui s'échauffe très peu directement pendant
le jour et se refroidit aussi très peu pendant la nuit : la variation diurne
de la température, à une certaine hauteur dans l'air libre, doit donc être
petite; elle devient plus grande dans les couches inférieures de l'atmosphère, auxquelles se communiquent par contact les variations de température considérables que subit le sol. Dans les 200 ou 300 premiers
mètres d'air à partir du sol, la décroissance de la température est ainsi
très rapide le jour et très lente la nuit, où même il fait normalement plus
chaud à une certaine hauteur que près du sol, quand le temps est calme
et beau. Ces considérations sont vérifiées de la manière la plus complète
par les observations de la Tour; dans les nuits calmes et claires, en particulier, la température y est fréquemment de 5° à 6° plus haute au sommet qu'à la base.

« Des différences analogues ont été observées fréquemment dans les observatoires de montagnes; mais elles y sont beaucoup moins marquées. C'est que, dans ces stations, la masse de la montagne exerce encore une influence considérable, tandis qu'à la Tour Eiffel on est réellement dans l'air libre. C'est ainsi que l'amplitude de la variation diurne de la température à la Tour Eiffel, à 336 m au-dessus du niveau de la mer, est presque égale et même plutôt inférieure à celle que l'on observe au sommet du Puy-de-Dôme, à 1.470 m.

« La marche annuelle de la température au sommet de la Tour (ligne du milieu, fig. 14) paraît, autant qu'on peut en juger d'après cinq mois seulement d'observation, suivre les mêmes lois que la variation diurne; la température moyenne semble plus basse que la normale pendant la saison chaude, et plus élevée, au contraire, pendant la saison froide.

« En dehors de ces causes régulières, des causes accidentelles peuvent produire des différences de température encore plus remarquables entre le haut et le bas de la Tour Eiffel. Au moment des changements de temps, la modification se manifeste parfois complètement à 300 m de hauteur plusieurs heures et même plusieurs jours avant de se produire près du sol. Le mois de novembre dernier en a fourni un exemple frappant.

« Du 10 au 24 novembre a régné, sur nos régions, une période de hautes pressions, avec calme ou vents très faibles venant généralement de l'est, et température basse, surtout dans les derniers jours; c'est seulement dans la journée du 24 que le vent passe Sud-Sud-Ouest et devient fort; la température remonte, le ciel se couvre et le mauvais temps commence. Or, à la Tour, la température était encore basse le 21 avec vent faible du Sud-Est, lorsque, vers 6 heures du soir, le vent prend brusquement de la force et tourne au Sud, puis se fixe au Sud-Sud-Ouest; en même temps, la température, au lieu de baisser, comme elle aurait dû le faire normalement, remonte de plus de 8° jusque vers 2 heures du matin le 22, comme on le voit sur la figure 15, qui reproduit les courbes des thermomètres enregistreurs installés au sommet de la Tour et à la base (pilier Est). Depuis ce moment, la température est restée haute au sommet, de sorte que, dans tout l'intervalle compris entre le soir du 21 et le matin du 24, il a fait constamment beaucoup plus chaud en haut de la Tour qu'au niveau du sol. Le changement de régime s'est donc manifesté

à 300 m de hauteur plus de deux jours avant de se faire sentir dans les
régions inférieures. Ce qu'il y a de plus remarquable, c'est que rien
absolument en bas ne pouvait indiquer ce changement; depuis le soir
du 21 jusqu'au matin du 24, le ciel a été constamment d'une pureté
parfaite, sans aucun nuage, et un calme complet régnait en bas, alors
qu'en haut de la Tour soufflait un vent chaud du Sud-Sud-Ouest, animé
d'une vitesse de 6 à 8 m par seconde.

« Les observations de température, aussi bien que celles de la
vitesse du vent, montrent ainsi, d'une manière tout à fait imprévue, à
quel point les conditions météorologiques à 300 m seulement de hauteur

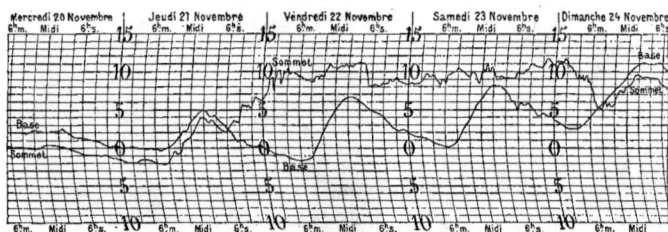

Fig. 15. — Marche de la température au sommet et à la base de la Tour Eiffel
du 20 au 24 novembre 1889.

peuvent différer de celles que l'on observe près du sol. Malgré son altitude relativement faible, la station météorologique de la Tour Eiffel est
donc des plus intéressantes; c'est la première qui nous donne réellement
des observations faites dans l'air libre, en dehors de l'influence du sol,
et il est probable qu'elle réserve encore aux météorologistes plus d'une
surprise et plus d'un enseignement. »

§ 3. — Observations de 1890 à 1894.

« Les observations météorologiques comparatives, commencées au
Bureau central et sur la Tour Eiffel, dès l'achèvement de la Tour, au
milieu de l'année 1889, ne sont devenues réellement complètes qu'à la fin
de la même année; elles comprennent donc actuellement cinq années

entières, période assez longue déjà pour que l'on puisse en déduire quelques résultats généraux.

« Les résumés des observations ont été publiés, chaque année, dans
le tome I (partie B) des *Annales du Bureau central météorologique;* on a
donné aussi régulièrement, dans le tome II des mêmes *Annales,* le détail
quotidien des huit observations trihoraires au sommet de la Tour. »

I. — TEMPÉRATURES.

« *Variation diurne de la température.* — Nous ne donnons les tableaux
détaillés que pour le Bureau météorologique (cour), l'observatoire de
Saint-Maur et le sommet de la Tour Eiffel, en omettant, pour abréger, les
observations pour les deux stations intermédiaires de la Tour (2ᵉ plate-
forme à 123 *m* et plate-forme intermédiaire à 197 *m* au-dessus du sol).

1890-1894. — *Température moyenne au Bureau météorologique* (cour).

Heures	Janv.	Févr.	Mars	Avril	Mai	Juin	Juillet	Août	Sept.	Octobre	Nov.	Déc.
o (Minuit)	2°06	3°84	5°83	9°35	11°71	15°10	16°18	16°15	13°67	9°68	6°30	2°37
1	1,93	3,65	5,50	8,73	11,19	14,59	15,59	15,61	13,31	9,49	6,18	2,15
2	1,83	3,50	5,17	8,24	10,80	14,18	15,20	15,26	12,97	9,27	6,03	2,03
3	1,72	3,33	4,89	7,80	10,40	13,74	14,84	14,88	12,62	9,00	5,88	1,92
4	1,59	3,19	4,64	7,44	10,10	13,41	14,58	14,63	12,39	8,83	5,78	1,84
5	1,50	3,07	4,39	7,10	10,03	13,42	14,50	14,41	12,09	8,71	5,70	1,75
6	1,45	2,96	4,26	7,15	10,61	14,03	14,99	14,62	11,98	8,57	5,63	1,70
7	1,44	2,89	4,46	8,04	12,03	15,40	16,22	15,65	12,54	8,62	5,62	1,67
8	1,54	3,04	5,29	9,82	13,59	16,62	17,55	17,15	13,83	9,26	5,82	1,74
9	1,77	3,60	6,50	11,55	14,90	17,82	18,83	18,56	15,46	10,31	6,28	2,01
10	2,39	4,47	7,78	13,02	15,89	18,69	19,75	19,65	16,82	11,49	6,92	2,57
11	3,03	5,36	8,96	14,17	16,85	19,71	20,76	20.72	18,07	12,61	7,60	3,16
12 (Midi)	3,61	6,18	10,00	15,16	17,65	20,38	21,52	21,59	19,07	13,40	8,27	3,71
13	4,00	6,83	10,71	15,82	18,02	21,11	21,96	22,34	19,67	13,93	8,64	4,17
14	4,24	7,17	11,17	16,25	18,33	21.45	22,16	22,67	20,06	14,13	8,85	4,33
15	4,25	7,29	11,28	16,27	18,33	21,57	22,37	22,84	20,04	13,86	8,73	4,23
16	3,94	7,08	10,87	15,86	18,20	21,56	22,20	22,64	19,45	13,35	8,26	3,94
17	3,48	6,54	10,19	14,97	17,63	21,03	21,82	21,94	18,40	12,48	7,85	3,56
18	3,14	5,83	9,27	14,10	16,65	20,05	20,83	20,87	17,32	11,73	7,57	3,34
19	2,93	5,37	8,26	12,85	15,61	19,11	19,85	19,49	16,24	11,26	7,31	3,16
20	2,72	5,01	7,67	12,00	14,49	18,02	18,78	18,55	15,53	10,89	7,12	3,00
21	2,47	4,61	7,10	11,19	13,54	17,03	17,95	17,79	14,89	10,53	6,86	2,84
22	2,31	4,30	6,65	10,45	12,85	16,37	17,21	17,24	14,44	10,18	6,66	2,68
23	2,18	4,04	6,20	9,85	12,22	15,66	16,65	16,62	14,04	9,89	6,48	2,51

1890-1894. — *Température moyenne au Parc Saint-Maur.*

Heures	Janv.	Févr.	Mars	Avril	Mai	Juin	Juillet	Août	Sept.	Octobre	Nov.	Déc.
o (Minuit)	0°84	2°60	4°46	7°90	10°28	13°51	14°78	14°77	12°22	8°49	5°22	1°01
1	0,72	2,36	4,14	7,43	9,86	12,99	14,32	14,29	11,85	8,33	5,04	0,87
2	0,62	2,26	3,77	6,80	9,40	12,56	13,89	13,79	11,40	8,09	4,89	0,76
3	0,52	2,07	3,45	6,24	9,01	12,14	13,45	13,37	10,99	7,79	4,76	0,65
4	0,43	1,96	3,17	5,85	8,69	11,66	13,13	13,03	10,69	7,65	4,68	0,59
5	0,40	1,84	2,95	5,53	8,79	12,16	13,27	12,89	10,50	7,54	4,64	0,50
6	0,30	1,73	2,81	5,87	9,90	13,37	14,34	13,55	10,47	7,38	4,57	0,47
7	0,27	1,66	3,22	7,42	11,58	14,97	15,86	15,17	11,55	7,56	4,59	0,41
8	0,37	2,00	4,64	9,45	13,36	16,42	17,37	17,00	13,53	8,57	4,86	0,42
9	0,82	3,02	6,27	11,36	14,73	17,78	18,77	18,70	15,74	10,04	5,66	0,91
10	1,67	4,21	7,64	12,82	15,72	18,72	19,86	19,98	17,41	11,42	6,59	1,80
11	2,56	5,30	8,78	14,01	16,66	19,53	20,70	20,79	18,29	12,52	7,40	2,67

1890-1894. — *Température moyenne au Parc Saint-Maur* (Suite).

Heures	Janv.	Févr.	Mars	Avril	Mai	Juin	Juillet	Août	Sept.	Octobre	Nov.	Déc.
12 (Midi) ..	3°24	6°17	9°66	14°65	17°26	20°15	21°17	21°44	18°91	13°20	8°12	3°31
13	3,63	6,84	10,35	15,30	17,73	20,70	21,71	22,11	19,53	13,73	8,49	3,78
14	3,84	7,24	10,73	15,67	17,83	21,01	21,65	22,31	19,60	13,63	8,59	3,87
15	3,77	7,13	10,71	15,62	17,72	20,92	21,67	22,04	19,43	13,41	8,43	3,65
16	3,29	6,81	10,51	15,32	17,38	20,48	21,23	21,72	18,72	12,78	7,78	3,08
17	2,64	6,01	9,79	14,63	16,93	19,98	20,79	21,16	17,87	11,61	7,02	2,59
18	2,15	5,02	8,60	13,58	16,00	19,28	20,12	20,13	16,34	10,65	6,67	2,21
19	1,87	4,30	7,36	11,92	14,80	18,25	18,93	18,67	15,17	10,10	6,31	1,95
20	1,55	3,86	6,44	10,71	13,40	16,76	17,61	17,38	14,27	9,72	6,06	1,70
21	1,33	3,51	5,80	9,84	12,44	15,56	16,68	16,51	13,62	9,35	5,81	1,50
22	1,21	3,12	5,23	9,11	11,58	14,74	15,87	15,89	13,04	9,05	5,59	1,31
23	1,03	2,84	4,83	8,48	10,95	14,12	15,31	15,32	12,61	8,73	5,36	1,16

1890-1894. — *Température moyenne à la Tour Eiffel* (sommet).

Heures	Janv.	Févr.	Mars	Avril	Mai	Juin	Juillet	Août	Sept.	Octobre	Nov.	Déc.
o (Minuit) .	1°15	2°94	5°12	8°61	10°81	13°84	15°07	15°63	13°79	9°55	5°27	1°36
1	1,08	2,73	4,75	8,21	10,38	13,40	14,46	15,18	13,44	9,29	5,19	1,26
2	1,09	2,67	4,53	7,94	10,06	13,11	14,25	14,92	13,13	9,11	5,06	1,25
3	0,90	2,51	4,21	7,60	9,77	12,69	13,85	14,63	12,83	8,85	4,92	1,15
4	0,82	2,35	4,02	7,32	9,63	12,43	13,62	14,39	12,74	8,68	4,80	1,04
5	0,73	2,27	3,82	7,15	9,65	12,59	13,78	14,25	12,58	8,52	4,68	1,03
6	0,70	2,24	3,69	7,08	9,75	12,60	13,80	14,36	12,46	8,40	4,63	0,96
7	0,63	2,12	3,68	7,15	9,92	12,82	14,06	14,56	12,67	8,45	4,59	0,84
8	0,69	2,21	3,82	7,43	10,47	13,33	14,59	14,95	12,94	8,59	4,67	0,77
9	0,79	2,41	4,22	8,31	11,31	14,23	15,50	15,80	13,50	8,96	4,82	0,99
10	1,15	2,72	4,81	9,13	12,03	14,82	16,24	16,53	14,18	9,35	5,09	1,19
11	1,33	3,14	5,51	10,13	12,92	15,78	17,18	17,52	15,12	9,99	5,53	1,41
12 (Midi) ..	1,55	3,60	6,24	10,86	13,54	16,38	17,72	18,25	15,72	10,52	5,72	1,75
13	1,68	4,01	6,90	11,60	13,99	17,00	18,17	18,82	16,33	11,04	5,98	1,97
14	1,87	4,26	7,40	12,07	14,25	17,38	18,38	19,13	16,60	11,14	6,13	2,16
15	1,92	4,40	7,55	12,19	14,40	17,60	18,59	19,38	16,79	11,17	6,11	2,11
16	1,81	4,38	7,55	12,11	14,42	17,61	18,55	19,28	16,64	11,05	5,96	1,97
17	1,73	4,12	7,26	11,92	14,17	17,35	18,36	18,96	16,20	10,69	5,87	1,81
18	1,65	3,93	6,85	11,54	13,72	16,95	18,00	18,41	15,78	10,53	5,83	1,76
19	1,54	3,79	6,36	10,91	13,22	16,48	17,51	17,69	15,36	10,43	5,71	1,73
20	1,58	3,65	6,13	10,52	12,53	15,74	16,83	17,31	15,06	10,28	5,64	1,74
21	1,42	3,47	5,84	9,95	12,08	15,25	16,33	16,81	14,76	10,02	5,55	1,73
22	1,33	3,29	5,59	9,57	11,64	14,83	16,03	16,40	14,48	9,85	5,51	1,60
23	1,22	3,05	5,34	9,06	11,21	14,27	15,42	15,92	14,18	9,64	5,40	1,49

1890-1894. — *Différences de température : Saint-Maur et Tour Eiffel* (sommet).

Heures	Janvier	Févr.	Mars	Avril	Mai	Juin	Juillet	Août	Sept.	Octobre	Nov.	Déc.
0 (Min.)	—0°31	—0°34	—0°66	—0°71	—0°53	—0°33	—0°29	—0°86	—1°57	—1°06	—0°05	—0°35
1	—0,36	—0,37	—0,61	—0,78	—0,52	—0,41	—0,14	—0,89	—1,59	—0,96	—0,15	—0,39
2	—0,47	—0,41	—0,76	—1,14	—0,66	—0,55	—0,36	—1,13	—1,73	—1,02	—0,17	—0,49
3	—0,38	—0,44	—0,76	—1,36	—0,76	—0,55	—0,40	—1,26	—1,84	—1,06	—0,16	—0,50
4	—0,39	—0,39	—0,85	—1,47	—0,94	—0,77	—0,49	—1,36	—2,05	—1,03	—0,12	—0,45
5	—0,33	—0,43	—0,87	—1,62	—0,86	—0,43	—0,51	—1,36	—2,08	—1,02	—0,04	—0,53
6	—0,40	—0,51	—0,88	—1,21	+0,15	+0,77	+0,54	—0,81	—1,99	—1,02	—0,06	—0,49
7	—0,36	—0,46	—0,46	+0,27	1,66	2,15	1,80	+0,61	—1,12	—0,89	0,00	—0,43
8	—0,32	—0,21	+0,82	2,03	2,89	3,09	2,78	2,05	+0,59	—0,02	+0,19	—0,35
9	+0,03	+0,62	2,05	3,05	3,42	3,55	3,27	2,90	2,24	+1,08	0,84	—0,08
10	0,52	1,49	2,83	3,69	3,69	3,90	3,62	3,45	3,23	2,17	1,50	+0,61
11	1,23	2,16	3,27	3,88	3,74	3,75	3,52	3,27	3,17	2,53	1,87	1,26
12 (Midi)	1,69	2,57	3,42	3,79	3,72	3,77	3,45	3,19	3,19	2,68	2,40	1,56
13	1,95	2,83	3,45	3,70	3,74	3,71	3,54	3,29	3,20	2,69	2,51	1,81
14	1,97	2,98	3,33	3,60	3,58	3,63	3,27	3,18	3,00	2,49	2,46	1,71
15	1,85	2,73	3,16	3,43	3,32	3,32	3,08	2,66	2,34	2,24	2,32	1,54
16	1,48	2,43	2,96	3,21	2,96	2,87	2,68	2,44	2,08	1,73	1,82	1,11
17	0,91	1,89	2,53	2,71	2,76	2,63	2,43	2,20	1,67	0,92	1,15	0,78
18	0,50	1,09	1,75	2,04	2,28	2,33	2,12	1,72	0,56	0,12	0,84	0,45
19	0,33	0,51	1,00	1,01	1,58	1,77	1,42	0,98	—0,19	—0,33	0,60	0,22
20	—0,05	0,21	0,31	0,19	0,87	1,02	0,78	0,07	—0,79	—0,56	0,42	—0,04
21	—0,09	0,04	—0,04	—0,11	0,36	0,31	0,35	—0,30	—1,14	—0,67	0,26	—0,23
22	—0,12	—0,17	—0,36	—0,46	—0,06	—0,09	—0,16	—0,51	—1,44	—0,80	0,08	—0,29
23	—0,19	—0,21	—0,51	—0,58	—0,26	—0,15	—0,11	—0,60	—1,54	—0,91	—0,04	—0,33

1890-1894. — *Différences de température : Bureau météorologique* (cour) *et Tour Eiffel* (sommet).

Heures	Janvier	Févr.	Mars	Avril	Mai	Juin	Juillet	Août	Sept.	Octobre	Nov.	Déc.
0 (Min.)	0°91	0°90	0°71	0°74	0°90	1°26	1°11	0°52	—0°12	0°13	1°03	1°01
1	0,85	0,92	0,75	0,52	0,81	1,19	1,13	0,43	—0,13	0,20	0,99	0,89
2	0,74	0,83	0,64	0,30	0,74	1,07	0,95	0,34	—0,16	0,16	0,97	0,78
3	0,82	0,82	0,68	0,20	0,63	1,05	0,99	0,25	—0,21	0,15	0,96	0,77
4	0,77	0,84	0,62	0,12	0,47	0,98	0,96	0,24	—0,35	0,15	0,98	0,80
5	0,77	0,80	0,57	—0,05	0,38	0,83	0,72	0,16	—0,49	0,19	1,02	0,72
6	0,75	0,72	0,57	+0,07	0,86	1,83	1,19	0,26	—0,48	0,17	1,00	0,74
7	0,81	0,77	0,78	0,89	2,11	2,58	2,16	1,09	—0,13	0,17	1,03	0,83
8	0,85	0,83	1,47	2,39	3,12	3,29	2,96	2,20	+0,89	0,67	1,15	0,97
9	0,98	1,19	2,28	3,24	3,59	3,59	3,33	2,76	1,96	1,35	1,46	1,02
10	1,24	1,75	2,97	3,89	3,86	3,87	3,51	3,12	2,64	2,14	1,83	1,38
11	1,70	2,22	3,45	4,04	3,93	3,93	3,58	3,20	2,95	2,62	2,17	1,75
12 (Midi)	2°06	2°58	3°76	4°30	4°11	4°00	3°80	3°34	3°35	2°88	2°55	1°96
13	2,32	2,82	3,81	4,22	4,03	4,11	3,79	3,52	3,34	2,89	2,66	2,20
14	2,37	2,91	3,77	4,18	4,08	4,07	3,78	3,54	3,46	2,99	2,72	2,17
15	2,33	2,89	3,73	4,08	3,93	3,97	3,78	3,46	3,25	2,69	2,62	2,12
16	2,13	2,70	3,32	3,75	3,78	3,95	3,95	3,65	3,36	2,30	2,30	1,97
17	1,75	2,42	2,93	3,05	3,46	3,68	3,46	2,98	2,20	1,79	1,98	1,75
18	1,49	1,90	2,42	2,56	2,93	3,10	2,83	2,46	1,54	1,20	1,74	1,58
19	1,39	1,58	1,90	1,94	2,39	2,63	2,34	1,80	0,88	0,83	1,60	1,43
20	1,14	1,36	1,54	1,48	1,96	2,28	1,95	1,24	0,47	0,61	1,48	1,26
21	1,05	1,14	1,26	1,24	1,46	1,78	1,62	0,98	0,13	0,51	1,31	1,11
22	0,98	1,01	1,06	0,88	1,21	1,54	1,18	0,84	—0,04	0,33	1,15	1,08
23	0,96	0,99	0,86	0,79	1,01	1,39	1,23	0,70	—0,14	0,25	1,08	1,02

« Au moyen des nombres qui figurent dans les tableaux précédents, il est facile de construire les courbes qui représentent la variation diurne de la température dans les diverses stations et de relever sur ces courbes les valeurs du minimum et du maximum absolus, valeurs qui diffèrent, du reste, très peu de celles qui correspondent aux heures les plus voisines ; on obtient ainsi les points extrêmes de la courbe figurative de la variation diurne. Ces extrêmes sont donnés ci-dessous.

Minima et maxima de la variation diurne de la température.

	B. C. M. Cour.		Saint-Maur.		Tour Eiffel. 123ᵐ.		197ᵐ.		302ᵐ.	
	Min.	Max.	Min.	Max.	Min.	Max.	Min.	Max.	Min.	Max.
Janvier	1°53	4°28	0°27	3°85	0°72	3°18	0°72	2°65	0°62	1°93
Février	2,88	7,29	1,66	7,25	2,17	6,09	2,26	5,48	2,12	4,42
Mars	4,24	11,30	2,80	10,74	3,63	9,30	3,73	8,63	3,67	7,57
Avril	7,04	16,30	5,53	15,68	6,70	13,85	6,80	12,19	7,07	12,19
Mai	10,03	18,35	8,60	17,83	9,68	16,08	9,60	15,23	9,62	14,44
Juin	13,36	21,59	11,62	21,03	12,82	19,30	12,70	18,56	12,43	17,64
Juillet	14,49	22,37	13,06	21,84	13,98	20,20	13,82	19,41	13,62	18,60
Août	14,38	22,85	12,88	22,33	14,04	20,98	14,29	20,23	14,24	19,39
Septembre . .	11,98	20,11	10,45	19,63	11,92	18,40	12,30	17,77	12,46	16,80
Octobre. . . .	8,53	14,14	7,36	13,69	8,24	12,77	8,51	12,17	8,40	11,18
Novembre. . .	5,61	8,86	4,56	8,59	4,86	7,65	4,77	7,09	4,59	6,14
Décembre. . .	1,67	4,33	0,40	3,87	0,88	3,21	0,80	2,84	0,77	2,17

« La différence du maximum et du minimum donne, pour chaque station, l'amplitude de la variation diurne périodique ; ces amplitudes sont les suivantes :

Amplitude de la variation diurne périodique de la température

	B. C. M. Cour	Saint-Maur	Tour Eiffel 123ᵐ	197ᵐ	302ᵐ
Janvier.	2,75	3,58	2,46	1,93	1,31
Février.	4,41	5,59	3,92	3,22	2,30
Mars.	7,06	7,94	5,67	4,90	3,90
Avril	9,26	10,15	7,15	6,39	5,12
Mai.	8,32	9,13	6,40	5,63	4,82
Juin	8,23	9,41	6,48	5,86	5,21
Juillet	7,88	8,78	6,22	5,59	4,98
Août.	8,47	9,45	6,94	5,94	5,15
Septembre. . .	8,13	9,18	6,48	5,47	4,34
Octobre	5,61	6,33	4,53	3,66	2,78
Novembre. . .	3,25	4,03	2,79	2,32	1,55
Décembre . . .	2,66	3,47	2,33	2,04	1,40

« Les valeurs absolues des amplitudes peuvent varier beaucoup, pour un même mois, d'une année à l'autre, suivant l'état général de l'atmosphère. On ne peut donc pas les considérer comme suffisamment bien déterminées par cinq années seulement d'observations. Mais les rapports de ces amplitudes à celles d'une des stations pendant la même période sont certainement beaucoup moins variables que les amplitudes elles-mêmes. Nous avons donc calculé ces rapports en prenant comme point de comparaison la station de Saint-Maur; nous les donnons ici avec deux décimales seulement, la troisième n'ayant évidemment dans le cas actuel aucune signification.

Rapport des amplitudes de la variation diurne de la température
à celles du Parc Saint-Maur.

		Tour Eiffel		
	B. C. M. Cour	123ᵐ	197ᵐ	302ᵐ
Janvier	0,77	0,69	0,54	0,37
Février	0,79	0,70	0,58	0,41
Mars	0,89	0,71	0,62	0,49
Avril	0,91	0,70	0,63	0,50
Mai	0,91	0,70	0,62	0,53
Juin	0,87	0,69	0,62	0,55
Juillet	0,90	0,71	0,64	0,57
Août	0,90	0,73	0,63	0,55
Septembre	0,89	0,71	0,60	0,47
Octobre	0,89	0,72	0,58	0,44
Novembre	0,81	0,69	0,58	0,38
Décembre	0,77	0,67	0,59	0,40

« Le rapport des amplitudes de la température à Saint-Maur et dans la cour du Bureau météorologique est constant et égal à 0,90 dans les huit mois, de mars à octobre; il est un peu plus faible (0,78) dans les quatre autres mois; la cause de cette différence est dans les conditions particulières de l'installation de l'abri au Bureau.

« A la seconde plate-forme de la Tour Eiffel (123 m), le rapport des amplitudes de la température à celles de Saint-Maur reste presque constant pendant toute l'année, mais montre cependant une légère tendance à être plus grand en été qu'en hiver; cette tendance s'accentue nettement à la plate-forme intermédiaire (197 m), et la variation annuelle du rapport devient très importante au sommet (302 m).

« L'amplitude de la variation diurne paraît, d'après les nombres rapportés ci-dessus, décroître suivant une loi plus rapide que l'altitude.

« Les tableaux de températures qui précèdent contiennent tous les renseignements nécessaires à l'étude de la variation diurne de la température aux différentes hauteurs. La comparaison des nombres de Saint-Maur et de ceux des trois stations de la Tour Eiffel montre que, dans tous les mois sans exception, l'inversion de température est la règle pendant la nuit dans les couches les plus basses de l'atmosphère. La loi de variation de la température, suivant la hauteur, est rendue plus évidente par les deux diagrammes des figures 16 et 17, établis respectivement : le premier, avec les températures moyennes des deux mois les plus froids, décembre et janvier ; le second, avec les moyennes des deux mois d'août et de septembre, qui sont ceux où l'inversion de température pendant la nuit est la plus accentuée et se manifeste jusqu'à la plus grande hauteur. Dans ces diagrammes,

Décembre-janvier.

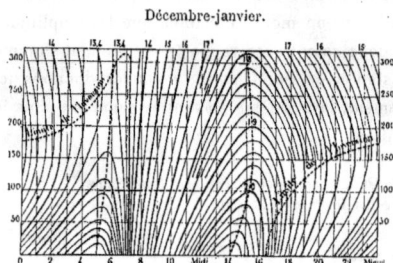

Fig. 16.

Août-septembre.

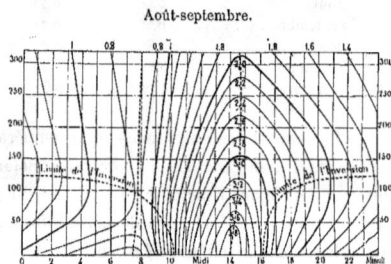

Fig. 17.

les heures sont portées en abscisses et les hauteurs en ordonnées ; les courbes, tracées de 0°,2 en 0°,2 (ou de 0°,5 en 0°,5 quand elles étaient trop serrées), indiquent ainsi la marche progressive des diverses isothermes, dans le temps et dans la hauteur. Dans le premier diagramme (décembre-janvier), on voit par exemple, que la température de $+ 2°$

commence au niveau du sol à 10ʰ15ᵐ; elle gagne progressivement des régions de plus en plus hautes, arrive à 100 m à 10ʰ40ᵐ, à 200 m à midi, à 300 m à 13ʰ55ᵐ; à 14ʰ30ᵐ, elle est parvenue à 312 m, hauteur qu'elle ne dépasse pas; on la retrouve encore à 300 m à 15ʰ25ᵐ, à 200 m à 19ʰ25ᵐ, à 100 m à 20ʰ45ᵐ.

« Les points où ces lignes isothermes ont une tangente horizontale correspondent aux maxima ou aux minima de la température. Nous avons indiqué par deux courbes pointillées le lieu de ces points. On voit ainsi qu'en décembre-janvier l'heure du minimum de la température se présente à 7ʰ25ᵐ au niveau du sol, à 7ʰ45ᵐ à 100 m, et qu'à partir de 200 m elle paraît invariable et égale à 7ʰ55ᵐ. En août-septembre, le minimum arrive à 5 heures au niveau du sol, à 5ʰ30ᵐ à 100 m, 5ʰ45ᵐ à 200 m et 5ʰ55ᵐ à 300ᵐ. L'heure du maximum semble retarder d'abord jusqu'à une certaine hauteur, puis avancer ensuite à partir de ce point et se rapprocher de midi. Ainsi, en décembre-janvier, le maximum arrive à 13ʰ50ᵐ au niveau du sol, à 14ʰ30ᵐ à 100 m, à 14ʰ40ᵐ à 200 m et à 14ʰ30ᵐ à 300 m; en août-septembre, le maximum s'observe à 14 heures au niveau du sol. à 15ʰ10ᵐ à 100 m, à 15ʰ25ᵐ à 200 m et à 15ʰ à 300 m.

« Les points où les lignes isothermes ont une tangente verticale indiquent les heures à partir desquelles se manifeste l'inversion de température dans les couches basses; à partir de ces points, la température diminue à la fois quand on s'élève et quand on s'abaisse; nous avons également représenté le lieu de ces points par deux courbes à traits interrompus. En décembre-janvier, l'inversion commence au niveau du sol à 16ʰ5ᵐ; elle gagne 80 m à 17 heures, 100 m à 18 heures, et s'élève jusqu'à 125 m entre minuit et 1 heure; puis, la couche où il y a inversion de température diminue progressivement de hauteur; elle n'a plus que 100 m à 7ʰ10ᵐ, 50 m à 9ʰ35ᵐ et s'annule à 10ʰ20ᵐ; entre 10ʰ20ᵐ et 16ʰ5, la température va donc constamment en décroissant quand on s'élève dans l'air. En août-septembre, l'inversion commence au sol à 16ʰ25ᵐ et se termine à 7ʰ5ᵐ, mais elle s'étend beaucoup plus haut dans l'atmosphère; il y a inversion jusqu'à 200 m à 3ʰ10ᵐ et jusqu'à plus de 300 m entre 6ʰ10ᵐ et 7ʰ5ᵐ. Le manque d'observations ne permet pas de prolonger les isothermes au-dessus de 300 m, de sorte que la limite supérieure de l'inversion n'est pas nettement déterminée; mais, d'après l'allure générale des courbes, elle ne paraît pas dépasser notablement 310 m. On

11

pourrait étudier de même les autres époques de l'année ; nous nous bornerons aux deux précédentes qui nous ont paru les plus intéressantes.

II. — HUMIDITÉ ATMOSPHÉRIQUE.

« Les observations d'humidité atmosphérique ont été faites, au
sommet de la Tour Eiffel, à 302 m au-dessus du sol, au moyen d'un
hygromètre enregistreur Richard à faisceau de cheveux, dont les indications ont été contrôlées quatre ou cinq fois par semaine au moyen de
celles d'un psychromètre placé à côté. On obtient ainsi directement,
toutes corrections instrumentales faites, les valeurs horaires de l'humidité relative ; l'humidité relative et la température combinées donnent
ensuite les valeurs horaires de la tension de vapeur.

« 1° *Variation diurne de l'humidité.* — Les observations hygromé-
triques de la Tour Eiffel ont été comparées avec celles du Parc Saint-
Maur.

« Cette comparaison montre que la variation diurne de la tension de
la vapeur d'eau suit une marche toute différente à la Tour Eiffel et près
du sol. Dans les quatre mois de novembre, décembre, janvier et février,
la tension de vapeur est sensiblement constante pendant toute la journée
à la Tour Eiffel ; l'amplitude de la variation diurne est en effet, surtout
en décembre et janvier, tout à fait du même ordre de grandeur que
l'erreur probable de moyennes résultant de cinq années d'observations
seulement. Pendant les autres mois, la tension de la vapeur ne présente,
dans les vingt-quatre heures, qu'un seul maximum et un seul minimum
bien nets : le maximum se produit le matin, vers 9 heures, et le minimum
le soir, vers 16 heures ou 17 heures, c'est-à-dire à peu près aux mêmes
heures que le maximum et le minimum correspondants au niveau du sol ;
mais le second maximum et le second minimum qu'on observe respectivement le soir et vers le lever du soleil dans les couches basses disparaissent d'une manière à peu près complète à 300 m de hauteur.

« Quant à l'humidité relative (1), elle a sensiblement la même valeur
au Parc Saint-Maur et à la Tour Eiffel, au milieu de la journée, au

(1) Quotient de la tension de la vapeur d'eau qui existe actuellement dans l'atmosphère
par la tension maximum correspondant à la température observée au même moment.

moment du minimum ; au contraire, le matin, au moment du maximum, l'humidité est beaucoup plus grande près du sol qu'à l'altitude de 300 m, ce qui est tout à fait d'accord avec la loi de variation de la température et l'inversion qui se produit normalement dans les couches basses.

« Pour terminer ces considérations relatives à la variation diurne de l'humidité, nous donnons ci-dessous, pour les deux stations, l'amplitude de la variation de la tension de vapeur et de l'humidité relative ; ces nombres ont été obtenus simplement en faisant la différence de la plus grande et de la plus petite des valeurs horaires données pour chaque mois dans les Tableaux précédents.

Amplitude de la variation diurne de l'humidité.

	Tension de vapeur		Humidité relative	
	Tour Eiffel mm	Saint-Maur mm	Tour Eiffel	Saint-Maur
Janvier	0,20	0,32	8,2	14,8
Février	0,13	0,33	10,4	23,8
Mars	0,28	0,41	19,7	35,1
Avril	0,58	0,86	23,9	42,0
Mai	0,62	0,56	22,4	37,9
Juin	0,56	0,68	23,1	38,7
Juillet	0,64	0,76	23,6	35,2
Août	0,76	0,92	23,6	39,6
Septembre	0,57	1,15	20,1	36,9
Octobre	0,37	0,79	13,2	26,2
Novembre	0,19	0,48	7,1	16,7
Décembre	0.24	0,34	5,6	14,5

« Les amplitudes sont beaucoup plus faibles, en général, à 300 m que près du sol, aussi bien pour la tension de vapeur que pour l'humidité relative ; il n'y a d'exception qu'en mars et pour la tension de vapeur seulement ; l'examen des nombres, qui sont un peu irréguliers pour ce mois, montre que cette exception disparaîtrait dans une période d'observation plus longue.

« 2° *Variation annuelle de l'humidité.* — Nous donnons ci-dessous, pour les deux stations, les moyennes mensuelles de la tension de vapeur et de l'humidité relative, déduites des cinq années 1890-1894.

1890-1894. — *Moyennes mensuelles de l'humidité.*

	Tension de vapeur		Humidité relative	
	Tour Eiffel	Saint-Maur	Tour Eiffel	Saint-Maur
	mm	mm		
Janvier	4,34	4,67	81,3	85,4
Février	4,47	4,92	75,7	79,8
Mars	4,56	5,15	67,1	71,1
Avril	5,13	5,87	59,8	63,7
Mai	6,44	7,74	63,1	68,9
Juin	8,02	9,71	64,5	70,7
Juillet	8,95	10,82	67,0	73,9
Août	9,17	10,93	66,4	74,6
Septembre	8,11	9,81	66.5	79,2
Octobre	6,70	7,89	73,1	84,4
Novembre	5,77	6,41	82,6	87,2
Décembre	4,35	4,77	81,4	87,6
Année	6,33	7,39	70,7	77,2

« La tension de la vapeur est plus faible dans tous les mois à la Tour Eiffel qu'à Saint-Maur, et cela est vrai non seulement pour les moyennes générales de la période, mais individuellement pour chacun des mois des cinq années. La différence entre les deux stations est la plus petite en hiver (janvier, 0,33 *mm*) et la plus grande en été (juillet, 1,87 *mm*). Les deux mois extrêmes sont les mêmes aux deux stations, janvier pour le minimum, août pour le maximum; les différences entre les moyennes des tensions de vapeur de ces deux mois sont respectivement 4,83 *mm* à la Tour Eiffel et 6,26 *mm* au Parc Saint-Maur. L'amplitude de la variation annuelle de la tension de vapeur diminue donc rapidement avec l'altitude.

« L'humidité relative est aussi, dans tous les mois, plus faible à 300 *m* que près du sol. La différence provient exclusivement de la nuit, comme nous l'avons indiqué dans l'étude de la variation diurne. Mais, contrairement à ce que nous avons trouvé pour la température et la tension de vapeur, l'amplitude de la variation annuelle de l'humidité relative est sensiblement la même dans les deux stations, 23,9 à Saint-Maur, 22,8 à la Tour Eiffel. Le mois le plus sec est le même des deux côtés, avril; le mois le plus humide est novembre à la Tour et décembre à Saint-Maur; mais, comme l'humidité relative varie très

peu de novembre à janvier, peut-être le mois le plus humide ne reste-
rait-il plus le même dans une série plus longue. Malgré cette analogie de marche, la différence entre les deux stations est loin d'être constante : elle est minimum en avril (3,9) et prend des valeurs considérables
à la fin de la saison chaude : 8,2 en août, 11,3 en octobre et 12,7 en
septembre. Ces variations sont absolument concordantes avec celles de
la température ; c'est à ce moment, en effet, que la différence de température entre les deux stations est la plus petite, et qu'il arrive même que
la station supérieure puisse être la plus chaude en valeur absolue ;
comme en même temps la tension de vapeur y est moindre, l'humidité
relative peut devenir alors beaucoup plus petite que près du sol.

III. — Vitesse du vent.

« 1° *Variation diurne.* — Les tableaux suivants donnent les moyennes
horaires de la vitesse du vent, par mois, pour la période de six années,
1890-1895, au Bureau météorologique et à la Tour Eiffel. On y a ajouté,
pour faciliter l'étude, les valeurs du rapport et de la différence des
vitesses observées à chaque heure dans les deux stations (1).

(1) Il manque cinq jours en janvier 1890 et trois jours en décembre 1893.

1890-1895. — *Moyennes horaires de la vitesse du vent au bureau météorologique.*

Heures	Janvier	Février	Mars	Avril	Mai	Juin	Juillet	Août	Septembre	Octobre	Novembre	Décembre
	m	m	m	m	m	m	m	m	m	m	m	m
0 (Minuit)	2,20	2,31	1,98	1,63	1,42	1,45	1,51	1,44	1,22	1,51	2,09	2,19
1	2,14	2,27	1,97	1,62	1,38	1,47	1,42	1,37	1,16	1,49	1,97	2,11
2	2,14	2,28	1,87	1,46	1,32	1,42	1,33	1,36	1,11	1,47	2,00	2,10
3	2,15	2,27	1,94	1,39	1,35	1,29	1,27	1,39	1,65	1,48	1,96	2,11
4	2,32	2,30	1,83	1,42	1,33	1,25	1,42	1,33	1,01	1,37	1,93	1,99
5	2,33	2,26	1,85	1,54	1,32	1,33	1,46	1,29	1,00	1,49	1,81	2,10
6	2,23	2,19	1,93	1,53	1,40	1,55	1,60	1,34	1,08	1,45	1,93	2,02
7	2,24	2,21	1,92	1,84	1,77	1,94	1,85	1,61	1,19	1,58	1,94	1,98
8	2,29	2,26	2,29	2,14	2,05	2,16	2,10	1,93	1,47	1,76	1,97	2,09
9	2,34	2,43	2,63	2,42	2,33	2,36	2,32	2,26	1,76	2,09	2,16	2,13
10	2,52	2,72	2,91	2,69	2,63	2,53	2,62	2,57	2,68	2,35	2,36	2,50
11	2,68	2,83	3,12	2,82	2,87	2,71	2,79	2,75	2,49	2,55	2,42	2,55
12 (Midi)	2,84	2,93	3,31	2,90	2,88	2,65	2,90	2,76	2,56	2,79	2,58	2,74
13	2,89	3,10	3,37	2,89	2,90	2,72	2,97	2,90	2,57	2,71	2,64	2,73
14	2,96	3,13	3,42	2,88	2,95	2,70	3,04	2,92	2,48	2,65	2,61	2,74
15	2,76	2,99	3,32	2,83	2,89	2,67	2,85	2,78	2,42	2,59	2,39	2,61
16	2,56	2,91	3,31	2,74	2,85	2,83	2,78	2,74	2,43	2,31	2,15	2,48
17	2,34	2,75	3,00	2,79	2,81	2,78	2,71	2,60	2,21	2,01	2,12	2,36
18	2,31	2,52	2,59	2,53	2,63	2,59	2,35	2,44	1,78	1,86	2,16	2,47
19	2,24	2,50	2,31	2,12	2,21	2,30	3,10	1,82	1,53	1,77	2,20	2,35
20	2,27	2,46	2,22	2,12	1,89	1,87	1,74	1,70	1,46	1,64	2,17	2,40
21	2,25	2,45	2,20	1,08	1,76	1,71	1,67	1,69	1,30	1,67	2,10	2,38
22	2,19	2,38	2,04	1,79	1,66	1,66	1,55	1,68	1,25	1,56	1,98	2,29
23	2,22	2,32	2,04	1,69	1,48	1,60	1,60	1,48	1,22	1,55	1,96	2,22

1890-1895. — *Moyennes horaires de la vitesse du vent à la Tour Eiffel.*

Heures	Janvier	Février	Mars	Avril	Mai	Juin	Juillet	Août	Septembre	Octobre	Novembre	Décembre
	m	m	m	m	m	m	m	m	m	m	m	m
0 (Minuit)	10,96	10,61	10,55	9,72	8,95	8,74	9,23	9,39	8,84	10,35	10,13	9,69
1	10,80	10,72	10,27	9,47	8,96	8,61	9,03	9,07	8,64	10,13	10,13	9,60
2	10,76	10,61	10,26	9,35	8,64	8,52	9,09	9,12	8,44	10,05	10,17	9,59
3	10,76	10,70	10,32	8,94	8,77	8,21	8,70	9,01	8,32	9,99	10,24	9,72
4	10,76	10,71	10,13	8,81	8,68	7,94	8,70	8,77	8,13	9,83	9,96	9,49
5	10,82	10,67	10,12	8,71	8,45	7,88	8,63	8,66	7,98	9,72	9,76	9,55
6	10,93	10,39	10,03	8,53	7,95	7,37	8,08	8,51	7,89	9,98	9,72	9,65
7	10,88	10,34	9,83	7,91	7,65	6,51	7,16	7,69	7,59	9,97	9,67	9,71
8	10,88	10,29	9,36	6,76	6,20	5,72	6,30	6,60	6,98	9,53	9,52	9,51
9	10,72	9,75	8,39	6,10	6,04	5,58	6,11	6,08	6,02	9,65	9,43	9,48
10	10,27	9,09	7,86	6,15	6,34	5,93	6,48	6,38	5,61	8,33	8,77	9,30
11	9,93	8,47	7,53	6,55	6,84	6,09	6,82	6,79	5,76	7,81	8,34	8,78
12 (Midi)	9,34	8,02	7,71	6,85	7,14	6,24	6,22	6,91	6,02	7,86	7,90	8,32
13	9,11	7,72	7,97	6,99	7,17	6,25	7,28	7,11	6,17	7,94	7,90	8,24
14	8,93	7,96	8,05	6,82	7,28	6,58	7,66	7,33	6,25	7,89	7,77	8,24
15	9,18	7,80	8,35	7,64	7,48	6,81	7,26	7,32	6,39	8,16	7,95	8,22
16	9,41	8,24	8,75	7,34	7,81	6,99	7,58	7,38	6,55	8,27	8,40	8,66
17	10,01	8,72	8,84	7,39	7,82	7,25	7,71	7,59	6,83	8,84	9,21	9,11
18	10,55	9,52	9,08	7,66	8,08	7,22	7,67	8,07	7,34	9,77	9,69	9,59
19	10,66	10,16	9,80	8,36	8,22	7,30	7,80	8,40	8,19	10,21	10,10	9,91
20	10,89	10,43	10,07	9,35	8,57	7,88	7,98	9,15	8,59	10,42	10,29	10,65
21	10,96	10,56	10,36	9,68	8,92	8,35	8,80	9,59	8,78	10,52	10,34	10,11
22	10,87	10,92	10,43	9,79	9,16	8,82	9,65	8,65	9,06	10,38	10,27	9,88
23	10,97	10,83	10,35	9,92	9,31	9,03	9,29	9,55	8,98	10,33	10,09	9,80

1890-1895. — *Rapport des vitesses du vent à la Tour Eiffel et au Bureau météorologique.*

Heures	Janvier	Février	Mars	Avril	Mai	Juin	Juillet	Août	Septembre	Octobre	Novembre	Décembre
o (Minuit)	5,0	4,6	5,3	6,0	6,3	6,0	6,1	6,5	7,2	6,9	4,8	4,4
1	5,0	4,7	5,2	5,8	6,5	5,9	6,4	6,6	7,4	6,8	5,1	4,5
2	5,0	4,7	5,5	6,4	6,5	6,0	6,8	6,7	7,6	6,8	5,1	4,6
3	5,0	4,7	5,3	6,4	6,5	6,4	6,8	6,5	7,9	6,8	5,2	4,6
4	4,8	4,7	5,5	6,2	6,5	6,4	6,1	6,6	8,0	7,2	5,2	4,8
5	4,9	4,7	5,5	5,7	6,4	5,9	5,9	6,7	8,0	6,5	5,4	4,5
6	4,9	4,7	5,2	5,6	5,7	4,8	5,1	6,4	7,3	6,9	5,0	4,8
7	4,9	4,7	5,1	4,3	4,0	3,4	3,9	4,8	6,4	6,3	5,0	4,9
8	4,8	4,6	4,1	3,2	3,0	2,6	3,0	3,4	4,7	5,4	4,8	4,6
9	4,6	4,0	3,2	2,5	2,6	2,5	2,6	2,7	3,4	4,3	4,4	4,5
10	4,1	3,3	2,7	2,3	2,5	2,3	2,5	2,5	2,7	3,5	3,7	3,7
11	3,7	3,0	2,4	2,3	2,4	2,2	2,4	2,5	2,3	3,1	3,4	3,4
12 (Midi)	3,4	2,7	2,3	2,4	2,5	2,4	2,5	2,5	2,4	2,8	3,1	3,0
13	3,2	2,5	2,4	2,4	2,5	2,3	2,5	2,5	2,4	2,9	3,0	3,0
14	3,0	2,5	2,4	2,4	2,5	2,3	2,5	2,5	2,5	3,0	3,0	3,0
15	3,3	2,6	2,5	2,5	2,6	2,6	2,5	2,6	2,6	3,2	3,3	3,1
16	3,7	2,8	2,6	2,7	2,7	2,5	2,7	2,7	2,7	3,6	3,9	3,5
17	4,3	3,2	2,9	2,6	2,8	2,6	2,8	2,9	3,1	4,4	4,3	3,9
18	4,6	3,8	3,5	3,0	3,1	2,8	3,3	3,3	4,1	5,4	4,5	3,9
19	4,8	4,1	4,2	3,9	3,7	3,2	3,7	4,6	5,4	5,8	4,6	4,2
20	4,8	4,2	4,5	4,4	4,5	4,2	4,6	5,4	5,9	6,4	4,7	4,2
21	4,9	4,3	4,7	4,7	5,1	4,9	5,3	5,7	6,8	6,3	4,9	4,2
22	5,0	4,6	5,1	5,5	5,5	5,3	5,8	5,7	7,2	6,7	5,2	4,3
23	4,9	4,7	5,1	5,9	6,3	5,6	5,8	6,5	7,4	6,7	5,1	4,4

« Le tableau ci-dessus donne, pour tous les mois et chaque heure, le rapport des vitesses du vent à la Tour Eiffel et au Bureau météorologique. Ce rapport suit une marche diurne très régulière. Le rapport des deux vitesses est maximum vers la fin de la nuit et minimum au milieu de la journée. Il présente la plus grande variation en été et surtout en automne. En septembre, en particulier, ce rapport varie de 2,3 (11 heures) à 8,0 (4 et 5 heures); ce dernier nombre 8,0 est la plus grande valeur moyenne du rapport des vitesses du vent dans les deux stations à une heure et dans un mois quelconques.

« 2° *Variation annuelle.* — Nous donnons, dans les tableaux de la page 90, les moyennes mensuelles de la vitesse dans les deux stations pour tous les mois où des observations régulières ont été faites.

« La variation annuelle de la vitesse du vent au Bureau météorologique ne présente pas d'allure très nette : il y a un petit minimum en août, septembre et octobre, et un maximum en février et mars. Cette absence de régularité dans la variation annuelle provient de ce que, par suite des remous locaux produits par l'action solaire, la vitesse moyenne du vent se trouve augmentée d'une manière anormale pendant la saison chaude au milieu de la journée. De la sorte, la moyenne mensuelle se trouve trop forte par suite de causes accidentelles qui n'ont aucun rapport avec la circulation générale. Si l'on considère, au lieu de la moyenne du mois, la moyenne correspondant à la nuit seulement, époque à laquelle ces remous locaux n'existent pas, on trouve que la vitesse du vent est, au contraire, beaucoup plus grande en hiver qu'en été, ce qui est d'accord avec les lois connues de la circulation générale. La vitesse moyenne du vent au Bureau météorologique, de minuit à 4 heures du matin, a, en effet, la valeur suivante dans les différents mois :

	^{m}		^{m}
Janvier	2,16	Juillet	1,38
Février	2,28	Août	1,38
Mars	1,92	Septembre	1,11
Avril	1,50	Octobre	1,47
Mai	1,35	Novembre	1,98
Juin	1,38	Décembre	2,10

« La variation annuelle devient extrêmement nette sur ces nombres : il y a un maximum à la fin de l'hiver (février), et un minimum à la fin de

12

Vitesse moyenne du vent au Bureau météorologique.

	Janvier	Février	Mars	Avril	Mai	Juin	Juillet	Août	Septembre	Octobre	Novembre	Décembre	Année
	m	m	m	m	m	m	m	m	m	m	m	m	m
1890	2,52	2,18	2,22	2,31	1,82	1,64	1,75	1,95	1,30	1,57	2,21	2,20	1,97
1891	2,55	1,45	2,86	2,44	2,04	2,01	2,17	2,57	1,83	2,35	2,11	3,00	2,28
1892	2,37	2,51	3,10	2,35	2,23	2,40	2,32	1,60	1,48	1,93	1,32	2,19	2,14
1893	1,84	2,89	1,64	1,90	1,96	2,27	2,15	1,91	2,18	1,59	2,73	2,19	2,10
1894	2,83	2,93	2,55	1,68	2,28	2,24	1,92	2,02	1,81	1,99	2,04	2,00	2,19
1895	2,18	2,88	2,48	2,28	2,19	1,80	2,17	1,99	1,37	1,99	2,49	2,43	2,19
1890-95	2,38	2,47	2,48	2,16	2,09	2,06	2,08	2,01	1,66	1,90	2,15	2,32	2,15

Vitesse moyenne du vent à la Tour Eiffel.

	Janvier	Février	Mars	Avril	Mai	Juin	Juillet	Août	Septembre	Octobre	Novembre	Décembre	Année
	m	m	m	m	m	m	m	m	m	m	m	m	m
1890	11,53	10,29	9,45	9,70	8,51	7,58	8,66	8,78	6,61	8,45	9,83	6,63	8,83
1891	10,98	5,88	10,48	8,10	8,31	6,69	7,24	9,07	7,28	11,02	8,64	10,04	8,64
1892	9,47	10,14	9,54	7,97	7,80	7,58	7,87	7,30	7,84	10,50	6,36	9,18	8,46
1893	8,72	12,61	8,63	7,93	7,57	7,70	7,64	7,32	8,74	8,45	10,48	9,94 (1)	8,76
1894	12,47	10,62	9,63	7,28	8,15	8,09	7,68	8,23	7,83	8,62	9,47	9,70	8,98
1895	9,68	8,79	8,95	7,56	7,16	6,35	8,33	7,82	6,52	9,28	11,68	10,56	8,56
1890-95	10,48	9,72	9,35	8,09	7,92	7,33	7,90	8,09	7,47	9,39	9,41	9,34	8,71

Rapport moyen des vitesses du vent à la Tour Eiffel et au Bureau météorologique.

	Janvier	Février	Mars	Avril	Mai	Juin	Juillet	Août	Septembre	Octobre	Novembre	Décembre	Année
1890-95	4,40	3,94	3,77	3,75	3,79	3,56	3,80	4,02	4,50	4,94	4,38	4,63	4,65

(1) Moyenne de 28 jours.
Les journées d'observations qui manquent pour ces trois mois n'ont présenté aucun caractère remarquable, et par suite leur omission ne saurait altérer la moyenne du mois d'une manière notable.

l'été (septembre), la valeur du minimum étant moins de la moitié de celle
du maximum.

« À la Tour Eiffel, où l'importance relative de la variation diurne est
moindre, la variation annuelle ressort immédiatement de l'examen des
moyennes mensuelles. Le minimum se produit en été et le maximum au
milieu de l'hiver.

« La vitesse moyenne du vent est presque exactement quatre fois
(4,05) plus grande à la Tour Eiffel qu'au Bureau météorologique; ce rapport varie notablement dans le cours de l'année; il est le plus petit en
juin et le plus grand en octobre. Il suffit, à Paris, de s'élever de moins
de 300 m au-dessus du sol pour que la vitesse moyenne du vent passe de
2,15 m à 8,71 m; il y a donc d'abord, dans les couches les plus voisines
du sol, une augmentation très rapide de la vitesse du vent avec la hauteur. Les observations faites sur les nuages montrent que cette augmentation est ensuite beaucoup plus lente. Pour déterminer la véritable loi
d'accroissement de la vitesse avec la hauteur, il ne faut donc tenir aucun
compte des observations faites très près du sol, qui appartiennent à une
couche dans un état tout particulier et où la vitesse se trouve réduite
artificiellement par le frottement. La vitesse des nuages ne peut être
utilement comparée qu'à celle que l'on observe à des hauteurs d'au moins
100 m ou 200 m au-dessus du sol.

« 3e *Fréquence des différentes vitesses du vent.* — Dans beaucoup d'applications, notamment celles qui concernent l'Aéronautique, on a grand
intérêt à connaître le degré de fréquence des différentes vitesses du vent;
les observations faites dans le voisinage immédiat du sol seraient, à cet
égard, très trompeuses, car les observations comparatives à la Tour
Eiffel et au Bureau météorologique montrent qu'il y a souvent un vent
très appréciable et même fort à 300 m de hauteur, alors qu'il fait à peu
près calme en bas. Nous avons donc, au moyen des observations faites
pendant les six années 1890-1895, calculé la fréquence des différentes
vitesses du vent à 300 m au-dessus du sol. Les résultats de ce dépouillement sont indiqués dans les tableaux suivants :

TOUR EIFFEL. — *Fréquence (pour 1.000) des vitesses de vent comprises entre :*

	0 m et 2 m	2 m et 4 m	4 m et 6 m	6 m et 8 m	8 m et 10 m	10 m et 12 m	12 m et 14 m	14 m et 16 m	16 m et 18 m	18 m et 20 m	20 m et 25 m	Au-dessus de 25 m
Janvier . . .	43	67	105	120	131	136	136	109	71	43	35	4
Février . . .	48	84	116	133	148	138	125	99	59	25	24	1
Mars	46	77	131	152	155	153	121	77	45	26	15	2
Avril	49	100	175	180	181	138	91	55	22	5	4	»
Mai	48	100	184	195	179	137	88	45	15	5	4	»
Juin	54	125	201	213	175	119	66	32	10	3	2	»
Juillet . . .	56	100	164	214	182	130	80	41	24	5	4	»
Août	57	93	160	188	183	154	88	46	22	5	4	»
Septembre .	70	126	191	190	160	111	76	49	21	5	1	»
Octobre . .	44	101	124	144	138	138	119	92	52	26	21	1
Novembre .	69	89	128	138	134	124	119	89	51	31	22	6
Décembre .	67	111	128	129	125	123	110	80	56	32	34	5

TOUR EIFFEL. — *Fréquence (pour 1.000) des vitesses de vent supérieures à :*

	2 m	4 m	6 m	8 m	10 m	12 m	14 m	16 m	18 m	20 m	25 m
Janvier	957	890	785	665	534	398	262	153	82	39	4
Février	952	868	752	619	471	333	208	109	50	25	1
Mars	954	877	746	594	439	286	165	88	43	17	2
Avril	951	851	676	496	315	177	86	31	9	4	»
Mai	952	852	668	473	294	157	69	24	9	4	»
Juin	946	821	620	407	232	113	47	15	5	2	»
Juillet.	944	844	680	466	284	154	74	33	9	4	»
Août	943	850	690	502	319	165	77	31	9	4	»
Septembre . .	930	804	613	423	263	152	76	27	6	1	»
Octobre. . . .	956	855	731	587	449	311	192	100	48	22	1
Novembre . .	931	842	714	576	440	316	197	108	57	28	6
Décembre. . .	933	822	694	565	440	317	207	127	71	39	5

« Le premier tableau donne la fréquence relative, pour 1.000 observations, des vitesses comprises entre 0 m et 2 m, 2 m et 4 m, etc. ; le second indique combien, sur un total de 1.000 observations, il y en a qui donnent des vitesses supérieures respectivement à 2 m, 4 m, 6 m, etc. Ces deux tableaux, qui se déduisent l'un de l'autre, pourront être utiles à consulter dans bien des cas pour les applications.

« La fréquence des vents forts, supérieurs à 10 m par seconde, est la plus grande en janvier; elle diminue régulièrement jusqu'en juin, où elle est minimum, augmente en juillet et août, puis, après avoir diminué un peu en septembre, augmente de nouveau jusqu'à la fin de l'année.

« Les vents de tempête, dépassant 25 *m* par seconde, sont relativement rares; on ne les observe en moyenne que 19 fois sur 1.000 et exclusivement dans les six mois d'octobre à mars. Mais il importe de remarquer que toutes ces vitesses ont été déterminées au moyen de l'anémo-cinémographe ordinaire de MM. Richard frères, qui envoie à l'appareil enregistreur un contact toutes les fois que le vent a parcouru un chemin de 25 *m*. Cet instrument ne donne pas ainsi rigoureusement la vitesse en mètres par seconde à un instant donné, mais seulement une moyenne correspondant à un intervalle de temps de quelques minutes. De plus, tous les nombres précédents ont été obtenus sur le dépouillement des vitesses du vent relevées à chaque heure exacte, sans tenir compte de ce qui s'est produit dans les périodes intermédiaires. Il est clair que la proportion des vents très forts serait notablement accrue, d'une part si l'on avait employé un instrument à indications instantanées, et de l'autre si, au lieu de prendre la vitesse du vent à chaque heure ronde, on avait relevé les plus grandes vitesses notées dans l'intervalle des heures d'observation.

« Pour compléter les données relatives aux vents de tempête, nous indiquons ici, pour chaque mois, le nombre de jours où le vent, à un moment quelconque, a dépassé respectivement 20 *m* et 25 *m* par seconde. Nous rappellerons que la période de six ans considérée comprend en tout 186 jours dans chacun des mois de 31 jours, 180 jours dans les mois de 30 jours et 169 jours en février.

Nombre de jours où la vitesse du vent a dépassé 20 m.

Janvier	56	Juillet	12
Février	35	Août	12
Mars	31	Septembre	7
Avril	11	Octobre	37
Mai	13	Novembre	34
Juin	7	Décembre	35

Total . . . . 289 pour 2,191 jours d'observations

Nombre de jours où la vitesse du vent a dépassé 25 m.

Janvier	14	Avril	2
Février	7	Mai	2
Mars	5	Juin	0

Juillet.	2		Octobre.	5
Août.	2		Novembre.	9
Septembre	0		Décembre.	10

Total. . . . . 58 pour 2,191 jours d'observations

« Ces nombres seraient un peu plus élevés s'ils avaient été relevés sur un instrument donnant des indications instantanées. Un anémo-ciné-mographe à vitesses absolues est en service régulier à la Tour Eiffel; il envoie un contact à l'appareil enregistreur pour chaque mètre parcouru par le vent et les indications s'inscrivent sur une bande de papier qui se déroule à raison de 0,5 *mm* par seconde. Malheureusement, cet instrument, assez délicat, n'a jamais pu fonctionner d'une façon continue pendant les tempêtes de quelque durée. La vitesse la plus grande qu'il ait enregistrée jusqu'ici est celle de 48 *m*, le 12 novembre 1894, à 18^h13^m, alors que le cinémographe ordinaire indiquait une vitesse de 42 *m* comme moyenne de quelques minutes. A ce moment, le cinémographe à indications instantanées a cessé de fonctionner régulièrement, n'envoyant plus ses contacts que par intermittences. Quelques minutes plus tard, 18^h18^m, on pointait au chronographe un intervalle de $2^s,2$ pendant lequel le vent parcourait exactement 100 *m*, ce qui fait, pendant cet intervalle, une vitesse moyenne de 45,5 *m* par seconde; il paraît vraisemblable que la vitesse instantanée des coups de vent atteignait alors et dépassait peut-être 50 *m* par seconde.

IV. — DIRECTION DU VENT.

« La direction du vent à la Tour Eiffel est enregistrée au moyen d'une girouette Richard, à transmission électrique, qui fonctionne par échelons successifs correspondant chacun à $\frac{1}{128}$ de circonférence; le manque de transmission d'un contact introduit donc une erreur constante de cet ordre dans l'enregistrement. Pour éviter de corriger ces erreurs, qui peuvent s'accumuler à la longue, la direction vraie du vent est relevée, au sommet de la Tour, au moment des observations directes; de plus, l'orientation de la girouette est pointée très fréquemment, au moyen d'une lunette, du Bureau météorologique même; enfin le dépouillement a été fait seulement avec une approximation quatre fois moindre que celle dont l'instrument est théoriquement susceptible; la circonférence était divisée en 32 parties en partant du Nord vers l'Est, de sorte que dans tout ce qui suit le chiffre 32 correspond à N., 1 à N. $\frac{1}{4}$ N.-E., 2 à N.-N.-E., 4 à N.-E., 8 à E., 16 à S., 24 à O., et ainsi de suite. Nous étudierons d'abord dans ce qui suit la variation diurne du vent à la Tour Eiffel; nous avons jugé inutile d'entrer dans les mêmes détails pour les observations du Bureau, où la direction du vent pourrait être influencée par les obstacles environnants. A la Tour, au contraire, où la girouette est environ à 300 m au-dessus du sol, l'horizon est absolument libre de tous côtés.

« 1° *Variation diurne du vent à la Tour Eiffel.* — Nous avons d'abord relevé le nombre de fois que le vent a soufflé dans chaque direction (de 1 à 32) pendant tous les mois et à toutes les heures des six années observées. Cela donne pour chaque heure un total de 186 observations dans les mois de 31 jours, de 180, dans les mois de 30 jours et de 169 en février. Ce nombre étant certainement trop petit encore pour que les perturbations puissent être éliminées, nous avons réuni dans un même total les directions observées à trois heures consécutives, ce qui donne la loi de variation de la direction du vent, pour huit époques équidistantes séparées l'une de l'autre par un intervalle de trois heures. Ainsi, dans les tableaux qui suivent, les nombres qui indiquent la fréquence des différentes directions du vent à zéro sont la somme des nombres obtenus pour 23 heures, 0 heure et 1 heure; les nombres indiqués pour 3 heures sont la somme de ceux qui ont été obtenus à 2 heures, 3 heures et 4 heures, et ainsi de suite. Le total des nombres relatifs à une heure portée au tableau est ainsi de 558, 540 et 507, selon que l'on considère les mois de trente et un et trente jours, ou le mois de février. Le nombre total des observations de chaque mois est alors respectivement 4.464, 4.320 et 4.056. »

On trouvera dans les tableaux donnés par M. Angot, et que nous ne pouvons reproduire en raison de leur étendue, le détail des observations de direction du vent recueillies ainsi à la Tour Eiffel pendant les six années 1890-1895.

Nous reproduisons seulement pour exemple les résultats de juillet :

1890-1895. Tour Eiffel. — *Fréquence des différentes directions du vent.*

Juillet.

Heures	0 N.	1	2	3	4 N.-E.	5	6	7	8 E.	9	10	11	12 S.-E.	13	14	15
0.........	17	17	16	18	17	6	6	15	15	11	15	9	4	2	2	8
3.........	18	10	13	13	6	14	10	7	11	18	10	14	4	4	11	5
6.........	15	17	13	8	2	11	8	9	7	10	13	6	16	7	10	8
9.........	15	12	15	14	4	7	5	6	10	14	6	3	7	10	9	11
12.........	12	14	9	4	3	5	7	8	4	9	10	11	7	8	5	6
15.........	5	15	13	8	6	7	3	10	9	13	3	2	6	9	5	6
18.........	13	18	15	6	4	2	6	7	7	14	6	8	7	4	8	6
21.........	18	23	24	9	9	13	5	9	16	14	10	5	4	5	2	9
Total....	113	126	118	80	51	65	50	71	79	103	73	58	55	49	52	59

Heures	16 S.	17	18	19	20 S.-O.	21	22	23	24 O.	25	26	27 N.-O.	28	29	30	31	Calme
0......	8	10	11	19	14	47	31	24	19	25	32	32	33	27	20	12	16
3......	10	10	16	13	20	50	33	19	23	31	39	25	35	24	13	16	13
6......	8	12	24	22	21	46	28	19	34	34	24	30	27	18	12	9	30
9......	9	22	30	32	37	31	29	40	37	27	23	27	13	9	7	13	24
12......	10	13	35	27	41	50	37	37	31	40	26	23	19	9	16	13	9
15......	14	9	24	28	40	49	33	41	27	27	39	24	30	25	11	12	5
18......	9	10	11	14	28	40	41	30	29	20	31	36	44	34	21	16	13
21......	6	11	6	12	32	29	28	32	28	17	27	36	31	30	28	15	15
Total .	74	97	157	167	233	342	260	242	228	221	241	233	232	176	128	106	125

« Pour faciliter l'étude de la variation diurne de la direction du vent, il est commode de remplacer chacune de ses 32 directions par leurs composantes sur les directions N. et E., S. et O.; ces directions se ramèneront elles-mêmes aux deux principales N. et E. en tenant compte des signes.

« Soit m_p le nombre de fois que le vent a soufflé de la direction p désignée en chiffre dans les tableaux précédents et qui correspond à un angle $2\pi\frac{p}{32}$ avec le méridien compté du Nord vers l'Est. La composante Nord n de tous les vents sera donnée par la formule $n = \sum m_p \cos 2\pi\frac{p}{32}$, en faisant la somme de tous les produits analogues pour tous les vents dont la direction est comprise entre 0 et 8 et entre 24 et 32.

« La composante Est $e = \sum m_p \sin 2\pi\frac{p}{32}$, en faisant la somme des produits de 0 à 16.

« On calcule d'une manière analogue la composante Sud S. (directions entre 8 et 24) et la composante Ouest O. (directions entre 16 et 32).

« Les cosinus sont égaux aux sinus des points symétriques par rapport à 45° ; ainsi, $\sin 2\pi\dfrac{3}{32} = \cos 2\pi\dfrac{5}{32}$; de sorte que l'on n'a à considérer que les valeurs numériques des cosinus de 0 à 7 divisions, soit 0,9808, 0,9239, 0,8315, 0,7071, 0,5556, 0,3827 et 0,1951.

« Quant aux composantes principales suivant le méridien et la perpendiculaire, elles sont :

$$N = n - s \qquad E = e - o$$

le signe $+$ indique que les composantes principales sont dirigées respectivement suivant le Nord ou l'Est et le signe $-$ qu'elles sont dirigées vers le Sud ou l'Ouest.

« La direction du vent par rapport au méridien, l'angle α étant compté de 0 à 360°, est donnée par la formule $\mathrm{Tg}\alpha = \dfrac{E}{N}$.

« La grandeur R de cette résultante est $R = \sqrt{N^2 + E^2}$.

« Ce dernier nombre, divisé par le nombre d'observations du mois, donnera la valeur relative de la résultante. Cette valeur relative serait égale à l'unité, si le vent avait soufflé rigoureusement de la même direction pendant tout le mois ; elle est en réalité beaucoup plus petite et d'autant plus que la direction du vent a été plus variable.

« Nous donnons ci-dessous, pour le mois de juillet pris comme exemple, les valeurs de ces composantes et enfin, pour chaque heure, la direction moyenne du vent résultant, comptée de 0 à 360°, à partir du Nord vers l'Est.

Composantes principales de la direction du vent.

	0 h	3 h	6 h	9 h	12 h	15 h	18 h	21 h	Moy.
n..	195,0	175,2	149,2	126,9	125,6	147,2	187,5	208,6	164,4
e..	110,1	106,0	93,8	82,9	72,8	73,6	73,9	100,7	89,2
s..	123,4	140,0	159,6	186,2	189,5	171,5	135,3	115,1	152,6
o..	266,0	276,7	271,2	278,2	312,4	317,4	302,8	267,0	286,4
N .	71,6	35,2	— 10,4	— 59,3	— 63,9	— 24,3	52,2	93,5	11,8
E .	—155,9	—170,7	—177,4	—195,3	—239,6	—243,8	—228,9	—166,3	—197,2

Variation diurne de la direction moyenne du vent.

α...	295°	282°	267°		255°	264°	283°	299°	273°

13

« .Les nombres de ce dernier tableau mettent déjà assez nettement en évidence une variation diurne de la direction du vent : dans presque tous les mois sans exception, le vent tourne en sens contraire des aiguilles d'une montre (de l'Ouest vers le Sud) dans la matinée, puis revient en sens inverse dans l'après-midi.

« L'étude des composantes elles-mêmes se fait par les considérations suivantes :

« La direction du vent que l'on observe à un moment quelconque peut être considérée comme la résultante de deux actions : 1° le vent moyen qui soufflerait de la même direction dans toute la journée ; 2° une brise diurne qui change de direction suivant les heures. Le vent moyen est connu : ses composantes dans les quatre directions principales sont précisément indiquées dans le tableau précédent sous le titre *Moyenne*. Pour avoir à chaque heure les composantes de la brise diurne, il suffira donc de retrancher, des nombres donnés ci-dessus pour cette heure, le nombre correspondant que l'on trouve dans la colonne *Moyenne*. Nous donnons ici le résultat de ce calcul pour les deux composantes principales du vent, dans le méridien et dans la direction perpendiculaire :

Direction du vent à la Tour Eiffel (Juillet).

1° Vent moyen.

Composante N. 11,8   Composante E. . . . . . . —197,2

2° Brise diurne.

Heures	Composante Nord	Composante Est
0	59,8	41,3
3	23,4	26,5
6	—22,2	19,8
9	—71,1	1,9
12	—75,7	—42,4
15	—36,1	—46,6
18	40,4	—31,7
21	81,7	30,9

« Non seulement dans ce mois, mais dans tous ceux de mars à octobre, les chiffres analogues à ceux ci-dessus mettent en évidence une variation diurne bien nette (qui se manifeste moins clairement dans les mois de novembre à février, en raison des perturbations dues aux tempêtes).

« La figure ci-dessous (fig. 18) donne un exemple de cette variation pour la moyenne de juillet. Dans cette figure, la direction moyenne du vent à un moment quelconque de la journée s'obtient en joignant le point O à un des points marqués : o heure, 3 heures, 6 heures,... 21 heures. Ces derniers points se trouvent répartis sur une courbe très régulière ainsi tracée :

« Le vent moyen a pour direction MO, déterminée à l'aide des composantes N. et E. prises comme ordonnée et comme abscisse, puis en portant à partir de M, comme origine, les valeurs ci-dessus des composantes de la brise diurne. Cette direction est dans le cas actuel sensiblement O.-N.-O. Le vent AO à une heure quelconque peut être considéré comme étant la résultante du vent moyen MO et d'une brise diurne MA. La figure montre que dans le cours de la journée cette brise diurne décrit, dans le sens direct des aiguilles d'une montre, une rotation complète autour du point M.

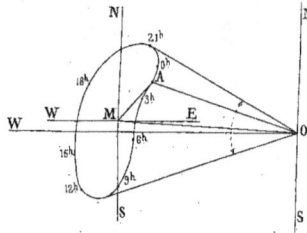
Fig. 18.

« La brise diurne a une composante Sud de 5 heures à 16 heures environ, et une composante Nord le reste de la journée. Quant au vent lui-même, il progresse en sens inverse des aiguilles d'une montre de 21 heures à 10 heures du matin du N.-N.-E. au S.-S.-O. environ, et rétrograde de 10 heures à 21 heures du S.-S.-O. au N.-N.-E.

« (La courbe décrite par le vecteur MA est moins régulière dans les autres saisons, mais conserve en général le même caractère, au moins pendant huit mois de l'année.) »

Si, au lieu de considérer les fréquences du vent, on considère les vitesses, les tableaux dressés par M. Angot montrent que l'on arrive aux mêmes conclusions. On retrouve encore une brise diurne bien nette, qui effectue dans le cours des vingt-quatre heures une rotation du N. vers l'E. Mais de plus cette brise diurne est plus intense en été qu'en hiver ; en outre, la variation de la vitesse résultante R de N. et de E. en été est tout à fait caractéristique : on observe un minimum absolu vers le lever du soleil au moment du maximum de la température, et un autre minimum moins profond vers 15 heures, au moment du maximum de la température ; deux maxima se montrent entre 9 heures et midi et vers 9 heures du soir. Il est probable que ces faits intéressants se dégageront d'une manière plus nette et plus précise quand la période d'observation sera plus longue.

2° *Variation annuelle de la direction du vent.* — On trouvera dans les tableaux ci-contre le résumé des observations de direction effectuées tant au Bureau météorologique qu'à la Tour Eiffel pendant les six années 1890-1895. M. Angot donne pour chaque mois et pour l'année le nombre total de fois que le vent a soufflé dans chacune des 32 directions, ainsi que les quatre composantes de la fréquence suivant la direction Nord, Est, Sud et Ouest, et enfin les deux composantes principales suivant le méridien N. et la perpendiculaire E. Nous relatons pour abréger les observations rapportées à huit directions seulement.

Il résulte tout d'abord des 52.584 observations de ce tableau faites simultanément à la terrasse du Bureau central et au sommet de la Tour, que l'examen des colonnes de rapports pour 100 montre :

1° Que le nombre des calmes est beaucoup plus grand au Bureau central météorologique qu'à la Tour (14,7 p. 100 au lieu de 2,8 p. 100).

2° Que le vent le plus fréquent au Bureau central météorologique et à la Tour est le S.-O. (21,8 p. 100 au Bureau central météorologique et 18,5 à la Tour).

3° Que le vent le moins fréquent au Bureau central météorologique et à la Tour est le S.-E. (4,7 p. 100 au Bureau central météorologique et 6,1 à la Tour).

4° Que le vent du Nord (entre 0 et 6 d'une part et 27 à 31 de l'autre) est plus fréquent au sommet de la Tour qu'au Bureau (37,4 p. 100 contre 30,2 p. 100).

5° Que les vents d'Ouest (entre 19 et 26) ont à peu près la même importance au Bureau central météorologique et à la Tour (34,11 p. 100 et 33,8 p. 100).

Ces derniers se font plus facilement sentir à la surface du sol que les vents du Nord qui restent plutôt dans les hautes régions.

Mais la comparaison des composantes donne des résultats plus précis et encore plus intéressants.

1890-1895. — Fréquences des différentes directions du vent au B. C. M. et à la T. E. S.

	JANVIER		FÉVRIER		MARS		AVRIL		MAI		JUIN		JUILLET		AOUT		SEPTEMBRE		OCTOBRE		NOVEMBRE		DÉCEMBRE		TOTAUX		RAPPORT 0/0	
	B.C.M.	T.E.S.	B.C.M.	T.E.S.	B.C.M.	T.E.S.	B.C.M.	T.E.S.	B.C.M.	T.E.S.	B.C.M.	T.E.S.	B.C.M.	T.E.S.	B.C.M.	I.E.S.	B.C.M.	T.E.S.	B.C.M.	T.E.S.	B.C.M.	T.E.S.	B.C.M.	T.E.S.	B.C.M.	T.E.S.	B.C.M.	T.E.S.
Nord (nos 31 à 2)	395	682	283	422	269	459	556	717	653	878	367	762	330	463	278	387	363	418	270	415	201	279	226	332	4361	6199	8,3	11,8
N.-E. (nos 3 à 6)	499	493	265	388	794	633	874	904	670	671	575	614	316	246	825	407	618	641	623	562	581	514	673	522	7443	7096	14,1	13,5
Est (nos 7 à 10)	261	252	540	571	485	680	478	611	309	873	228	272	172	326	180	244	319	417	159	376	389	408	475	622	3995	5101	7,6	9,7
S.-E. (nos 11 à 14)	416	317	191	319	171	227	197	271	155	226	131	217	109	214	89	166	157	381	233	242	352	304	267	357	2468	3241	4,7	6,1
Sud (nos 15 à 18)	458	573	215	318	323	437	213	421	348	449	224	260	321	387	379	366	285	376	608	620	615	701	475	472	4470	5369	8,7	10,2
S.-O. (nos 19 à 22)	1109	967	826	651	920	730	586	444	633	546	839	589	1320	1002	1450	1187	765	692	1111	1097	837	913	1085	924	11490	9682	21,8	18,5
O. (nos 23 à 26)	504	648	425	581	686	732	380	367	544	507	692	766	841	932	682	946	438	681	385	632	450	603	477	674	6504	8014	12,8	15,3
N.-O. (nos 27 à 30)	286	437	161	268	324	503	450	482	543	702	408	739	500	769	394	701	336	558	235	405	216	434	176	422	4139	6420	7,8	12,1
Calmes	536	110	450	88	502	113	580	103	629	112	666	111	655	125	678	121	1029	161	840	116	679	164	610	139	7714	1468	14,7	2,8
Totaux	4464	4464	4056	4056	4464	4464	4320	4320	4464	4464	4320	4320	4464	4464	4464	4464	4320	4320	4464	4464	4320	4320	4464	4464	52584	52584	100,0	100,0
Composantes :																												
n	982	1421	1056	1260	1040	1854	1612	1730	1615	1912	1392	1617	999	1315	852	1275	1061	1867	868	1147	782	1005	821	1000	12860	16663		
e	940	905	1472	1529	1192	1302	1348	1576	1002	1160	829	971	512	714	517	708	944	1198	824	1022	1077	1027	1202	1326	11839	13447		
s	1534	1495	949	1035	1085	1159	790	985	906	1015	873	847	1257	1291	1391	1251	926	1170	1592	1535	1483	1548	1427	1368	14163	14029		
o	1590	1730	1190	1246	1652	1681	1147	1070	1490	1447	1703	1785	2282	2292	2127	2353	1297	1614	1464	1846	1321	1712	1487	1571	18670	20476		
N	−562	−74	77	226	−45	195	722	745	609	897	519	970	258	94	589	24	135	197	−664	−388	−701	−543	−605	−308	−1303	2034		
E	−550	−825	282	284	−400	−379	201	506	−458	−278	−874	−764	−1720	−1578	−1610	−1645	−853	−416	−640	−824	−244	−685	−285	−425	−6811	−7029		

« Au moyen des deux composantes principales N. et E. on calcule, pour chaque mois et pour l'année, la grandeur R de la résultante et l'angle α qu'elle fait avec le méridien, par les formules :

$$R = \sqrt{N^2 + E^2}, \qquad \tan g\, \alpha = \frac{E}{N}.$$

« Au lieu de la grandeur R, il est préférable de considérer le rapport $r = \dfrac{R}{p}$, p étant le nombre total des observations d'où est déduite la valeur R; r représente alors le *poids relatif* de la résultante. Ce nombre serait égal à l'unité, si, pendant toute la période considérée, le vent avait soufflé constamment de la même direction; il est toujours nécessairement beaucoup plus petit, mais sa valeur permet de déterminer si le vent résultant calculé a réellement une signification; il est clair que si la valeur de r tombe, par exemple, au-dessous de 0,1, il n'y a plus, à proprement parler, de vent moyen, et que le vent a soufflé, en réalité, de toutes les directions. Nous donnons ci-dessous les valeurs ainsi trouvées pour r et α.

	Tour Eiffel		Bureau météorologique	
	r	α	r	α
Janvier	0,19	265°	0,19	230°
Février	0,09	52	0,07	75
Mars	0,10	297	0,10	264
Avril	0,21	34	0,17	16
Mai	0,21	343	0,17	323
Juin	0,29	322	0,24	301
Juillet	0,35	273	0,39	261
Août	0,37	271	0,38	252
Septembre	0,11	295	0,09	291
Octobre	0,20	245	0,21	224
Novembre	0,20	232	0,17	199
Décembre	0,12	234	0,15	205
Année.	0,14	286	0,13	259

« Dix mois sur douze donnent, dans les deux stations, un vent résultant qui a une composante Ouest très marquée; février et avril seulement ont un vent moyen compris dans le quadrant N.-E.; encore, pour février, la faible valeur du poids relatif r de la résultante indique-t-elle que cette résultante n'a pas grande signification et que la direction du vent moyen pendant ce mois est mal déterminée.

« En moyenne annuelle, le vent est assez voisin de O.-N.-O. à la Tour Eiffel et O.-S.-O. au Bureau météorologique, l'angle que forment les directions moyennes dans les deux stations étant de 27°. Une différence de même sens et presque de même valeur se retrouve dans tous les mois, sauf en février.

« Cet écart ne peut être imputé aux erreurs d'observation. L'orientation des deux girouettes est contrôlée dans plusieurs directions au moyen de repères très éloignés (monuments de Paris) dont l'azimut a été déterminé directement pour chaque station; de ce fait, l'erreur possible dans l'estimation absolue de la direction du vent ne doit pas, dans les moyennes, dépasser 1° ou 2°. On ne saurait non plus faire intervenir des influences locales qui se feraient sentir à la station inférieure; rien dans la situation topographique du Bureau météorologique n'indique la probabilité de telles influences, qui se trouve exclue, du reste, par ce fait que la déviation est sensiblement la même que le vent souffle du N.-E. (avril), du S. (novembre), du S.-O. (janvier et octobre), de l'O. (mars et juillet), ou du N.-O. (mai et juin).

« On doit donc admettre comme fait d'observation que le vent éprouve réellement en moyenne, au sommet de la Tour Eiffel, une déviation de 25° environ à droite de celui qu'on observe dans les couches voisines du sol. Le sens de cette déviation est précisément celui qui résulterait d'une diminution dans le frottement; mais on ne peut encore affirmer que ce soit la cause unique ou même principale du phénomène. Peut-être y a-t-il simplement un effet de la ville qui se traduit, comme nous l'avons indiqué depuis la première année d'observations, par une augmentation locale de température et une diminution de pression pouvant entraîner une déviation des vents inférieurs. »

Résumé.

Il paraît résulter de la discussion des observations sur la direction du vent par M. A. Angot que :

1° Comme *variation diurne*, le vent tourne en sens contraire des aiguilles d'une montre (de l'Ouest vers le Sud) dans la matinée, puis revient en sens inverse dans l'après-midi;

2° Comme *moyenne annuelle*, le vent est assez voisin de O.-N.-O à la

Tour Eiffel, et de O.-S.-O au Bureau météorologique, l'angle que forment les directions moyennes dans les deux stations étant de 27°.

Ces résultats sont nouveaux et d'un grand intérêt.

V. — COMPOSANTE VERTICALE DU VENT.

M. Angot n'a pas encore résumé les résultats relatifs à cette composante verticale; il faut les rechercher dans les Mémoires de 1891 à 1894 que nous allons rappeler brièvement; nous reproduirons principalement les conclusions qui sont identiques dans toutes les années.

L'étude des courants verticaux offre un grand intérêt pour la météorologie et il n'a pas encore été fait d'observations de ce genre dans une situation aussi satisfaisante qu'à la Tour Eiffel; aussi M. Angot donne-t-il à ce sujet les tableaux les plus détaillés, dont nous ne rappellerons qu'une faible partie, en laissant de côté les années 1892 à 1893 dont les résultats ne sont pas très différents des années extrêmes.

« *Mémoire de* 1891. — La composante verticale du vent a été mesurée au moyen d'un appareil analogue à ceux qu'avaient employés déjà dans ce but le P. Dechevrens et M. Garrigou-Lagrange. Cet instrument se compose de quatre ailettes planes, inclinées à 45° et portées par quatre bras horizontaux en croix, réunis par un axe vertical, autour duquel peut tourner le système. Les ailettes étant inclinées dans le même sens par rapport à l'axe, il est clair que le moulinet doit rester immobile dans un courant d'air horizontal, tourner dans un sens quand le vent a une composante verticale ascendante et dans l'autre sens quand le vent a une composante horizontale descendante. Au moyen d'un dispositif très ingénieux imaginé par MM. Richard frères, et qui est du reste identique à celui de leur girouette, les mouvements du moulinet sont transmis à distance, au moyen de quatre fils seulement, à un cylindre vertical, devant une génératrice duquel descend une plume, qui inscrit ainsi tous les mouvements du moulinet. Le tracé s'effectue de gauche à droite quand la composante du vent est ascendante, de droite à gauche quand la composante est descendante; il se réduit à une ligne verticale quand le moulinet reste immobile. Le moulinet a été taré sur un manège, de manière que le déplacement angulaire du cylindre récepteur, pendant un temps donné, peut être traduit immédiatement en kilomètres par-

courus par le vent dans le sens vertical. Le moulinet est installé au
sommet de la Tour Eiffel, à la même hauteur que les anémomètres
(305 *m* au-dessus du sol).

« L'observation de cet instrument présente de grandes difficultés;
il peut tourner même dans un courant parfaitement horizontal si la
vitesse du vent n'est pas rigoureusement la même aux deux extrémités
du diamètre du moulinet, et il suffit pour cela du plus petit obstacle.
Les premières observations, faites en 1889 et au commencement de 1890,
ont révélé une cause d'erreur de ce genre : la tige qui porte le paratonnerre de la Tour Eiffel pouvait faire écran tantôt d'un côté du moulinet,
tantôt de l'autre, quand le vent soufflait de deux directions déterminées;
pour l'une de ces directions, il y avait alors renforcement apparent des
vents ascendants, tandis que, pour l'autre, il y avait renforcement apparent
des vents descendants.

« J'ai fait remédier à cette cause d'erreur en plaçant le moulinet au
centre d'un grand cylindre vertical ouvert à ses deux extrémités. Il y a
bien à craindre encore les remous que le vent peut produire dans ce
cylindre; mais il n'y a plus aucune raison pour que ces remous intro-
duisent une erreur systématique; du reste, l'examen minutieux des
observations n'a révélé aucune erreur de ce genre. Quoi qu'il en soit,
on ne peut donner les observations de la composante verticale du vent
qu'avec beaucoup de réserves, et il y a lieu de chercher à perfectionner,
si cela est possible, la méthode d'observation.

« Nous indiquons dans le tableau suivant, pour chaque mois, le
nombre d'heures pendant lesquelles la composante verticale du vent a
été constamment ascendante, tantôt ascendante et descendante (variable),
constamment descendante et constamment nulle; puis le total des chemins
parcourus respectivement par les vents ascendants, par les vents descendants, et le rapport de ces deux nombres. Enfin, pour permettre
d'apprécier l'importance relative des courants ascendants, nous avons
ajouté pour chaque mois la vitesse moyenne, en mètres par seconde, de la
composante verticale du vent, et à côté la vitesse moyenne de la
composante horizontale, mesurée par le moulinet Richard; le rapport de
ces deux nombres est la cotangente de l'inclinaison du vent sur l'horizontale; nous donnons ce rapport ainsi que l'inclinaison correspondante,
exprimée en degrés et dixièmes de degré.

14

1890-1891. — *Totaux mensuels et moyennes de la composante verticale du vent.*

	Nombre d'heures de vents				Chemin total parcouru par les vents			Vitesse moyenne en mètres par seconde de la composante			
	ascen-dants	va-riables	descen-dants	nuls	ascen-dants *km*	descen-dants *km*	Rap-port	verti-cale *m*	horizon-tale *m*	Rap-port	Incli-naison
Nov. 1890 (1) .	422	121	75	84	1.331,3	251,0	5	0,43	9,83	23	2 5
Décemb. 1890.	636	43	0	65	1.340,9	8,4	160	0,50	6,66	13	4,3
Janvier 1891 .	612	78	20	34	2.472,4	75,5	33	0,89	11,02	12	4,6
Février	548	70	8	46	1.170,7	38,4	31	0,47	5,88	13	4,6
Mars	489	182	52	21	2.119,0	291,1	7	0,68	10,48	15	3,7
Avril (2). . . .	411	185	29	23	1.405,6	124,5	11	0,55	8,10	15	3,9
Mai	439	239	45	21	1.572,7	194,5	8	0,51	8,31	16	3,5
Juin.	414	248	24	34	1.374,8	130,3	11	0,48	6,69	14	4,1
Juillet.	350	311	51	32	1.398,1	184,7	8	0,45	7,24	16	3,6
Août	361	323	46	14	1.600,9	205,7	8	0,52	9,07	17	3,3
Septembre . .	410	241	34	35	1.430,6	140,5	10	0,50	7,28	15	3,9
Octobre	631	92	11	10	3.136,0	46,3	68	1,15	11,02	10	5,9
Novembre . .	557	35	22	106	1.909,4	21,2	90	0,73	8,64	12	4,8
Décembre . .	648	51	7	38	2.128,8	34,4	62	0,78	10,04	13	4,4

« L'examen des tableaux qui précèdent conduit aux conclusions suivantes :

« 1° Dans tous les mois sans exception, les vents ascendants l'emportent considérablement sur les vents descendants. Le rapport des chemins totaux parcourus par le vent dans ces deux sens varie peu dans les mois compris entre mars et septembre; il est alors en moyenne de 8,6. Dans les mois froids (novembre 1890 excepté) que comprennent les observations, le rapport est beaucoup plus grand; il est en moyenne de 54,2 et atteint même 160 en décembre 1890. Il paraît difficile d'expliquer cette prépondérance des vents ascendants : on ne peut l'attribuer à la température, puisqu'elle s'exagère en hiver. Ce ne peut être non plus un effet local causé par les ondulations du sol, puisque la Tour Eiffel domine de beaucoup toute la région; pour trouver des altitudes comparables, il faudrait aller jusqu'aux limites orientales et méridionales du bassin de la Seine. Ajoutons que cette prépondérance se manifeste par toutes les directions de vents, ce qui exclut l'hypothèse d'une influence de l'orien-

(1) Lacune de 18 heures.
(2) Lacune de 3 jours.

tation de l'instrument par rapport à la Tour elle-même. Tant qu'il ne pourra pas être prouvé que cette prépondérance des vents ascendants est due à un défaut inhérent au mode même d'observation, il faudra donc l'admettre, quelque paradoxale qu'elle puisse paraître.

« 2° Les périodes pendant lesquelles la composante verticale du vent est constamment descendante ou nulle se présente surtout pendant la nuit; on en trouve quelquefois pendant le jour, mais en hiver et jamais dans la saison chaude. La durée de ces périodes ne dépasse pas quelques heures, excepté en hiver, par les temps calmes.

« 3° Les périodes pendant lesquelles il y a alternance de vents ascendants et descendants sont surtout fréquentes pendant la saison chaude, de mars à septembre, au milieu du jour; elles sont même alors la règle. Les vents ascendants l'emportent encore beaucoup, mais ils sont fréquemment interrompus par des alternatives de courants descendants. Ces alternatives sont rares pendant la nuit en été et en tout temps pendant l'hiver. Celles que nous avons indiquées alors dans l'un des tableaux précédents proviennent principalement des heures pendant lesquelles il y a eu changement de régime, où le vent, après avoir été descendant, est devenu ascendant, ou réciproquement; ce ne sont donc pas des alternatives de vents ascendants et descendants proprement dites.

« 4° Les périodes de vent constamment ascendant ont une durée très variable; elles sont surtout importantes pendant la saison froide, où on les observe parfois sans interruption pendant plusieurs jours, et même pendant plus d'une semaine.

« 5° Le rapport moyen des composantes verticale et horizontale du vent est très petit, c'est-à-dire que l'inclinaison du vent sur l'horizon est toujours faible; pour les quatorze mois que nous avons considérés, cette inclinaison moyenne est de 4°.

« *Mémoire de* 1894. — Nous donnons ci-dessous un tableau semblable à celui de 1891.

« Comme on le voit par les nombres de la dernière colonne, l'inclinaison moyenne du vent sur l'horizontale est toujours très faible; elle a atteint sa plus grande valeur, 6°, en novembre.

1894. — *Totaux mensuels et moyennes de la composante verticale du vent.*

	Nombre d'heures de vent				Vitesse moyenne de la composante			
	ascendants	variables	descendants	nuls	verticale ^{m}	horizontale ^{m}	Rapport	Inclinaison
Janvier (1). . .	136	0	0	56	»	»	»	»
Février (2). . .	179	.71	15	23	»	»	»	»
Mars (3)	427	170	19	8	»	»	»	»
Avril (4)	312	131	5	8	»	»	»	»
Mai	410	248	43	43	0,64	8,15	12,7	4°5
Juin (5)	340	249	5	30	»	»	»	»
Juillet	281	401	25	37	0,49	7,68	15,7	3,6
Août.	360	316	47	21	0,50	8,23	16,5	3,5
Septembre. . .	493	164	22	41	0,81	7,83	9,7	5,9
Octobre	529	130	11	74	0,70	8,62	12,3	4,6
Novembre. . .	512	137	40	31	1,00	9,47	9,5	6,0
Décembre. . .	471	146	74	53	0,64	9,70	15,2	3,8

« Les conclusions que l'on peut tirer des tableaux qui précèdent sont identiques à celles qu'avait fournies la discussion des années précédentes; il est donc inutile d'y insister, et nous renverrons pour ce point aux Mémoires antérieurs.

« Nous terminerons par quelques détails relatifs à la tempête du 12 novembre 1894, qui a présenté une violence extraordinaire à Paris et dans tout le nord de la France. Le centre de la dépression se trouvait aux îles Scilly à 7 heures; il est à Cherbourg vers 18 heures, puis remonte par le Pas-de-Calais et la mer du Nord; il a passé ainsi à 200 km environ au nord de Paris, où le minimum barométrique a été observé entre 17 heures et 19 heures.

« Le tableau suivant donne, en mètres par seconde, la vitesse moyenne pour chaque heure de la composante horizontale et de la composante verticale à la Tour Eiffel; nous y avons ajouté l'indication de l'inclinaison du vent sur l'horizontale et de sa direction.

(1) 8 jours.
(2) 12 jours.
(3) 26 jours.
(4) 19 jours.
(5) 26 jours.

Heures	Vitesse		Inclinaison	Direction
	horizontale	verticale		
h h	m	m		
12 Novembre de midi à 13.	18,3	2,5	7°9	S
de 13 à 14.	18,9	2,4	7,1	S¼SO
de 14 à 15.	23,1	3,0	7,5	SSO
de 15 à 16.	25,8	3,5	7,7	SSO
de 16 à 17.	30,6	4,5	8,4	S¼SO
de 17 à 18.	32,8	5,0	8,7	S¼SO
de 18 à 19.	33,9	5,1	8,5	SSO
de 19 à 20.	33,6	4,9	8,4	SSO
de 20 à 21.	30,8	4,3	7,9	SO¼S
de 21 à 22.	27,5	2,9	6,1	SO
de 22 à 23.	28,3	1,5	3,1	SO
de 23 à 24.	24,2	0,8	1,8	SO¼O
13 Novembre de 0 à 1.	20,0	0,4	1,2	OSO
de 1 à 2.	18,9	0,5	1,6	OSO

« Pendant toute la durée de la tempête, le vent a présenté une composante verticale dirigée de bas en haut. L'inclinaison du vent, maximum au moment où le centre de la tempête est le plus rapproché (8°,7), est très grande encore et presque la même dans la moitié antérieure du tourbillon. Elle devient très faible au contraire à une certaine distance dans la partie postérieure, où le vent ascendant est alors coupé de fréquentes alternances de vents descendants, ce qui ne se présentait pas dans la partie antérieure. En avant de la dépression, le vent est donc nettement et constamment ascendant, tandis que tout à fait en arrière il est à peu près exactement horizontal. La vitesse du courant horizontal était, du reste, la même au commencement et à la fin, et la direction a varié seulement de 45° entre les moments des plus grandes et plus petites vitesses verticales; ces phénomènes sont donc réels et ne peuvent être attribués au mode d'exposition des instruments.

« D'autres tempêtes observées antérieurement avaient donné des résultats analogues, mais qui se rapportent tous également à la partie du tourbillon située à droite de la trajectoire. »

§ 4. — Examen de quelques observations directes de températures en 1894.

Dans les tableaux des températures que nous avons extraits du Mémoire récapitulatif de M. A. Angot, on ne voit figurer que des *moyennes horaires* mensuelles s'étendant à une période de cinq années. Les chiffres qu'ils renferment sont établis en prenant pour chaque heure la moyenne des 30 ou 31 observations du mois et ensuite la moyenne de ces cinq premières moyennes.

Cet emploi des moyennes horaires du mois, par lequel on nivelle, d'une façon un peu sommaire, tous les écarts, donne bien l'allure générale relative des phénomènes observés; mais on comprend que les chiffres ainsi obtenus, dans lesquels entrent des éléments dont les écarts sont parfois de 25 degrés, sont loin de fournir des valeurs voisines de celles qu'on relèverait directement dans chaque cas particulier. La représentation même approximative de ces dernières, si on voulait quelque peu les généraliser, offre des difficultés à peu près inextricables, et ce n'est que par des exemples particuliers que l'on peut se rendre compte de ces variations dans leur réalité.

Il n'est donc pas inutile de relater un certain nombre d'observations directes.

Nous avons pris comme exemple l'une des années entrant dans la moyenne déjà étudiée, l'année 1894, et nous indiquons dans le tableau qui suit deux séries d'observations empruntées aux relevés détaillés conservés au Bureau, et faites simultanément au Bureau central et à la Tour. Nous avons retenu seulement, pour abréger, quatre des mois de l'année : janvier comme exemple des mois froids, juillet comme exemple des mois chauds, et enfin avril et octobre comme mois intermédiaires. — De plus, dans les quatre mois, nous n'avons considéré que deux des heures de la journée donnant approximativement au Bureau les minima du matin et les maxima de l'après-midi. — Ces heures sont : 6 heures et 14 heures pour janvier et octobre, 5 heures et 15 heures pour avril et juillet.

Les colonnes de différences horaires indiquent l'excès de la température du sol sur celle du sommet (B. C. M. — T. E.). Les signes — correspondent aux inversions de température (voir pages 112 et 113).

A titre de renseignement, nous donnons ci-inclus le tableau des températures représentant la *normale* de Paris. Ce tableau donne la moyenne par jour pendant la période de 1841 à 1890, et pour chacun des quatre mois considérés. Ce tableau peut être utile pour des comparaisons, si l'on voulait étudier les variations en partant de ces normales.

Température normale de Paris (1841-1890)

Dates	Janvier	Avril	Juillet	Octobre
1.	2,0	7,7	17,7	12,3
2.	2,0	7,8	17,7	12,2
3.	2,0	8,0	17,8	12,0
4.	2,0	8,1	17,8	11,9
5.	2,0	8,2	17,9	11,7
6.	2,0	8,3	17,9	11,6
7.	2,0	8,5	18,0	11,4
8.	2,0	8,6	18,0	11,2
9.	2,0	8,7	18,1	11,1
10.	2,0	8,8	18,1	10,9
11.	2,0	8,9	18,1	10,8
12.	2,0	9,1	18,2	10,6
13.	2,0	9,2	18,2	10,4
14.	2,0	9,3	18,2	10,3
15.	2,0	9,5	18,2	10,1
16.	2,0	9,6	18,3	9,9
17.	2,0	9,7	18,3	9,8
18.	2,1	9,8	18,3	9,6
19.	2,1	10,0	18,3	9,5
20.	2,1	10,1	18,3	9,3
21.	2,1	10,2	18,3	9,1
22.	2,2	10,3	18,3	9,0
23.	2,2	10,5	18,4	8,8
24.	2,2	10,6	18,4	8,7
25.	2,3	10,7	18,4	8,5
26.	2,3	10,9	18,4	8,4
27.	2,3	11,0	18,3	8,2
28.	2,4	11,1	18,3	8,0
29.	2,4	11,2	18,3	7,9
30.	2,5	11,4	18,3	7,7
31.	2,5	»	18,3	7,6

1. *Examen des différences entre le sol et le sommet.*

Sans vouloir généraliser les conclusions auxquelles conduirait le tableau des pages 112 et 113, qui se rapporte à une année seulement, on peut y faire les remarques suivantes :

1° Les inversions de température se produisent surtout le matin ; leur nombre est de 6 en janvier, 14 en avril, 8 en juillet et 9 en octobre, soit au total 33 sur 123 observations du matin, soit 27 p. 100.

2° Comme valeur de ces inversions, c'est en juillet qu'on rencontre les plus fortes (5,9 et 6,8) et en janvier les moindres : leur valeur relative

Observations directes et différences de températu
pendant les mois de j

DATES DU MOIS	JANVIER				AVRIL				JUILLET			
	6 h.		14 h.		5 h.		15 h.		5 h.		15 h.	
	B. C. M.	T. E.	B. C. M.	T. E.	B. C. M.	T. E.	B. C. M.	T. H.	B. C. M.	T. H.	B. C. M.	T. R.
1	— 2,5	— 0,4	2,1	1,2	9,1	12,0	19,9	15,5	17,2	21,7	31,8	27,2
2	— 0,3	— 0,8	0,7	— 2,6	7,9	11,3	19,9	15,5	18,4	25,2	29,6	25,3
3	— 5,8	— 9,0	— 3,7	— 7,0	7,1	11,5	20,9	17,5	17,0	14,2	20,7	17,0
4	— 9,8	— 12,7	— 9,6	— 12,8	10,1	12,0	19,6	16,5	12,7	11,7	20,9	18,2
5	— 12,3	— 15,4	— 7,0	— 8,9	10,8	12,5	20,8	17,4	13,7	14,8	26,9	22,8
6	— 3,4	— 2,8	1,0	— 1,5	10,9	14,5	24,3	20,5	16,2	22,1	32,4	28,8
7	— 0,8	— 2,7	1,2	— 2,1	8,0	13,5	24,1	20,0	16,6	15,3	23,6	20,3
8	— 0,8	— 1,7	1,5	0,5	11,6	11,5	23,5	18,7	13,7	11,8	24,9	20,3
9	— 2,4	— 0,8	2,2	0,2	11,7	13,6	22,0	17,5	16,3	13,1	23,8	20,7
10 . . .	2,1	0,2	4,6	5,3	11,8	13,1	24,9	21,0	16,2	13,3	19,6	16,4
11 . . .	2,9	5,0	7,3	6,7	11,7	16,8	24,3	17,0	13,0	10,7	20,0	16,5
12 . . .	5,2	5,4	10,0	7,6	10,7	8,9	12,8	8,7	14,9	12,4	20,8	16,7
13 . . .	2,5	6,9	6,9	4,7	8,0	4,9	15,1	11,2	12,4	11,7	21,6	18,7
14 . . .	4,4	4,4	6,5	5,4	8,1	9,2	15,7	19,5	13,8	12,2	17,9	14,0
15 . . .	6,9	4,8	7,8	4,7	12,2	9,9	14,1	11,3	13,6	11,4	19,7	13,4
16 . . .	5,7	4,1	8,0	5,7	11,3	8,5	17,0	13,3	13,7	11,5	20,7	16,9
17 . . .	8,2	6,7	10,2	7,9	9,3	6,6	13,2	10,0	16,8	14,2	19,3	16,2
18 . . .	11,1	9,2	6,2	3,2	7,8	6,3	13,1	10,8	14,7	12,1	19,0	15,4
19 . . .	5,4	4,3	8,4	5,2	8,1	6,8	14,1	11,8	12,6	10,2	18,7	15,2
20 . . .	8,1	5,6	8,2	5,6	9,8	6,5	14,9	10,9	11,7	10,4	20,2	16,8
21 . . .	5,8	5,1	10,0	7,1	8,1	4,8	10,9	6,4	15,5	15,6	21,3	22,2
22 . . .	7,3	5,0	8,8	5,7	6,6	4,5	12,5	8,1	14,7	14,7	27,7	24,2
23 . . .	4,8	1,6	6,2	2,8	5,0	5,6	18,9	15,3	21,7	19,2	23,8	23,3
24 . . .	— 0,3	— 0,5	3,6	0,9	8,5	7,2	17,9	13,3	17,8	17,6	27,0	24,6
25 . . .	— 0,1	— 1,2	4,9	2,0	8,3	12,8	17,9	14,4	16,9	14,8	23,0	19,3
26 . . .	0,1	— 1,5	5,7	2,5	11,0	8,8	18,5	14,5	14,8	12,8	21,1	17,8
27 . . .	3,9	3,0	6,7	3,8	9,8	7,1	15,3	11,0	13,6	17,1	22,5	19,6
28 . . .	7,2	4,9	7,9	4,7	7,1	4,5	15,0	10,5	15,9	17,9	26,1	23,1
29 . . .	1,8	0,7	7,3	4,6	9,1	6,1	11,9	7,5	17,0	20,5	18,5	15,6
30 . . .	4,0	2,6	8,8	5,8	4,9	5,8	18,2	13,3	14,6	11,5	17,3	14,5
31 . . .	9,9	8,1	8,5	5,8	»	»	»	»	14,2	12,7	22,0	18,2

M. et à la Tour Eiffel le matin et dans l'après-midi
juillet et octobre 1894.

DATES DU MOIS	OCTOBRE				DIFFÉRENCES HORAIRES							
	6 h.		14 h.		JANVIER		AVRIL		JUILLET		OCTOBRE	
	B. C. M.	T. E.	B. C. M.	T. E.	6 h.	14 h.	5 h.	15 h.	5 h.	15 h.	6 h.	14 h.
1	6,6	7,3	13,8	9,8	—2,1	0,9	—2,9	4,4	—4,5	4,6	—0,7	4,0
2	8,3	5,9	13,9	10,0	0,5	3,3	—3,4	4,4	—6,8	4,3	2,4	3,9
3	9,5	6,4	13,2	10,2	3,2	3,3	—4,4	3,4	2,8	3,7	3,1	3,0
4	9,1	6,2	10,7	8,4	2,9	3,2	—1,9	3,1	1,0	2,7	2,9	1,7
5	9,5	7,0	13,0	9,8	3,1	1,9	—1,7	3,4	—1,1	4,1	2,5	3,2
6	10,1	8,0	13,1	10,2	—0,6	0,5	—3,6	3,8	—5,9	3,6	2,1	2,9
7	10,7	10,4	16,4	14,9	1,9	0,9	—4,6	4,1	1,3	3,3	0,3	1,5
8	8,0	12,4	18,3	15,3	0,9	1,0	0,1	4,8	2,1	4,6	—4,4	3,0
9	8,0	12,7	17,7	15,4	—1,6	2,0	—1,9	4,5	3,2	3,1	—4,7	2,3
10	8,7	12,2	16,7	14,8	1,9	0,7	—1,3	3,9	2,9	3,2	—3,5	1,9
11	8,8	12,8	16,7	13,9	—2,1	0,6	—5,1	7,3	2,3	3,5	—4,0	3,0
12	12,6	11,0	16,5	13,4	—0,2	2,4	1,8	4,1	2,5	4,1	1,6	3,1
13	7,5	9,9	15,5	12,5	—3,4	2,2	3,1	3,9	0,7	2,9	—2,4	3,0
14	8,5	10,4	12,6	9,4	0,0	1,1	—1,1	5,2	1,6	3,9	—1,9	3,2
15	8,5	4,0	11,6	7,9	2,1	3,1	—0,3	2,8	2,2	4,5	4,5	3,7
16	6,0	4,3	10,5	7,1	1,6	2,3	2,8	3,7	2,2	3,8	1,7	3,4
17	3,6	2,7	8,3	4,9	1,5	2,3	2,7	3,2	2,6	3,1	0,9	3,4
18	1,6	4,3	6,6	2,6	1,9	3,0	1,5	2,3	2,6	3,6	2,7	4,0
19	4,5	4,1	9,9	7,5	1,1	3,2	1,3	2,3	2,4	3,5	0,4	2,4
20	6,6	4,6	10,3	8,7	2,5	2,6	3,3	4,9	1,3	3,4	2,0	1,6
21	6,1	4,8	13,8	10,5	0,7	2,9	3,3	4,5	—0,1	4,1	1,3	3,3
22	9,4	7,9	16,5	12,7	2,3	3,1	2,1	4,4	0,0	3,5	1,5	3,8
23	13,4	11,0	16,7	13,8	3,2	3,4	—0,6	3,6	2,5	0,5	2,4	2,9
24	10,0	12,7	14,7	12,9	0,2	2,7	1,3	4,6	0,2	2,4	—2,7	1,8
25	12,1	9,7	12,7	10,6	1,1	2,9	—4,5	3,5	2,1	3,7	2,4	2,1
26	10,6	8,7	14,7	11,4	1,6	3,2	2,2	4,0	2,0	3,3	1,9	3,3
27	12,6	10,7	13,2	11,8	0,9	2,9	2,7	4,3	—3,5	2,9	1,9	1,4
28	10,8	8,3	14,6	12,0	2,3	3,2	2,6	4,5	—2,0	3,0	2,5	2,6
29	10,7	8,7	16,0	12,8	1,1	2,7	3,0	4,4	—3,5	2,9	2,0	3,2
30	13,0	10,5	15,6	12,3	1,4	3,0	0,9	4,9	3,1	2,8	2,5	3,3
31	12,0	13,0	17,1	15,1	1,8	2,7	»	»	1,5	3,8	—1,0	2,0
Nombre des inversions					6	0	14	0	8	0	9	0
Moyenne en cas d'inversion . . .					—1,66	»	—2,66	»	—3,43	»	—2,81	»
Moyenne en cas normaux					1,67	2,36	2,12	4,07	1,96	3,43	2,06	2,84
Moyenne du mois					1,02	2,36	—0,11	4,04	0,57	3,43	0,65	2,84

15

còrrespond bien aux moyennes : janvier 1,66 ; avril 2,66 ; juillet 3,43 et octobre 2,81, donnant une moyenne générale de 2,70.

3° Les différences normales sont toujours plus fortes l'après-midi que le matin ; leurs maxima moyens d'après-midi sont de 3° en janvier, 4° à 5° en avril (exceptionnellement 7°), de même en juillet, et de 3° à 4° en octobre. — La moyenne de l'après-midi pour les quatre mois est de 3,17 contre 1,94 le matin.

Si l'on compare ces résultats avec les moyennes horaires du Mémoire Résumé des moyennes des cinq années établi par M. Angot, qui figurent parmi les chiffres des tableaux précédents, on voit que :

1° En tenant compte des moyennes horaires, il n'y a aucune inversion constatée (sauf une très faible en avril) ;

2° Comme valeur, la comparaison entre les chiffres de 1894 et ceux du Résumé donne :

MOIS	OBSERVATIONS DU MATIN			OBSERVATIONS DE L'APRÈS-MIDI	
	en 1894		d'après le Résumé	en 1894	d'après le Résumé
Janvier	--1,66 1,67 } Moy. 1,02		0,75	2,36	2,37
Avril	−2,66 2,12 } Moy. −0,11		− 0,05	4,07	4,08
Juillet.	−3,43 1,96 } Moy. 0,57		0,72	3,43	3,78
Octobre.	−2,81 2,06 } Moy. 0,65		0,17	2,84	2,99

Les chiffres des moyennes ne diffèrent les uns des autres que par des dixièmes de degré, aussi bien pour une année seule que pour la moyenne des cinq, ce qui établit une concordance complète.

Mais ce que les derniers tableaux établissent en plus, c'est le régime très intéressant des inversions, lesquelles apparaissent dans tous les mois considérés avec une certaine régularité.

II. *Différence de l'amplitude des variations diurnes de température entre le sol et le sommet.*

Ces amplitudes, qui sont les différences entre le maximum et le minimum de chaque jour pour le Bureau central météorologique et la

Tour, sont portées dans les registres du Bureau et sont notées d'après les minima du matin et les maxima de l'après-midi, fournis par les courbes des enregistreurs.

Les tableaux des pages 116 et 117 donnent ces amplitudes pour tous les jours des quatre mois considérés.

Il résulte de ces tableaux que d'une manière générale la température est beaucoup moins variable au sommet de la Tour qu'au niveau du sol, ainsi que nous l'avons déjà vu.

Cette différence est surtout marquée en avril, où l'on rencontre des amplitudes de 14°,8 au Bureau central météorologique et 2°,6 à la Tour, soit une différence de 12°,2 ; 15°,8 au Bureau central météorologique et 7°,3 à la Tour, soit une différence de 8°,5, etc… De même en juillet, où ces différences atteignent 7°,8, 7°,1, etc. Elles sont moindres en octobre et très faibles en janvier. Les moyennes de ces différences sont résumées par le tableau qui suit :

DÉSIGNATION	JANVIER	AVRIL	JUILLET	OCTOBRE
Bureau central	4,15	9,93	9,21	5,99
Tour	4,12	6,19	6,87	4,17
Différence	0,03	3,74	2,34	1,82

Celles qui sont portées au Mémoire Résumé des moyennes de cinq années s'en écartent notablement ; elles figurent dans le tableau comparatif suivant :

DÉSIGNATION	JANVIER	AVRIL	JUILLET	OCTOBRE
Bureau central	2,75	9,26	7,88	5,61
Tour	1,31	5,12	4,98	2,78
Différence	1,44	4,14	2,90	2,83

Ce phénomène est donc assez variable d'une année à l'autre en valeur absolue, et paraît beaucoup moins constant que celui des différences de température entre le sol et le sommet.

Amplitude des va

DATES DU MOIS	JANVIER						AVRIL					
	B. C. M.			T. E.			B. C. M.			T. E.		
	min.	max.	ampl.	min.	max.	ampl.	min.	max.	ampl.	min.	max.	ampl.
1	— 5,0	2,4	7,4	— 3,7	1,3	5,0	9,0	21,1	12,1	10,6	15,8	5,2
2	— 0,8	1,7	2,5	— 2,7	— 2,1	0,6	7,7	20,4	12,7	10,3	16,3	6,0
3	— 6,9	—3,6	3,3	— 10,1	— 6,6	3,5	7,0	21,2	14,2	9,3	17,9	8,6
4	— 10,7	—9,5	1,2	— 13,8	—12,7	1,1	9,5	20,4	10,9	10,0	17,2	7,2
5	— 12,5	—3,9	8,6	— 15,6	— 4,9	10,7	10,7	22,6	11,9	10,7	18,6	7,9
6	— 4,1	1,0	5,1	— 7,0	0,1	7,1	10,6	24,8	14,2	13,9	21,1	7,2
7	— 0,9	1,3	2,2	— 2,8	— 0,5	2,3	8,9	24,7	15,8	13,0	20,3	7,3
8	— 1,9	1,8	3,7	— 2,5	1,5	4,0	11,0	23,7	12,7	11,3	18,9	7,6
9	— 2,5	3,3	5,8	— 1,7	4,3	6,0	11,5	22,7	11,2	13,1	18,8	5,7
10	1,3	5,5	4,2	0,1	10,4	10,3	11,4	24,9	13,5	11,6	22,5	10,9
11	2,0	7,7	5,7	4,6	11,0	6,4	11,2	25,7	14,5	14,2	21,3	7,1
12	3,0	10,0	7,0	4,0	8,1	4,1	10,4	15,2	14,8	7,9	10,5	2,6
13	2,0	6,9	4,9	3,5	9,4	5,9	7,9	15,7	7,8	4,5	11,8	7,3
14	4,1	7,2	3,1	3,7	9,8	6,1	8,1	17,5	9,4	6,9	13,3	6,4
15	6,1	9,1	3,0	4,3	5,6	1,3	9,8	14,2	4,4	8,3	11,5	3,2
16	5,0	8,1	3,1	3,4	6,4	3,0	10,8	17,5	6,7	8,0	13,5	5,5
17	7,6	11,5	3,9	6,1	9,3	3,2	9,0	16,9	7,9	6,5	12,3	5,8
18	6,0	7,3	1,3	2,9	9,6	6,7	7,8	16,0	8,2	6,2	11,9	5,7
19	5,1	8,6	3,5	3,8	5,9	2,1	8,1	15,7	7,6	6,4	12,5	6,1
20	7,1	8,5	1,4	5,1	6,1	1,0	9,3	15,0	5,7	6,3	11,0	4,7
21	5,5	10,1	4,6	4,1	7,3	3,2	8,0	11,1	3,1	4,4	6,6	2,2
22	7,1	8,9	1,8	4,2	6,2	2,0	6,0	13,6	7,6	4,1	8,4	4,3
23	4,3	6,6	2,3	1,5	3,3	1,8	5,0	19,5	14,5	5,2	16,3	11,1
24	— 0,9	3,8	4,7	— 0,9	1,8	2,7	8,5	18,4	9,9	5,7	14,3	8,6
25	— 0,2	5,1	5,3	— 1,9	2,1	4,0	8,3	20,9	12,6	11,2	15,7	4,5
26	0,1	5,8	5,7	— 2,1	3,6	5,7	11,0	19,9	8,9	8,8	16,1	7,3
27	2,4	7,6	5,2	1,7	5,0	3,3	9,0	16,2	7,2	5,9	12,2	6,3
28	6,9	8,5	1,6	4,8	5,8	1,0	6,9	16,0	9,1	4,4	11,4	7,0
29	1,2	7,3	6,1	— 0,2	4,8	5,0	8,8	14,2	5,4	5,0	9,3	4,3
30	2,9	9,4	6,5	2,0	7,3	5,3	4,9	18,4	13,5	5,3	13,7	8,4
31	6,2	10,2	4,0	5,0	8,3	3,3	»	»	»	»	»	»
Maxim . .			8,6			10,7			15,8			10,9
Minim . .			1,2			0,6			3,1			2,2
Moyenne.			4,15			4,12			9,93			6,19

.es du sol et du sommet.

DATES DU MOIS	JUILLET						OCTOBRE					
	B. C. M.			T. E.			B. C. M.			T. E.		
	min.	max.	ampl.	min.	max.	ampl.	min.	max.	ampl.	min.	max.	ampl.
1	16,9	32,1	15,2	20,0	27,7	7,7	6,5	14,1	7,6	4,4	10,0	5,6
2	18,3	30,6	12,3	22,2	26,7	4,5	8,2	14,8	6,6	5,5	10,4	4,9
3	15,0	22,0	7,0	11,6	17,4	5,8	9,3	13,5	4,2	6,0	10,4	4,4
4	12,7	22,5	9,8	10,8	19,1	8,3	8,6	11,9	3,3	5,3	9,6	4,3
5	13,7	27,2	13,5	14,3	23,2	8,9	9,1	13,3	4,2	6,4	10,0	3,6
6	15,8	32,7	16,9	19,8	29,6	9,8	10,1	13,5	3,4	8,0	10,5	2,5
7	16,5	24,7	8,2	13,6	21,2	7,6	10,7	17,3	6,6	9,0	15,4	6,4
8	13,7	25,0	11,3	11,6	20,8	9,2	7,9	18,7	10,8	11,9	15,5	3,6
9	14,7	24,6	9,9	11,2	20,9	9,7	8,0	18,2	10,2	12,2	15,4	3,2
10	16,0	20,8	4,8	13,2	17,4	4,2	8,2	16,7	8,5	11,6	16,0	4,4
11	12,8	21,5	8,7	9,5	17,2	7,7	8,8	16,7	7,9	11,6	14,4	2,8
12	14,3	21,0	6,7	11,4	17,2	5,8	12,2	16,5	4,3	9,9	13,9	4,0
13	12,0	22,8	10,8	10,2	19,2	9,0	6,4	15,9	9,5	8,6	13,1	4,5
14	13,5	19,4	5,9	11,5	15,4	3,9	7,8	14,2	6,4	9,3	10,8	1,5
15	12,4	21,0	8,6	10,9	16,3	5,4	5,5	11,6	6,1	3,6	8,3	4,7
16	13,0	21,0	8,0	10,5	17,3	6,8	5,0	10,7	5,7	3,9	7,7	3,8
17	16,6	20,5	3,9	14,0	17,2	3,2	3,2	8,6	5,4	1,5	5,6	4,1
18	14,5	21,4	6,9	11,9	17,3	5,4	1,6	6,7	5,1	3,2	5,1	1,9
19	12,5	19,8	7,3	10,0	15,9	5,9	3,6	10,7	7,1	1,9	8,2	6,3
20	11,7	20,2	8,5	10,1	17,4	7,3	6,6	11,4	4,8	3,9	10,4	6,5
21	15,5	27,1	11,6	14,1	22,6	8,5	6,1	14,3	8,2	4,6	11,1	6,5
22	14,7	27,8	13,1	13,1	24,9	11,8	8,9	16,5	7,6	7,0	14,1	7,1
23	19,8	28,7	8,9	18,7	26,1	7,4	12,8	17,6	4,8	10,9	14,3	3,4
24	17,8	28,8	11,0	16,6	25,3	8,7	9,8	15,4	5,6	11,0	14,2	3,2
25	16,9	23,9	7,0	14,8	20,2	5,4	10,8	13,6	2,8	9,2	11,2	2,0
26	14,8	22,7	7,9	12,1	18,6	6,5	10,3	14,7	4,4	8,6	13,5	4,9
27	13,6	23,5	9,9	15,0	20,1	5,1	12,2	16,2	4,0	10,3	13,3	3,0
28	15,9	27,2	11,3	16,9	24,4	7,5	10,3	14,7	4,4	8,2	12,3	4,1
29	16,8	25,8	9,0	18,1	22,5	4,4	9,3	16,0	6,7	8,3	13,1	4,8
30	14,6	18,4	3,8	11,4	16,3	4,9	12,6	16,4	3,8	10,0	13,4	3,4
31	14,2	22,1	7,9	12,3	10,0	6,7	11,6	17,3	5,7	11,2	15,2	4,0
Maximum . . .			16,9			11,8			10,8			7,1
Minimum . . .			3,8			3,2			2,8			1,5
Moyenne. . . .			9,21			6,87			5,99			4,17

§ 5. — Observations des températures de 1890 à 1893.

Nous retrouvons des conclusions tout à fait analogues à celles que nous a fourni l'examen détaillé de l'année 1894, en prenant les résultats généraux des années 1890 à 1893 que nous résumons dans les tableaux ci-dessous :

Nombre des inversions de température.

ANNÉES	MATIN				SOIR				TOTAL		PROPORTION 0/0 des inversions du matin
	Janv.	Avril	Juillet	Oct.	Janv.	Avril	Juillet	Oct.	Matin	Soir	
1890	6	7	6	14	1	0	0	0	33	1	27
1891	11	9	10	9	5	0	0	0	39	5	32
1892	7	15	11	12	2	0	0	0	45	2	37
1893	10	21	10	13	2	0	0	0	54	2	44
Totaux. . .	34	52	37	46	10	0	0	0	171	10	
Moyennes	8,5	12,3	9,2	11,5	8,5	0	0	0	43	2	

Différences maxima entre la base et le sommet. (Les signes — correspondent aux inversions.)

ANNÉES	MATIN								SOIR							
	Janvier		Avril		Juillet		Octobre		Janvier		Avril		Juillet		Octobre	
	+	—	+	—	+	—	+	—	+	—	+	—	+	—	+	—
1890 . . .	4,0	7,6	5,0	3,2	4,0	4,1	2,7	8,7	4,0	1,3	5,6	»	6,0	»	4,8	»
1891 . . .	3,9	8,4	3,2	2,7	2,8	4,2	3,7	3,8	3,5	5,4	5,0	»	5,5	»	5,2	»
1892 . . .	3,7	4,5	3,7	6,0	3,3	4,8	3,0	5,1	3,7	1,2	5,1	»	5,3	»	3,7	»
1893 . . .	4,0	6,0	2,7	9,1	3,4	4,4	2,4	3,5	3,8	1,4	5,6	»	4,5	»	3,8	»
Moy. (1).	3,9	6,37	3,65	5,25	3,37	4,42	2,95	5,27	3,75	2,32	5,32		5,32		4,37	

	Matin	Soir
Maximum moyen pour l'année	+ 3,47	+ 4,69
	— 5,33	— 2,32

(1) Ces moyennes ainsi que celles des deux tableaux suivants ne sont indiquées que comme une représentation numérique facilitant les comparaisons.

Différences moyennes entre la base et le sommet (Les signes — correspondent aux inversions).

ANNÉES	MATIN JANVIER +	MATIN JANVIER −	MATIN AVRIL +	MATIN AVRIL −	MATIN JUILLET +	MATIN JUILLET −	MATIN OCTOBRE +	MATIN OCTOBRE −	SOIR JANVIER +	SOIR JANVIER −	SOIR AVRIL +	SOIR AVRIL −	SOIR JUILLET +	SOIR JUILLET −	SOIR OCTOBRE +	SOIR OCTOBRE −	MOYENNES MATIN +	MOYENNES MATIN −	MOYENNES SOIR +	MOYENNES SOIR −
1890	2,40	3,20	2,13	1,19	2,54	2,97	1,50	3,88	2,93	1,30	3,91	»	4,17	»	3,34	»	2,14	2,81	3,57	1,30
1891	1,90	3,13	1,60	1,20	1,86	1,13	2,01	2,55	2,35	2,45	3,69	»	4,06	»	3,24	»	1,84	1,95	3,40	2,45
1892	2,09	2,50	1,90	2,03	1,83	1,55	1,64	1,49	2,79	0,65	4,15	»	4,04	»	2,69	»	1,87	1,89	3,42	0,65
1893	1,65	2,89	1,49	3,87	1,51	2,91	1,63	1,75	2,56	1,35	4,49	»	3,27	»	2,85	»	1,57	2,86	3,19	1,35
Moyennes	2,01	2,93	1,78	2,07	1,94	2,14	1,69	2,39	2,71	1,44	4,06		3,89		3,03					

Moyennes générales du mois . . . . . . { Matin + 1,85 / − 2,38 } { Soir + 3,42 / − 1,44 }

Amplitudes de température pour la base et le sommet (Chacune des moyennes ci-dessous est la moyenne des amplitudes du mois).

ANNÉES	JANVIER B.C.M. min	max.	moy.	JANVIER T.E. min	max.	moy.	AVRIL B.C.M. min	max.	moy.	AVRIL T.E. min	max.	moy.	JUILLET B.C.M. min	max.	moy.	JUILLET T.E. min	max.	moy.	OCTOBRE B.C.M. min	max.	moy.	OCTOBRE T.E. min	max.	moy.
1890	1,2	9,2	4,78	0,9	12,0	4,15	1,2	15,5	8,75	1,0	11,4	6,64	1,8	15,9	9,47	4,1	11,4	7,08	3,2	15,5	8,48	1,7	8,5	4,84
1891	0,5	9,4	4,70	0,8	7,4	4,18	3,8	14,8	8,60	2,4	12,0	5,96	4,4	13,5	9,18	3,5	10,7	5,95	1,8	15,1	6,93	1,8	12,2	5,12
1892	1,2	7,4	3,96	0,7	12,5	3,87	3,6	16,6	10,93	3,2	11,3	7,23	5,1	15,2	10,77	4,2	13,4	8,21	1,0	11,0	5,63	0,3	14,8	4,62
1893	0,5	9,0	3,97	0,5	12,3	4,15	7,4	18,8	14,04	5,0	11,6	8,38	4,2	15,6	9,22	3,0	11,6	6,69	2,2	11,4	6,31	0,4	7,6	4,05
Moy.			4,35			4,08			10,58			7,05			9,66			6,98			6,84			4,65

Différence moyenne des amplitudes dans la base et le sommet. . . . . 2°.17

L'examen de ces tableaux (p. 118 et 119) donne lieu aux remarques suivantes :

1° Les inversions se produisent à peu près uniquement le matin ; leur nombre est maximum en avril et en octobre. En ne considérant que les observations du matin, le rapport du nombre des inversions au nombre total des observations a été au minimum de 27 et s'est élevé jusqu'à 44 p. 100.

C'est donc un phénomène d'une extrême fréquence.

2° Le maximum des différences entre la base et le sommet est compris dans le cas normal, et pour le matin, entre 3° et 4°; pour le soir, entre 4° et 5°.

Dans le cas d'inversion, le maximum du matin est compris entre 4° et 6°, c'est-à-dire que la différence de température est dans ce cas notablement plus forte que la différence positive normale.

3° Quant aux différences moyennes, elles sont de 2° dans le cas normal et pour le matin ; pour le soir, elles sont comprises entre 3° et 4°.

Dans le cas d'inversion, la moyenne du matin est comprise entre 2° et 3°, c'est-à-dire nettement supérieure à la différence positive dans le cas normal; pour le soir, l'inversion est négligeable en raison de sa rareté.

4° Enfin, quant aux amplitudes journalières de la température au Bureau central et au sommet de la Tour, nous reconnaissons comme précédemment que ces amplitudes sont beaucoup moindres au sommet qu'au niveau du sol; la différence moyenne est de 2°,17 : elle est maximum en avril où elle atteint 3°,53.

§ 6. — Observations spéciales de températures et de vents.

M . Barbé, aide-météorologiste au Bureau central météorologique, nous a communiqué les très intéressants documents suivants sur certains cas particuliers de température et de vent.

I. — Température.

La figure 19 représente la marche de la température pendant une période de six jours consécutifs, du 13 au 18 janvier 1898.

Pendant toute cette période, le baromètre est resté très élevé (776 à 778 mm au niveau de la mer); le temps était constamment couvert ou brumeux en bas et le sommet de la Tour resta complètement invisible du Bureau météorologique. Le vent, très faible, d'entre N. et E., tourne légèrement au S.-S.-O. et au S.-O., tout en restant très faible en haut et en bas, du matin du 17 jusqu'au 18 inclus; il ne s'établit bien franchement des régions O. qu'à partir du 19.

Le 13, il gèle en haut et en bas, et tous les thermomètres de la Tour sont recouverts de givre. Le 15, l'inversion commence; le brouillard ne s'élève plus que jusqu'à près de 200 m, et l'observateur placé au sommet de la Tour, et même seulement à la plate-forme intermédiaire, jouit du soleil et d'un ciel remarquablement pur; il en est de même les 17 et 18 janvier. L'inversion atteint alors son maximum (près de 12° à 10 heures du matin le 18 janvier). Chose remarquable, l'amplitude de la variation diurne est plus grande au sommet de la Tour que dans la cour du Bureau central près du sol. Elle atteint 6°,7 à la Tour et seulement 5° dans la cour le 18 janvier.

La courbe de la figure 20 est plus récente et montre une inversion remarquable qui s'est produite du 20 au 25 octobre 1899. Elle correspond de même à une période de hautes pressions (773 à 770 mm au niveau de la mer), à des vents calmes ou faibles des régions E. qui amènent des brumes et des brouillards à Paris. Pendant le jour, la brume peu épaisse permet l'échauffement des régions inférieures par l'action des rayons solaires et la variation diurne est assez prononcée près du sol; elle dépasse 10° le 22 octobre. L'inversion est maxima vers 7 heures du matin le 23; elle prend fin le 25 au matin où le vent tourne au S.-E. pour atteindre le S.-O. le 27.

Ces inversions de janvier 1898 et octobre 1899 précèdent toutes deux un changement de temps qui se manifeste au sol quand l'inversion prend fin. On note en effet de la pluie le 19, puis le 21 janvier 1898; des gouttes de pluie le 21 et du brouillard et de la pluie le 27 octobre 1899.

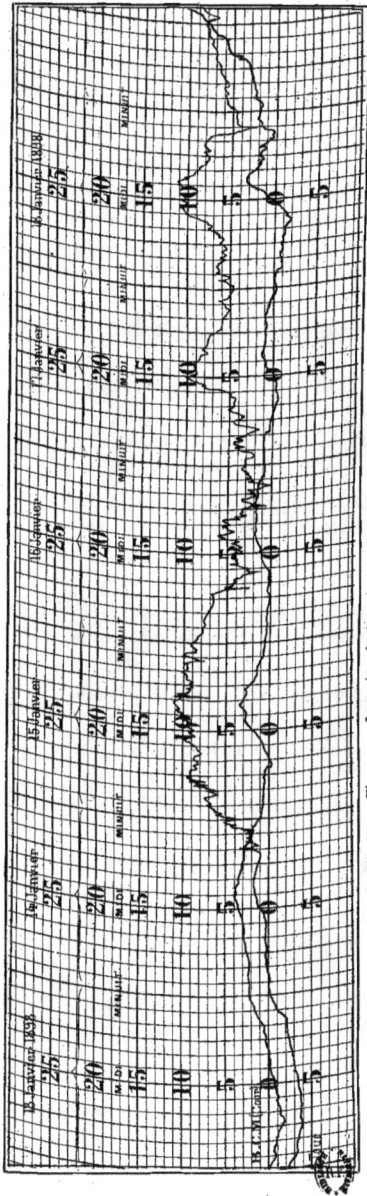

Fig. 19. — Inversion de température du mois de janvier 1898.

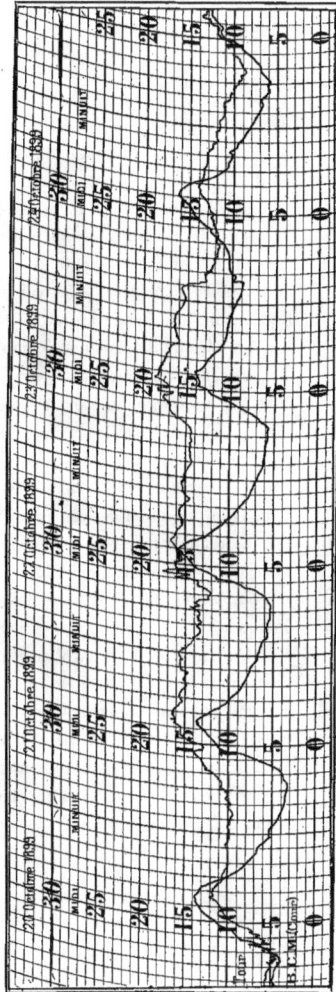

Fig. 20. — Inversion de température du mois d'octobre 1899.

Les courbes des figures 21 et 22 représentent les variations de la température aux dates où elle a été le plus élevée au sommet de la Tour.

Le 18 août 1893 et le 4 août 1899, elle atteint 33°,0.

Dans la cour du Bureau météorologique, elle atteignait respectivement, le 18 août 1893, 35°,8, et le 4 août 1899, 34°,1 ; elle arrivait encore à 34°,2 le 5 août 1899. Ces valeurs furent dépassées dans la cour du Bureau, mais la température de la Tour n'atteignit pas 33°,0.

La période de chaleurs du mois d'août 1893, qui correspondait à un état orageux de l'atmosphère, avec pression moyenne, s'est terminée, en effet, par un orage qui a éclaté vers 6^{h}35^m du matin, le 19 août.

La période chaude du mois d'août 1899 a été brusquement interrompue par un orage violent qui a éclaté à 8^{h}30^m du soir environ, le 5 août. De nombreux éclairs très intenses sillonnèrent le ciel toute la nuit, et la pluie tomba avec abondance.

La température, qui avait commencé à baisser lorsque le ciel commençait à se couvrir, tombe brusquement de 26°,7 à 16°,3 au sommet de la Tour, et de 26°,8 à 19°,8 seulement dans la cour du Bureau météorologique.

Un autre exemple d'abaissement brusque de la température sous l'action de la pluie est donné par la courbe de la figure 23, mais avec une importance moins grande. Il est à remarquer que la pluie, qui a troublé complètement la marche diurne de la température dans la cour du Bureau, paraît n'avoir influencé celle de la Tour que pendant moins de deux heures ; en effet, la courbe reprend à ce moment son allure normale, créant ainsi une inversion qui dure jusqu'à minuit.

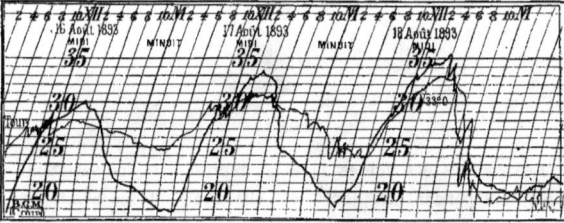

Fig. 21. — Maximum de température, août 1893.

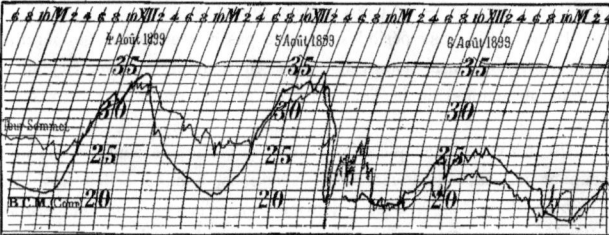

Fig. 22. — Maximum de température, août 1899.

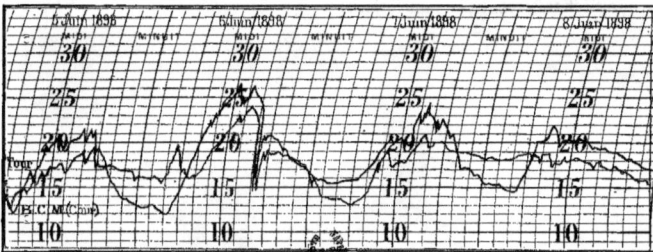

Fig. 23. — Abaissement brusque de température, juin 1898.

Les courbes des figures 24 et 25 représentent les variations de la température pendant les jours où elle a atteint ses points les plus bas à la Tour Eiffel-sommet, — 15°,4 le 4 février 1895 et — 15°,6 le 5 janvier 1894.

Dans la cour du Bureau météorologique, elle n'atteint que — 12°,3 le 4 février 1895 et — 12°,5 le 5 janvier 1894.

Pendant ces deux périodes, il n'y a pas d'inversion de température et la variation diurne paraît la même en haut et en bas. Seuls, les minima au sommet de la Tour sont un peu en retard sur ceux de la cour.

Il est à remarquer que dans toutes les parties de courbes que nous donnons ici, sauf quelques rares exceptions, comme celles des 3 et 4 février 1895, des 3, 4 et 5 janvier 1894, l'inversion de température entre le sommet et la cour est nettement marquée pendant la nuit. Il fait beaucoup plus chaud au sommet de la Tour que près du sol où l'abaissement de la température pendant la nuit est beaucoup plus grand, ainsi que l'échauffement pendant le jour.

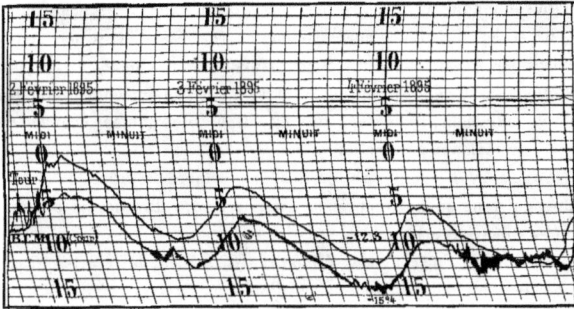

Fig. 24. — Minima de température, février 1895.

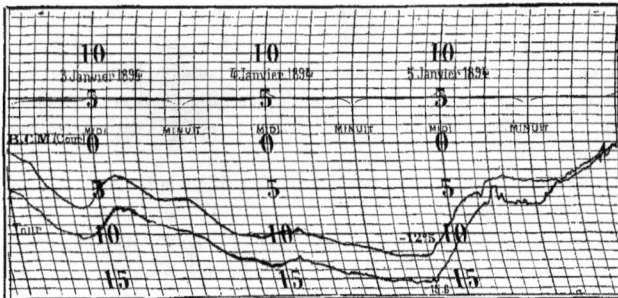

Fig. 25. — Minima de température, janvier 1894.

II. — Vitesse et direction du vent.

Nous donnons ci-dessous quelques courbes de vitesses moyennes du vent et les directions correspondantes relevées d'heure en heure, obtenues par les anémomètres Richard installés au sommet de la Tour, à 305 m au-dessus du sol, et sur la terrasse du Bureau météorologique, à 20,9 m seulement, mais dans une situation suffisamment dégagée par rapport aux maisons environnantes.

Nous y avons joint les parties de quelques courbes de vitesse absolue du vent au sommet de la Tour lorsque cette vitesse a atteint quelques valeurs remarquables.

Les courbes de la figure 26 montrent nettement les écarts qui peuvent exister entre les vitesses et les directions du vent près du sol et à une hauteur plus grande dans l'atmosphère.

Les 12 et 13 juin 1897, la pression barométrique était voisine de la normale quoique en baisse, la température en hausse et le ciel sans nuages.

Les courbes des vitesses du vent à 305 m et près du sol sont irrégulières pendant le jour; celle de la terrasse y atteint son maximum vers 5 heures de l'après-midi pendant que celle de la Tour est à son minimum; elles deviennent toutes deux plus régulières la nuit, mais en s'écartant de plus en plus, la vitesse à la Tour atteignant son maximum (18 m) vers 1 heure du matin, tandis qu'à la terrasse elle devient presque nulle.

La direction du vent est pendant cette journée à la terrasse toujours à gauche de celle de la Tour.

Les courbes de la figure 27 (21, 22 juillet 1899) présentent la même allure que celles de la figure 210 jusqu'à près de 1ʰ20ᵐ du matin, où la vitesse du vent à la Tour s'abaisse brusquement de 21 m à 4 m par seconde avec direction variable; elle arrive même, à 3ʰ30ᵐ du matin, à être inférieure à celle observée à la terrasse, où le vent s'est élevé quelques minutes plus tôt qu'à la Tour. Un coup de vent qui atteint 23 m par seconde se produit à la Tour à 6ʰ15ᵐ du matin, au moment où éclate un orage sur Paris; le coup de vent ne se produit à la terrasse qu'à 7ʰ10ᵐ du matin et atteint seulement 10 m par seconde.

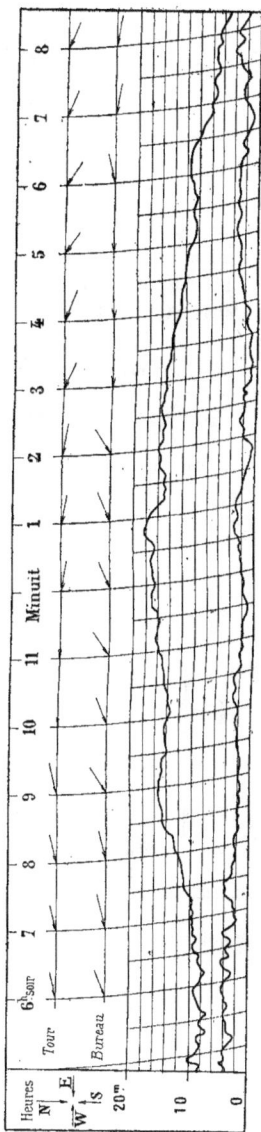

Fig. 26. — Écarts de direction et de vitesse du vent entre la Tour et le Bureau central, juin 1897.

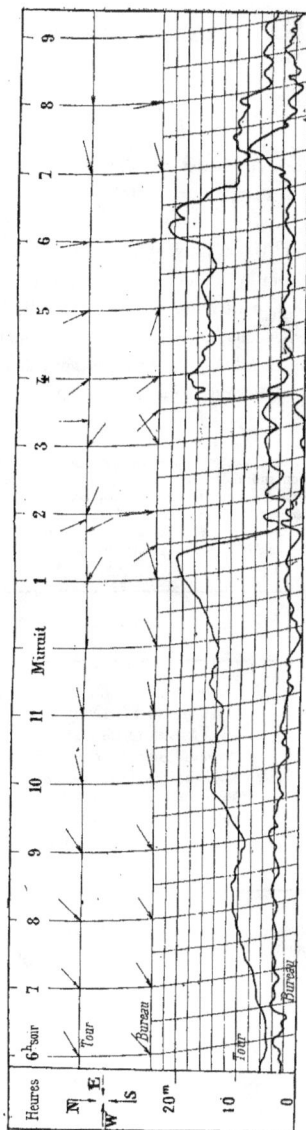

Fig. 27. — Écarts de direction et de vitesse du vent entre la Tour et le Bureau central, juillet 1899.

17

Les courbes de la figure 28 correspondent à la journée orageuse du 18 juin 1897, où une trombe a ravagé la banlieue nord de Paris, du Mont Valérien à la plaine Saint-Denis, en passant par Bois-Colombes, Asnières et Saint-Ouen. Le vent a atteint à 6ʰ32ᵐ du soir 28 *m* de vitesse moyenne à la Tour (1) et seulement 7,8 *m* à la terrasse. L'enregistreur de vitesse absolue, dont nous donnons la partie la plus intéressante de la courbe, n'a pas accusé plus de 34 *m* par seconde, un peu après 6ʰ37ᵐ du soir. A quelques kilomètres de là, le vent démolissait des maisons et arrachait des peupliers de 20 *m* de hauteur.

(1) Les vitesses en mètres par seconde correspondant aux différentes désignations du vent sont indiquées dans tous les aide-mémoire français.

Nous donnons ci-dessous celles usitées en Angleterre (*Quaterly journal of the Royal meteorological Society*, janvier 1899), d'après l'échelle de Beaufort. (L'anémomètre actuellement préféré pour les expériences de cette nature est l'anémomètre *à pression* de M. W.-H. Dines. *Quaterly journal*, vol. XIX, p. 19).

ÉCHELLE de Beaufort	DÉSIGNATION DU VENT	VITESSE en milles (1.609,31 *m*) par heure	VITESSE en kilomètres par heure	VITESSE en mètres par seconde
0	Calme.	0	0	0
1	Light airs (petite brise)	3	4,8	1,33
2	Light breeze (brise légère)	9	14,5	4,0
3	Moderate breeze (brise modérée). . .	16	25,7	7,1
4	Fresh breeze (brise fraîche).	24	38,6	10,7
5	Strong breeze (forte brise)	34	54,7	15,3
6	Gale (vent très fort).	42	67,6	18,8
7	Strong gale (vent impétueux)	55	88,5	24,6
8	Hurricane (tempête)	70	112,7	31,3

(L'ouragan commence à une vitesse de 40 *m* ; il atteint quelquefois 45 *m* au sommet de la Tour.)

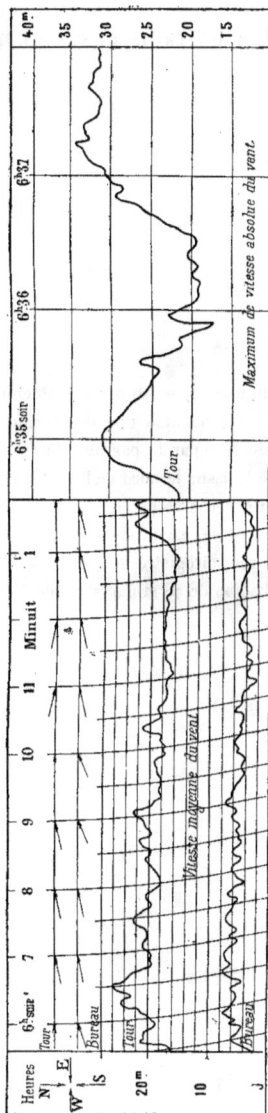

Fig. 28. — Orage du 18 juin 1897.

Les courbes des figures 29 et 30 ont été obtenues dans la journée du 3 mars 1896 et correspondent à une dépression barométrique profonde (739 mm), occasionnée par le passage d'une violente bourrasque dont le centre se trouve le 3 sur le nord de l'Angleterre. Les courbes des vitesses moyennes sont à peu près parallèles ; leurs maxima, 31,5 m à la Tour et 13,5 m à la terrasse, se produisent tous deux ensemble vers 2^{h}25^m de l'après-midi. On a enregistré à la Tour deux coups de vent qui ont atteint la vitesse absolue de 39 m par seconde (fig. 30) vers 12^{h}50^m et 1^{h}4^m de l'après-midi.

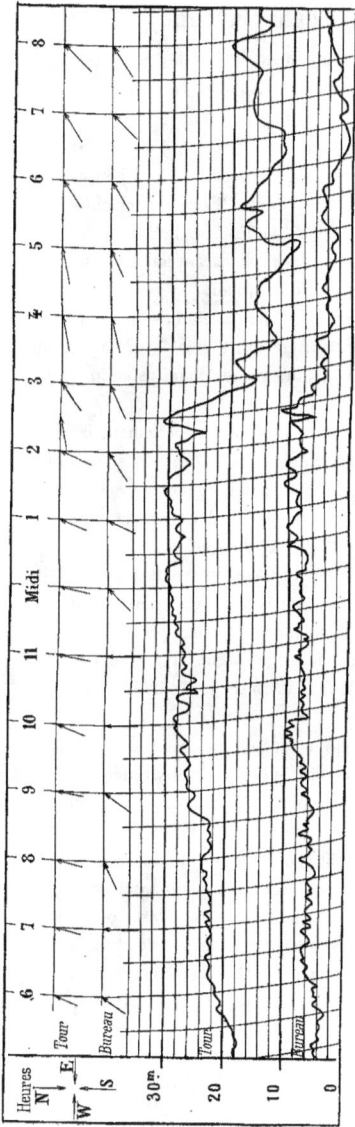

Fig. 29. — Tempête du 3 mars 1896

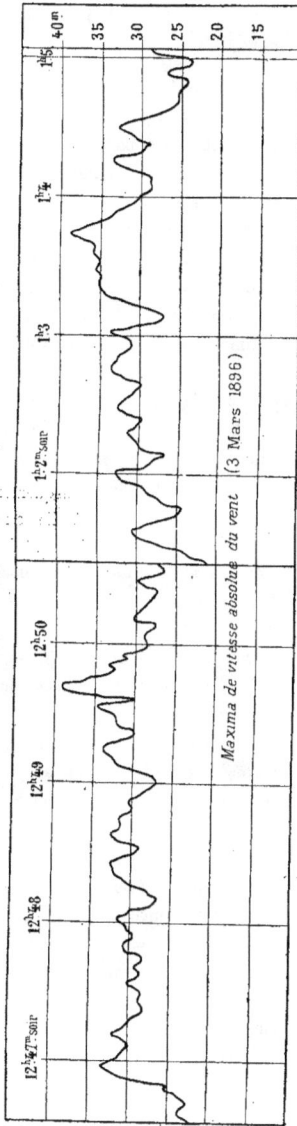

Maxima de vitesse absolue du vent (3 Mars 1896)

Fig. 30. — Tempête du 3 mars 1896.

Les courbes de la figure 31 correspondent à une des plus violentes tempêtes qui aient sévi sur Paris depuis 1889, celle du 12 novembre 1894. A 7 heures du matin, le centre de la bourrasque se trouvait à l'entrée de la Manche où le baromètre avait baissé dans la nuit de 19 mm (I. Scilly, 732,5 mm); il atteignait le Danemark le 13 novembre à 7 heures du matin, après avoir fait sentir son action sur toute l'Europe occidentale et particulièrement sur le nord et le centre de la France. Le vent a atteint deux fois à la Tour la vitesse moyenne de 42 m par seconde à 6^h13^m et 6^h18^m du soir; il y a eu 13,7 à la terrasse du Bureau.

Les courbes de la figure 32 ont été obtenues à l'anémomètre du sommet de la Tour pendant un violent orage qui a éclaté sur la région de Paris le 6 septembre 1899. Ce fut la plus grande manifestation d'une période orageuse qui dura du 5 au 10 septembre.

L'allure de la courbe de vitesse moyenne indique nettement la violence du coup de vent qui commença exactement à 8^h52^m du soir, où la vitesse du vent s'élève brusquement de 4 m par seconde, vitesse relativement faible, à 42 m, où elle se maintient pendant deux à trois minutes, pour diminuer progressivement de 9^h3^m à 9^h15^m du soir, et devenir à nouveau assez faible une demi-heure plus tard. Ce coup de vent, qui soulevait des tourbillons épais de poussière et occasionna quelques dégâts à Paris, avait été précédé de nombreux et violents éclairs qui illuminaient le ciel depuis 7 heures du soir; il fut accompagné d'une chute très intense de pluie et de grêle qui donna 38 mm aux pluviomètres du Bureau météorologique.

L'enregistreur de vitesse absolue a accusé un maximum de 44 m par seconde, entre 9 heures et 9^h1^m du soir; c'est la plus grande vitesse absolue qui ait pu être enregistrée jusqu'à présent au sommet de la Tour.

Les parties pointillées des courbes du 12 novembre 1894 et du 6 septembre 1899 ont été obtenues au moyen du compteur totalisateur de l'espace parcouru par le vent, qui donne un contact tous les 5.000 tours du moulinet, c'est-à-dire tous les 5.000 m parcourus par le vent; on a divisé ces 5.000 mètres d'espace parcouru par le temps employé à les parcourir mesuré sur le cylindre de l'appareil au moyen de la distance entre deux contacts successifs.

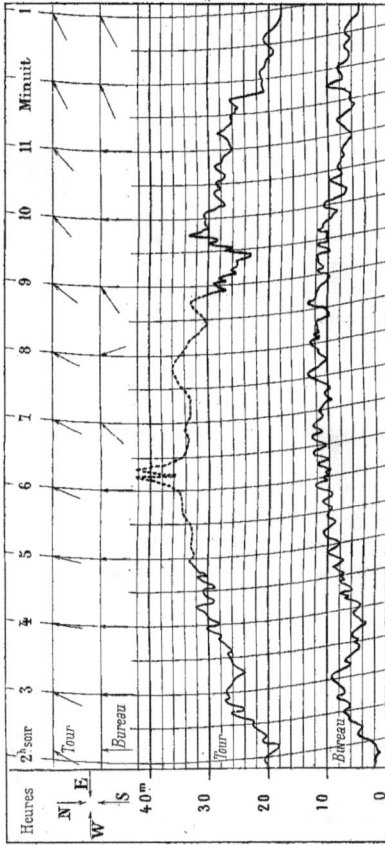

Fig. 31. — Tempête du 12 novembre 1894.

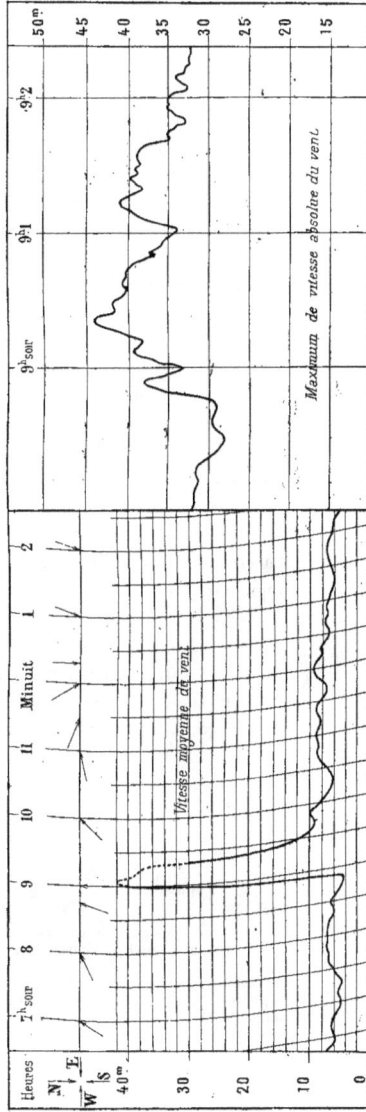

Fig. 32. — Orage du 6 septembre 1899.

§ 7. — Travaux de M. Langley.

Il est intéressant de rapprocher ces résultats de ceux que renferme le mémoire publié par M. S. P. Langley, secrétaire de l'Institut Smithson de Washington (*Revue de l'Aéronautique*, 1893, 3ᵉ livraison). Ce mémoire a pour titre : *Le travail intérieur du vent.*

M. Langley s'est servi pour ses expériences d'anémomètres Robinson particulièrement légers (1) dans lesquels l'enregistrement électrique se faisait à chaque demi-révolution sur un chronographe astronomique ordinaire, lequel était placé sur le sol de la Tour de 47 *m* de hauteur où se faisaient les observations. Voici ce que dit M. Langley au sujet des diagrammes qui figurent dans son mémoire.

« Ces diagrammes mettent en lumière cette particularité remarquable que les fluctuations du vent sont d'autant plus accentuées que la vitesse absolue de celui-ci est plus considérable.

« Ainsi, par un vent violent, l'air se meut en une masse tumultueuse où la vitesse peut s'élever à un moment donné jusqu'à 64,4 *km* à l'heure (17,90 *m/s*) pour tomber presque instantanément jusqu'au calme, reprendre ensuite, etc.

« Ce fait, qu'un calme local absolu peut se produire momentanément par un vent fort prédominant, m'a vivement frappé pendant les observations du 4 février. En levant les yeux vers le léger anémomètre dont la rotation était si rapide qu'on ne pouvait distinguer séparément les coupes, je vis tout à coup celles-ci s'arrêter un instant, puis reprendre

---

(1) L'anémomètre ordinaire Robinson de l'Institution Smithsonienne avec coupes en aluminium était construit sur les données suivantes :

Diamètre entre les centres des coupes opposées. . .	0,34 *m*
Diamètre des coupes	10,16 *cm*
Poids des bras et des coupes.	241 *g.*
Moment d'inertie.	40,710 *gcm*²

On en fit construire un autre de mêmes dimensions, mais beaucoup plus léger. Le poids était de 48 *g* et le moment d'inertie de 11,946 *gcm*², ce qui est déjà un résultat satisfaisant.

Celui qui finalement a été construit par M. Langley lui-même a un diamètre moitié moindre que le modèle habituel, soit 0,17 *m*. Les hémisphères sont remplacés par des cônes du poids total de 5 *g*. Le moment d'inertie est seulement de 300 *gcm*², ce qui est tout à fait remarquable pour un appareil ayant résisté aux vents de tempête.

leur grande vitesse de rotation, le tout en moins d'une seconde ; cette remarque confirma mes soupçons sur l'insuffisance de l'enregistrement

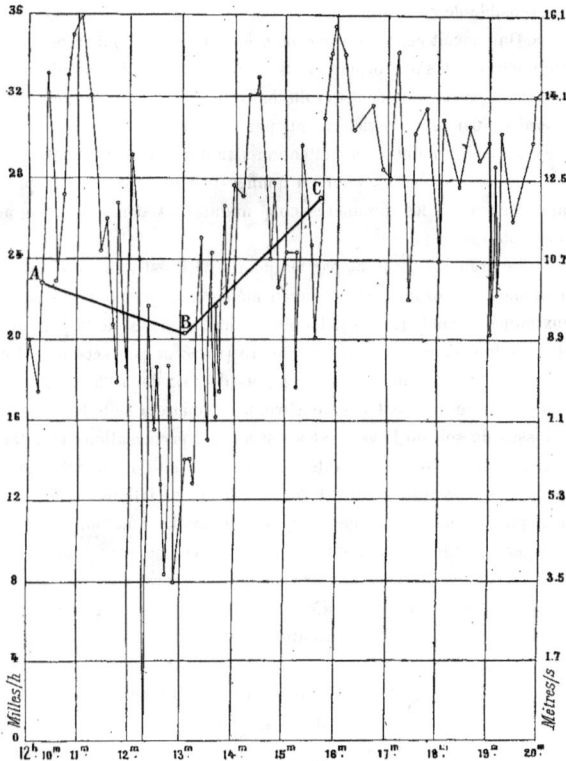

Fig. 33.

chronographique des indications d'un anémomètre même exceptionnellement léger, pour exprimer la rapidité réelle de ces variations intérieures.
Puisque la vitesse est comptée d'après l'intervalle mesuré entre deux
contacts électriques, un arrêt instantané, comme celui que j'ai observé

18

fortuitement, sera représenté sur l'enregistreur comme un simple ralentissement du vent, et des faits aussi significatifs que ceux que je viens
de citer passeront nécessairement inaperçus, même avec l'appareil le
plus sensible de ce genre.

« On conçoit cependant que plus les contacts seront fréquents, plus
l'enregistrement s'approchera de la réalité ; aussi ai-je eu soin d'établir
un contact par chaque demi-révolution du moulinet, ce qui donne lieu en
général à plusieurs enregistrements par seconde.

« J'appelle maintenant l'attention sur des enregistrements effectifs
de variations rapides et, pour en donner une idée précise, je prendrai
comme exemple les premières cinq minutes et demie du diagramme
représenté figure 33.

« Le trait fort passant par les points ABC est le tracé obtenu avec
un anémomètre ordinaire du Bureau météorologique pour le passage de
deux milles de vent (3.220 m). La vitesse qui, au début de la période considérée, était d'environ 37 km à l'heure (10,28 m par seconde), tombe,
pendant le premier mille, à un peu plus de 32,2 km à l'heure (8,95 m/s).
C'est là l'enregistrement anémométrique ordinaire à cette hauteur (47 m)
au-dessus du sol, où le vent est soustrait aux perturbations résultant du
voisinage immédiat des inégalités terrestres, et où l'on admet communé-
ment que sa direction seule est soumise à des variations occasionnelles,
ainsi que le montre en effet la girouette, tandis que son mouvement
serait assez régulier pour qu'on puisse le considérer, pour un court
intervalle de deux à trois minutes, et dans les circonstances ordinaires,
comme approximativement uniforme. C'est donc là ce qu'on appelle « le
vent », c'est-à-dire le vent conventionnel des traités d'aérodynamique, où
on ne le considère que sous l'aspect d'un courant pratiquement continu.

« Mais il en est tout autrement si l'on examine le tracé enregistré
dans le même temps, de seconde en seconde, avec un anémomètre exceptionnellement léger. La vitesse initiale de 37 km à l'heure (10,28 m/s) à
midi 10'18" s'élève en 10 secondes à 53 km (14,70 m/s), revient, dans les
10 secondes suivantes, à sa valeur primitive, remonte ensuite en
30 secondes jusqu'à 58 km/h (16,10 m/s) et ainsi de suite avec des alternatives analogues comprenant même, à un certain moment, un calme
absolu.

« On voit aussi que la vitesse a passé par 18 maxima notables et par autant de minima, l'intervalle moyen entre un maximum et un minimum étant d'un peu plus de 10 secondes et la moyenne des changements de vitesse pendant ce temps d'environ 16 *km* par heure (4,45 *m/s*). »

Il est à désirer que des expériences de ce genre puissent être continuées à l'aide d'anémomètres d'une extrême légèreté et de l'appareil à indications rapides du Bureau.

On pourra alors se représenter ce phénomène, si peu connu et d'un si grand intérêt, qu'est le vent, et dont nous ne mesurons avec quelque certitude ni la vitesse ni la pression. Les moyennes de vitesse que nous donnent plus ou moins approximativement les instruments usuels n'ont, tout au moins au point de vue de l'ingénieur et de la stabilité des constructions, qu'un très faible intérêt.

Les *pulsations* du vent, avec leurs intensités réelles à chaque instant, ont au contraire une importance capitale qui reste à déterminer.

CHAPITRE IV

PHÉNOMÈNES PHYSIQUES

I. — ÉLECTRICITÉ ATMOSPHÉRIQUE

§ 1. — Conductibilité électrique de la Tour et de ses prises de terre.

Nous rappellerons d'abord qu'au moment de la construction une Commission spéciale, composée de M. Becquerel, membre de l'Institut, de M. Mascart, membre de l'Institut et directeur du Bureau central météorologique, et de M. Georges Berger, président honoraire de la Société Internationale des électriciens, avait indiqué les mesures spéciales à prendre pour protéger la Tour contre l'action de la foudre.

Nous extrayons du rapport de cette Commission les passages suivants :

« La Tour de 300 m pourra jouer le rôle d'un immense paratonnerre protégeant un très large espace autour d'elle, à condition que sa masse métallique soit en communication parfaite avec la couche aquifère du sous-sol par le moyen de bons conducteurs.

« Grâce à ces précautions, l'intérieur de l'édifice, avec les personnes qui s'y trouveront abritées, sera absolument assuré contre tout accident pouvant provenir des coups de foudre fréquents qui frapperont infailliblement les parois de la Tour à différentes hauteurs.

« Pour réaliser la non-isolation de la Tour dans les meilleures conditions, on noiera dans la couche aquifère des conducteurs métalliques à grande section, émergeant du sol et mis en communication avec les parties métalliques basses de la Tour, au moyen de câbles, de barres ou de lames de cuivre à grandes sections. »

Nous avons indiqué précédemment comment il avait été obéi à ces prescriptions pour les prises de terre. Nous ajouterons seulement, au point de vue des paratonnerres, que celui qui surmonte le campanile est du système Melsens; il est terminé par trois pointes inclinées de 1,50 m de longueur et il a une longueur totale de 10,79 m. On a en outre disposé sur le balcon supérieur de la 3e plate-forme, à raison de deux par face, huit paratonnerres inclinés de même type.

Il était essentiel de s'assurer que les prises de terre répondaient bien au but que l'on s'était proposé.

Une première détermination de cette résistance a été faite en janvier 1889 par M. G. Borrel. La méthode employée a été celle du pont de Wheatstone, modifiée par M. E. Guérin, capitaine à la section technique de l'artillerie. La plus grande résistance trouvée est de 4 ohms 125 (terres de la pile 3) et la moindre de 1 ohm 05 (terres de la pile 4). La valeur maximum que doit présenter la résistance d'une bonne terre de paratonnerre étant admise à 15 ohms, on reconnaît que la terre la plus résistante est 3 1/2 fois moindre que la limite indiquée, c'est-à-dire que ces prises de terre sont dans les meilleures conditions.

En août 1889, M. A. Terquem, chef d'escadron d'artillerie, a fait de nouvelles expériences très précises sur la conductibilité électrique de la Tour et de ses prises de terre; elles sont relatées dans une Note présentée à l'Académie des Sciences le 2 décembre 1889, que nous reproduisons en entier, en raison de son intérêt, et qui résume tout ce qui peut être dit à ce sujet:

« La Tour Eiffel étant la première construction en fer d'aussi grande dimension dans le sens vertical, et devant, en raison de sa forme, subir de la part de l'électricité atmosphérique une action considérable, il a paru intéressant de vérifier, par des mesures précises, les conditions de sa conductibilité propre et de ses liaisons avec la terre. La Tour est munie actuellement de neuf paratonnerres, surmontés d'une aigrette de pointes et reliés directement à la charpente en fer qui fait l'office de conducteur; on a pensé que cette charpente, assemblée au moyen d'innombrables rivets placés à chaud et en réunissant les diverses parties avec une pression très considérable, formerait une masse aussi conductrice que si l'on avait eu recours aux soudures habituelles.

« Les prises de terre, destinées à assurer la liaison avec le sol, sont au nombre de huit, par groupe de deux pour chaque pile; pour les piles Nord et Ouest, ce sont des tubes en fonte, de 20 cm de diamètre, descendant verticalement à 12 m environ au-dessous de la surface du sol à la cote de 20 m; pour les piles Est et Sud, ce sont de gros tubes de 50 cm de diamètre, descendant verticalement d'abord, puis se recourbant à angle droit sur une longueur moyenne de 18 m; ils sont enfouis dans les alluvions de la Seine, à la cote 26 m. Provisoirement, les perd-fluides sont réunis à la Tour par des câbles en fer et des bandelettes en fer feuillard, appliquées sur les charpentes.

« On s'est servi pour la mesure des conductibilités, une première fois d'un pont de Wheatstone, construit par M. Gaiffe pour la vérification des paratonnerres des magasins à poudre; la seconde fois, on a opéré simultanément avec un autre appareil du même constructeur, muni d'un galvanomètre à réflexion du type Deprez et d'Arsonval, qui permet un emploi commode de la méthode de Mance. La détermination de la résistance d'une prise de terre exige trois expériences et deux prises de terre auxiliaires, dont on mesure la somme des résistances deux à deux. Les trois inconnues sont données par trois équations du premier degré.

« Dans l'espèce, il a suffi de combiner deux à deux les prises de la Tour elle-même.

« Pour mesurer la conductibilité de la Tour, le câble de transmission du phare et des projecteurs a été isolé d'abord des appareils et mis en communication avec la base du paratonnerre central; on a ensuite relié la base du câble et une charpente de la pile Ouest aux deux bornes du pont, la Tour fermant le circuit. La résistance, mesurée plusieurs fois, a été trouvée égale, au degré d'approximation des appareils, à la résistance des câbles qui avaient servi aux connexions. La résistance de la Tour est donc négligeable.

« Pour mesurer la résistance des perd-fluides, on les a isolés de la Tour dans les piliers Est, Sud et Ouest, et l'on a obtenu, pour trois d'entre eux :

$$E_1 \ldots 0,3 \,\omega \qquad S_1 \ldots 0,3 \,\omega \qquad S_1 \ldots 3,2 \,\omega$$

« Dans la deuxième série d'expériences, on a isolé les perd-fluides N_1 et N_2 de la pile Nord, en prenant comme troisième terre la Tour T à la base de la pile Est. La méthode du pont avec le premier appareil Gaiffe et la méthode de Mance avec le second appareil ont donné :

	ω			ω
T.	0,1		T.	0,15
N_1	0,9		N_1	1,05
N_2	1,1.		N_2	1,35

« Pour la méthode de Mance, la pile employée était composée de deux éléments au sulfate acide de bioxyde de mercure, pile très constante et n'ayant que 1,9 ω de résistance.

« On a enfin isolé le perd-fluide E_1 de la pile Est en le comparant aux deux perd-fluides de la pile Nord ; les expériences ont donné :

E. . . . . 0,2 ω N_1. . . . . 1,1 ω N_2. . . . . 1,3 ω

« Il semble qu'il peut être conclu de ces expériences, faites à deux mois d'intervalle, dans des conditions variées comme méthode et comme appareils, que la concordance des résultats obtenus offre de sérieuses garanties d'exactitude.

« La Tour elle-même doit être considérée comme un assemblage de charpentes parfaitement en contact les unes avec les autres, formant un conducteur de résistance inappréciable ; sa liaison avec le sol, au moyen des huit perd-fluides et des canalisations, est excellente, puisque la résistance n'a été trouvée que de 0,1 ω ou 0,15 ω au plus pour une seule pile.

« Les perd-fluides des piliers Est et Sud, qui offrent une très grande surface enfouie dans les alluvions de la Seine, n'on que très peu de résistance, 0,3 ω ; quant aux perd-fluides des piliers Nord et Ouest, si leur résistance est plus forte, 1,1 ω et 3,2 ω, c'est sans doute parce que leur surface est beaucoup moindre et qu'ils traversent les caissons en béton formant les assises de la Tour.

« En résumé, nous pensons que l'ensemble des paratonnerres de la Tour Eiffel, établi suivant les savantes indications de MM. Becquerel, Berger et Mascart, peut être considéré comme très parfait, et qu'il est de nature à exercer sa protection dans un rayon considérable. »

§ 2. — Coups de foudre.

La foudre a frappé un grand nombre de fois le paratonnerre supérieur ; nous avons même une photographie représentant d'une manière très nette ce phénomène.

Nous rappellerons seulement une observation faite le 19 août 1889, par M. Foussat, chef du service électrique de la Tour.

« Vers 9 heures et demie du soir, un vent très violent soufflait du Nord-Ouest accompagné d'une pluie fine. Rien ne faisait soupçonner la présence d'un orage, quand tout à coup un éclair immense a sillonné les nues et frappé avec un bruit épouvantable le paratonnerre, qui se trouve au sommet de la Tour, au-dessus du phare ; la Tour métallique a résonné sous ce coup comme un diapason, et la vibration a duré plusieurs secondes. Au moment de la décharge, quelques gouttelettes de fer en fusion sont tombées, provenant probablement de la fusion de la tige du paratonnerre, qui momentanément était dépourvue de sa pointe. Le bruit de cette décharge disruptive a imité celle de deux petites pièces d'artillerie tirées à intervalle inappréciable, mais cependant distinct à l'oreille. Le gardien du phare n'a ressenti aucune commotion, pas plus que les trois personnes qui se trouvaient sur la plate-forme des projecteurs. Depuis quelques jours, il avait été installé huit paratonnerres autour de la plate-forme des projecteurs ; l'extrémité de ces paratonnerres est constituée par un faisceau de tiges minces en cuivre, surmonté d'une tige qui s'avance de quelques centimètres en avant du faisceau. Ces paratonnerres ont parfaitement rempli leur rôle ; les nuages, en passant, se déchargeaient, produisant des décharges dites silencieuses, mais qui, en réalité, sont crépitantes et rappellent l'effet produit par un court circuit rapide, effet bien connu des électriciens. »

§ 3. — Variation diurne de l'électricité atmosphérique.

M. A.-B. Chauveau a fait sur cette variation d'importants travaux, qui sont reproduits dans un Mémoire présenté au Congrès météorologique de Chicago (août 1893) et dans deux communications à l'Aca-

19

démie des Sciences (26 décembre 1893 et 25 septembre 1899) ; nous
reproduisons celle-ci :

« Une série d'observations sur l'électricité atmosphérique au
sommet de la Tour Eiffel a été organisée par le Bureau central météorologique, avec le concours du Conseil municipal de Paris.

« La prise de potentiel est faite, suivant la méthode indiquée par
Lord Kelvin, à l'aide d'un mince filet d'eau jaillissant de l'extrémité d'un
tube horizontal à 1,60 m en dehors de la Tour. Le bassin métallique, constituant le réservoir d'eau, repose sur trois tubes de verre scellés dans
une couche de soufre et noyés dans une masse épaisse de paraffine (1).
Le tout est enfermé dans une boîte en chêne et placé, à l'altitude de
285 m, sur l'extrémité de l'un des quatre arceaux (arceau Ouest) qui
soutiennent la lanterne du phare.

« L'enregistreur photographique est un cylindre de Richard, monté
horizontalement et tournant à l'intérieur d'une enveloppe métallique, dans
laquelle une fente étroite est percée suivant une génératrice. Le papier
photographique est enroulé sur le cylindre, la face sensible appliquée sur
le métal, de telle sorte que ce soit le dos de la feuille qui se présente à
l'impression lumineuse.

« Dans les conditions que nous venons d'indiquer, c'est-à-dire
à 1,60 m environ de la surface de la Tour, le potentiel est fréquemment
supérieur à 10.000 volts. Or, l'électromètre à quadrants, au moins sous
sa forme ordinaire, ne paraît pas se prêter à la mesure des potentiels
élevés. La déviation de l'aiguille a une valeur limite, variable avec la
sensibilité de l'appareil, mais correspondant toujours à une même
valeur du potentiel, qui est d'environ 3.000 volts.

« Pendant une première série d'expériences faites à la fin de 1892, on
avait dû, pour rester dans la limite des potentiels mesurables, réduire à
40 cm la longueur du tube d'écoulement. Mais, à cette altitude, les
surfaces de niveau sont extrêmement serrées au voisinage de la Tour ;
aux plus légères variations dans la longueur du jet (provenant de l'action
du vent par exemple) correspondent des variations considérables du

(1) L'isolement ainsi obtenu est au moins l'équivalent de celui que donnent les
meilleurs supports à acide sulfurique, mais sous cette condition absolue que la surface de la
paraffine reste nette de toute poussière. Très aisément réalisable à l'altitude de 300 m où l'air
ne renferme plus que fort peu de matières solides en suspension, cette condition est un obstacle sérieux à l'emploi de la paraffine pour des observations continues au voisinage du sol.

potentiel observé et les courbes obtenues sont trop tourmentées pour pouvoir être dépouillées avec certitude.

« A défaut d'un instrument qui ne paraît pas avoir été réalisé jusqu'ici sous une forme appropriée aux observations d'électricité atmosphérique, nous avons pu, par un artifice fort simple, utiliser l'électromètre à quadrants pour la mesure de très hauts potentiels, tout en restant dans les

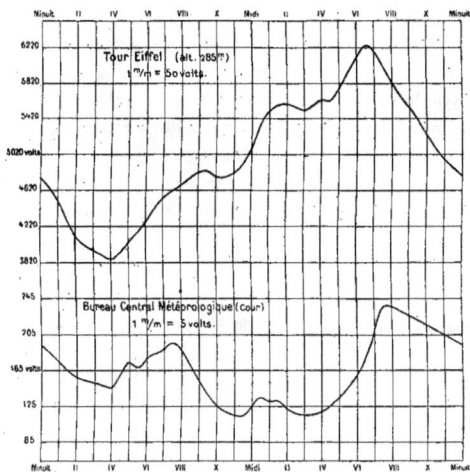

Fig. 34. — Variation diurne de l'électricité atmosphérique, du 1er mai au 20 août 1893.

limites ordinaires de la sensibilité de cet appareil. Il suffit, pour cela, de placer, entre la source et l'électromètre, une cascade de petits condensateurs bien isolés. En faisant varier le nombre des éléments de la cascade, on peut donner à l'aiguille telle fraction que l'on veut du potentiel primitif.

« Les observations faites par ce procédé en 1893 ont été poursuivies sans interruption depuis le 1er mai jusqu'au 2 novembre, et forment deux séries. La première, qui s'étend du 1er mai au 20 août, nous a fourni cinquante-huit journées utilisables, caractéristiques du régime d'été. Nous en donnons ici le résumé, sous forme de graphique, et nous y joignons la variation diurne observée pendant la même période au Bureau central météorologique. (Voir fig. 34.)

« De la comparaison de ces courbes, il résulte d'abord que, pour l'électricité atmosphérique comme pour la tension de la vapeur d'eau, la variation diurne se simplifie quand on s'éloigne du sol. Tandis qu'aux faibles altitudes on observe invariablement une oscillation double dans la valeur du potentiel, celle-ci ne présente plus qu'un maximun et un minimum au voisinage du sommet de la Tour Eiffel.

« Le minimum du matin se produit exactement à la même heure (4 heures) à la Tour et au Bureau; il précède de fort peu l'heure du lever moyen du soleil pendant la période considérée.

« Le maximum du soir, à la Tour, a lieu à 6^h30^m; il est en avance de 1^h15^m sur le maximum observé au voisinage du sol.

« Enfin, les deux courbes mettent nettement en évidence l'existence d'un maximum relatif au milieu du jour, vers 1 heure ou 2 heures de l'après-midi.

« Cette oscillation secondaire, signalée autrefois par M. Mascart dans les observations du Collège de France, constatée à Greenwich et à Perpignan, n'a pas été retrouvée à Lyon. Elle paraît hors de doute, quelle que soit l'altitude pour le climat de Paris.

« Ces observations, poursuivies pendant huit ans, forment aujourd'hui une série assez étendue pour que les données qui s'en déduisent présentent un caractère suffisant d'exactitude. J'indique ici les résultats de ces recherches, relatifs à la variation diurne du potentiel en un point déterminé de l'atmosphère.

« I. Il existe, dans nos régions tempérées, deux types très différents de la variation diurne *au voisinage du sol*; l'un correspond à la saison chaude, l'autre à la saison froide.

« Pendant l'été, un minimum très accusé se produit aux heures chaudes du jour et constitue le minimum principal toutes les fois que le point exploré n'est pas suffisamment dégagé de l'influence du sol, des arbres ou des bâtiments voisins. L'oscillation diurne est double; c'est la loi généralement admise pour cette variation.

« Pendant l'hiver, le minimum de l'après-midi s'atténue ou disparaît, tandis que le minimun de nuit s'accentue davantage. Considérée dans son ensemble, l'oscillation paraît simple, avec un maximum de jour et un minimum vers 4 heures du matin. Ce caractère est d'autant plus net que le lieu d'observation est plus dégagé.

« II. Cette distinction des deux régimes d'hiver et d'été au voisinage du sol est confirmée par l'examen des résultats obtenus, d'une part à Sodankyla (Finlande) par la mission dirigée par M. Lemstrom (1883-1884), de l'autre à l'observatoire de Batavia (1887-1895). Chacune de ces stations donne, pour ainsi dire, le type exagéré de la variation constatée dans nos climats, soit pendant la saison froide, soit pendant la saison chaude.

« III. *La variation diurne au sommet de la Tour Eiffel*, PENDANT L'ÉTÉ, *entièrement différente de la variation correspondante au Bureau central, offre la plus frappante analogie avec la variation d'hiver.*

« Ce même type d'hiver se retrouve, moins accentué, mais parfaitement net, dans la moyenne fournie par trois mois d'observations, *pendant l'été* de 1898, sur le pilône de l'observatoire de Trappes (altitude 20 *m*). Il apparaît donc comme caractérisant la forme constante de la variation diurne en dehors de toute influence du sol.

« IV. Au contraire, dans les stations où le collecteur est dominé par des constructions ou des arbres voisins, le type correspondant au régime d'été s'exagère ; le minimum de l'après-midi se creuse au détriment du minimum de nuit, qui parfois disparaît. L'oscillation peut être simple, mais en sens inverse de l'oscillation d'hiver, c'est-à-dire avec un minimum de jour et un maximum de nuit. Cette forme anormale de la variation diurne, constatée autrefois par M. Mascart, résulte en effet des observations du Collège de France, mais pour la saison d'été seulement. On la retrouve encore, presque identique, à Greenwich, où le collecteur est placé dans des conditions aussi défavorables.

« On peut conclure de ce qui précède :

« 1° Qu'une influence du sol, maximum pendant l'été, et dont le facteur principal, suivant les idées de Peltier, est peut-être la vapeur d'eau, intervient comme cause perturbatrice dans l'allure de la variation diurne.

« 2° Que la loi véritable de cette variation, celle dont toute théorie, pour être acceptable, doit rendre compte, se traduit par une oscillation simple, avec un maximum de jour et un minimum (d'ailleurs remarquablement constant) entre 4 heures et 5 heures du matin. »

II. — RÉSISTANCE DE L'AIR ET PRESSION DU VENT

§ 1. — Recherches expérimentales sur la chute des corps et sur la résistance de l'air à leur mouvement.

MM. Louis Cailletet, membre de l'Institut, et E. Colardeau ont fait en 1892 les plus intéressantes recherches sur ce sujet dans un laboratoire

Fig. 35. — Laboratoire de la deuxième plate-forme.

(Voir figure 35) que j'avais fait installer à la deuxième plate-forme de la Tour, à 120 m d'altitude au-dessus du sol. Ces recherches ont été publiées dans les *Comptes rendus de l'Académie des Sciences* (1892), dans *la Nature* (9 juillet 1892) et dans les *Comptes rendus de la Société de physique* (4 novembre 1892).

MM. L. Cailletet et E. Colardeau résument ainsi leur travail :

« Un très petit nombre d'expériences ont été faites jusqu'ici sur la chute des corps en tenant compte de la résistance que l'air oppose à leur mouvement. Cependant, en dehors de l'intérêt scientifique qu'elle présente, l'étude de cette question permettrait de résoudre un grand nombre de difficultés qui se rencontrent à chaque instant dans diverses applications pratiques, résistance de l'air aux trains de chemins de fer et aux navires en marche, direction des ballons, questions relatives à l'aviation, influence du vent sur les constructions, emploi du vent comme moteur, etc.

« Jusqu'ici, les expériences faites sur ce sujet ont été exécutées surtout en imprimant aux corps un mouvement de rotation obtenu à l'aide d'une sorte de manège.

« D'après les auteurs eux-mêmes, les méthodes employées ne donnent que des résultats incomplets à cause de l'entraînement de l'air, de la force centrifuge, etc. ; de plus, la vitesse qu'on peut atteindre ainsi est fort limitée.

« Nous avons pensé que la Tour Eiffel offrait des conditions particulièrement avantageuses pour étudier plus complètement cette intéressante question et pour aborder directement l'étude du mouvement rectiligne.

« *Principe de la méthode.* — Quand un corps se déplace dans l'air, il éprouve de la part de celui-ci une résistance qui s'accroît en même temps que la vitesse du mouvement. Supposons que ce corps soit sollicité par

Fig. 35 bis.

une force constante, comme il l'est, par exemple, par son propre poids, quand on l'abandonne en chute libre. Si, au lieu d'être plongé dans l'air, il était dans le vide, sa vitesse, nulle au départ, irait constamment en croissant et son mouvement s'accélérerait indéfiniment. S'il est plongé dans l'air, il n'en sera pas de même. A mesure que la vitesse du mobile croîtra, il éprouvera une résistance elle-même croissante, de sorte que son mouvement cessera de s'accélérer et deviendra uniforme précisément quand la résistance de l'air équilibrera exactement l'effet de la pesanteur sur le corps.

« Si l'on mesure, d'une part, la vitesse V du corps au moment où son mouvement devient uniforme, et d'autre part son poids P, on saura que l'effort exercé par l'air sur le corps animé de la vitesse V est précisément P.

« En augmentant le poids du corps, sans modifier sa surface, par l'addition d'un lest convenable, on augmentera en même temps la vitesse V du mouvement uniforme limite, de sorte que la comparaison des diverses valeurs de P avec les valeurs correspondantes de V permettra de découvrir la loi de variation de la résistance en fonction de la vitesse.

« Pour mettre cette méthode en pratique, l'appareil employé repose sur le principe suivant :

« Imaginons un fil fin de grande longueur subdivisé en sections égales, de 20 m par exemple. Attachons légèrement à des points de suspension les subdivisions des sections consécutives, en laissant pendre entre ces points les différents tronçons successifs de 20 m. Supposons qu'aux points de suspension se trouvent des contacts électriques susceptibles de fonctionner sous l'influence d'une très légère traction du fil et réunis à un stylet enregistreur adapté à un cylindre tournant suivant la disposition bien connue. Laissons tomber le corps pesant situé à l'extrémité libre du fil.

« L'instant du départ sera enregistré sur le cylindre par le premier contact. Dès que le corps, en tombant, aura parcouru 20 m, il aura entraîné avec lui le premier tronçon de fil qui sera développé verticalement en suivant le corps ; le deuxième contact fonctionnera à son tour, et ainsi de suite. Si l'on annexe au cylindre un diapason enregistreur faisant, par exemple, 100 vibrations par seconde, le graphique tracé sur le cylindre indiquera, en centièmes de seconde, au bout de quels intervalles de temps le corps a parcouru 20, 40, 60 m. Aussitôt que le mouvement sera devenu uniforme, on s'en apercevra sur le graphique par ce fait que les contacts successifs fonctionneront à des intervalles de temps équidistants. Ces intervalles étant mesurés, en centièmes de seconde, par les sinuosités de la courbe du diapason, on aura immédiatement la vitesse uniforme du mobile.

« *Disposition pratique de l'appareil.* — En pratique, il serait impossible de laisser flottants dans l'espace les tronçons successifs du fil, qui par l'effet des courants d'air s'enchevêtreraient les uns dans les autres. On a évité cet inconvénient par l'artifice suivant.

« Chaque section du fil est enroulée sur un cône de bois $C_1 C_2 C_3$ (Voir fig. 36) fixé verticalement, la pointe tournée en bas. On conçoit que le fil entraîné par la chute du mobile le suit avec la plus grande facilité ; à cause de leur forme conique, ces bobines, bien qu'immobiles, permettent à ce fil de se dérouler, pour ainsi dire, sans frottement. On a du reste évalué par une mesure directe, comme on le verra plus loin, le retard qui peut provenir d'une résistance au déroulement du fil.

« Les contacts électriques destinés à enregistrer chaque parcours

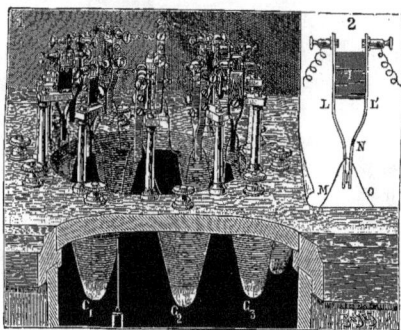

Fig. 36.

de 20 m sont formés de deux lames métalliques LL' isolées en 1 par un morceau d'ébonite et dont les extrémités se touchent par l'intermédiaire de contacts en platine. Cette sorte de pince est traversée par n courant électrique qui va animer la plume de l'enregistreur et qui est interrompu lorsque les deux branches s'écartent. En passant d'un cône C_1 au suivant C_2, le fil est engagé dans l'intervalle libre que laissent entre elles les deux branches de chaque pince, immédiatement au-dessus du contact en platine. Quand le cône C_1 est déroulé, le fil fixé au mobile écarte un instant les branches de la pince et ouvre le courant qui se rétablit aussitôt. C'est alors que la plume de l'enregistreur laisse une trace sur le cylindre tournant. Puis le cône C_2 se déroule à son tour ; la seconde pince s'ouvre après un nouveau parcours de 20 m, et ainsi de suite.

20

« Les lames LL' qui constituent chaque pince étant très souples, la résistance qu'elles opposent à l'écartement par le passage du fil est extrêmement faible. Dans des essais faits pour évaluer cette résistance, un poids de 2 *g* tombant de la hauteur de 10 *cm* a suffi pour écarter ces lames. Un calcul très simple permet de s'assurer que cet effort retarderait de moins de 1 *mm* la chute d'un poids de 1 *kg* après un parcours de 20 *m*.

« Pour évaluer la double résistance pouvant provenir du déroulement du fil, de son frottement dans l'air et des autres résistances passives, plusieurs méthodes ont été employées :

« 1° On a laissé tomber une flèche cylindrique de bois lestée à sa partie inférieure par une masse métallique terminée en pointe effilée. À cause de sa faible section et de sa forme allongée, cette flèche ne doit éprouver par elle-même qu'une minime résistance de la part de l'air. Elle doit prendre, par suite, un mouvement de chute peu différent de celui qu'elle aurait dans le vide. Cette dernière conclusion s'applique encore, si les résistances passives dues au fil entraîné sont négligeables. Or, dans plusieurs expériences très concordantes, on a trouvé que la durée totale de la chute de cette flèche ne diffère pas de celle de la chute théorique dans le vide de plus de $\frac{20}{1.000}$ de sa valeur.

« 2° Un second moyen de vérification a consisté à laisser tomber le mobile entièrement libre et non attaché au fil. L'instant de son départ est enregistré par la plume électrique dont le circuit est interrompu par la chute même du corps au moment où il se met en mouvement. En arrivant au sol, ce mobile vient frapper un panneau en bois soutenu par des ressorts et que traverse un courant qui anime la plume de l'enregistreur. Au moment du choc, le panneau cède et le courant est interrompu, de sorte que l'instant précis de l'arrivée est enregistré aussi bien que celui du départ. En comparant la durée totale de chute libre ainsi obtenue à celle que donne le même mobile attaché au fil et faisant fonctionner les pinces, la différence de ces durées représente la somme des retards que subit ce mobile de la part des résistances passives dues à l'appareil.

« Dans deux expériences consécutives faites avec un cylindre de cuivre du poids de 2.080 *g*, on a trouvé que la différence des durées de

chute de ce cylindre, lorsqu'il est attaché au fil et lorsqu'il est
entièrement libre, est de 0″,04 sur une durée totale de chute de 5″. Le
retard dû à l'entraînement du fil est donc inférieur à 1 p. 100.

« L'appareil a permis de vérifier que la résistance opposée par l'air à
des plans d'égale surface, se mouvant dans une direction normale à ces
plans, est indépendante de leur forme. Pour des surfaces circulaires,
carrées, triangulaires, on a trouvé des durées de chute égales, comme on
peut le vérifier sur la figure 37, tracés 3 et 4. Cette figure est la réduction au quart des graphiques réels. La courbe du diapason est tracée en
supposant qu'il exécute 25 vibrations par seconde.

« On a vérifié également que la résistance éprouvée par un plan en

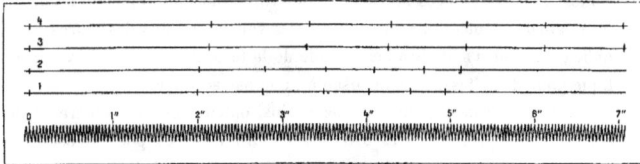

Fig. 37.

marche dans l'air est proportionnelle à sa surface. Deux plans carrés
dont les surfaces étaient entre elles comme 1 et 2 ont été lestés par des
poids qui étaient dans le même rapport. Les durées de chute ont été
respectivement 6″,92 et 6″,96, nombres à peu près identiques et d'après
lesquels il y a lieu d'admettre la proportionnalité.

« Les plus nombreuses expériences ont porté sur l'évaluation en kilogrammes, par mètre carré, de la résistance opposée par l'air à une
surface plane en mouvement et sur la recherche de la loi de variation de
cette résistance en fonction de la vitesse. On a vu plus haut comment on
peut obtenir cette loi par l'évaluation du poids du mobile et par la
mesure de sa vitesse quand son mouvement de chute est devenu uniforme. Dans toutes les expériences dont il s'agit, le lest des surfaces
employées a été réglé de manière à obtenir l'uniformité du mouvement
après un parcours compris entre 60 et 100 m.

« On sait qu'on admet généralement que la résistance de l'air est proportionnelle à la surface et au carré de la vitesse du corps en mouve-

ment, du moins pour des vitesses modérées comme celles dont il est question ici. La formule exprimant cette loi est :

$$P = RSV^2$$

P étant la pression de l'air sur le corps, S sa surface, et V sa vitesse. Les ingénieurs adoptent généralement pour la constante R la valeur 0,12248, P étant exprimé en kilogrammes par mètre carré, S en mètres carrés et V en mètres par seconde.

« Si cette formule est exacte, la valeur de R calculée d'après elle, à l'aide d'une série de valeurs correspondantes de P et V, pour des plans de même surface S, doit toujours être la même pour des vitesses différentes. Les expériences faites à la Tour Eiffel ont donné pour les valeurs de R ainsi calculées, des nombres assez voisins les uns des autres pour qu'il y ait lieu d'admettre l'exactitude de la formule au point de vue pratique pour des vitesses allant jusqu'à 25 m par seconde.

« Mais la valeur numérique de R ainsi obtenue est très différente de celle adoptée jusqu'ici. Les diverses valeurs trouvées pour R oscillent entre 0,069 et 0,071. La valeur moyenne à admettre est donc 0,070. »

La détermination de ce coefficient, dont la valeur 0,07 est très différente du nombre 0,125 admis par les formules courantes (1) et qui réduit

(1) La formule admise, pour la surface normale au vent, est celle de l'hydrodynamique

$$P = p\,\frac{V^2}{2g}\,S\,\delta$$

dans laquelle P est la pression totale en *kg* sur la surface S en mètres carrés, V la vitesse en mètres et δ le poids du mètre cube d'air (qui pour 13° et la pression normale est de 1,234 *kg*), p est un coefficient d'expérience variant de 1,86 à 3 suivant la grandeur de la surface : g = 9,81.

Elle devient : P = p × 0,628 S V².

En prenant p = 2 correspondant à une surface moyenne, on en tire P = 0.125 S V².

Avec la valeur 0,07 au lieu de 0,125, il semblerait que la valeur de p doive être seulement $\frac{0,07}{0,0628} = 1,11$, laquelle est la valeur adoptée en hydraulique.

Poncelet donne pour la pression normale la formule $P = K\left(\frac{V}{4}\right)^2$. La valeur de K est voisine de 2, de sorte qu'elle se réduit à P = 0,125 V².

Pour les surfaces inclinées, le rapport de la pression normale sur cette surface, à la pression sur cette même surface perpendiculaire à la direction du vent, a pour valeur $\frac{2\sin\alpha}{1+\sin^2\alpha}$ [Ce rapport indiqué par le colonel Duchemin (*Mémorial de l'Artillerie*, 1842, n° 5) a été vérifié par les travaux de M. Langley]. La formule générale à appliquer est donc $P = K\,S\,V^2\,\frac{2\sin\alpha}{1+\sin^2\alpha}$, dans laquelle K = 0,08.

la pression du vent à 57 p. 100 de celle qu'on adoptait généralement, a fait aussi l'objet des recherches de M. Langley (Experiments in aerodynamics) et que relatent les *Comptes rendus de la Société de physique* (mars 1892).

Ces expériences ont été faites à l'aide d'un manège de 9 m de rayon au bout duquel avait été fixé un fléau mobile dans tous les sens autour de son centre, au moyen d'une suspension de Cardan et permettant de mesurer en grandeur et en direction la pression agissant sur un plan. Ce plan lui-même pouvait, dans le sens de sa longueur, être placé dans une direction parallèle ou oblique à la direction du mouvement. Pour un plan carré de 305 mm de côté et des vitesses variant entre 5 m et 11 m, on a vérifié la formule générale précédente.

Cette formule est pour les plans normaux très peu différente de celle trouvée par MM. Cailletet et Colardeau, laquelle donne des résultats un peu plus forts.

§ 2. — Blocs de renversement.

D'après l'opinion de nombreux météorologistes, il n'existe pas encore de bons appareils pour la mesure directe de la pression, parce qu'ils sont très difficiles à orienter dès qu'ils ont un peu de masse, et qu'ils n'obéissent pas assez vite aux variations; les frottements sont importants et ne restent pas constants. En second lieu, on arrive à des résultats très différents, suivant les dimensions de la plaque essayée et son épaisseur, en raison des remous importants qui se forment en arrière de celle-ci. Aussi préfère-t-on généralement mesurer la vitesse et en déduire la pression par mètre carré, par la formule connue $P = 0,125 \ V^2$.

Mais d'autre part les ingénieurs qui ont étudié la stabilité des constructions sous l'effet du vent ont souvent reconnu que si les chiffres donnés pour la pression du vent avaient été atteints, un grand nombre d'édifices, et notamment certaines hautes cheminées, auraient été renversés. Il y a donc une certaine présomption que la formule ci-dessus donne des résultats exagérés.

Pour s'en assurer et déterminer au moins un maximum, la Société de la Tour, sur la proposition de M. Kœchlin, son ingénieur, fit installer des appareils imaginés par lui sur les extrémités des grandes poutres en croix du sommet.

Ces appareils, au nombre de 6 (voir fig. 38), sont disposés de manière à se présenter ormalement au vent pour huit directions différentes, c'est-à-dire qu'un appareil fait avec le suivant un angle de 45°. Chaque appareil se compose de 5 parallélipipèdes en fonte dont les dimensions et la stabilité sont calculées de manière qu'ils soient ren-

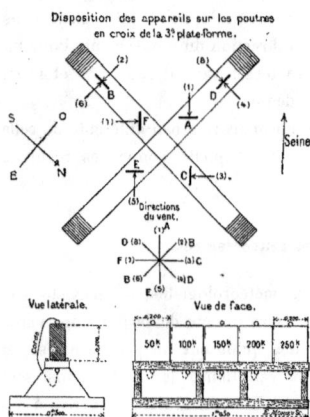

Disposition des appareils sur les poutres en croix de la 3ª plate-forme.

Vue latérale.   Vue de face.

Fig. 38.

versés par un vent d'une intensité déterminée. Ces blocs, faits avec grand soin comme exactitude des dimensions et netteté des arêtes, sont placés l'un à côté de l'autre ; ils sont établis pour être renversés, l'un sous un effort de 50 kg par mètre carré, les autres sous des efforts croissants de 100, 150, 200 et 250 kg. A cet effet, leurs dimensions sont de 0,20 × 0,20 en surface et les épaisseurs sont de 37,4, 52,8, 64,7, 75 et 83,5 mm. Ils sont disposés sur un châssis léger formant une tablette surélevée de 0,25 m portée par des pieds entre lesquels le vent passe librement. Les résultats obtenus par les appareils, qui donnent à 50 kg près l'effort maximum cherché, fournissent des indications exactes au moins en ce qui concerne l'effort qui a produit le renversement, puisque l'on met en jeu un moment de stabilité connu qui ne peut être détruit que par un effort déterminé. Une chaînette en fer empêche que les blocs ne soient projetés au loin.

Or, sous la grande tempête de 1894, les anémomètres ont enregistré une vitesse de 45 m par seconde qui représente par mètre carré un effort de 253 kg, si on adopte le coefficient K = 0,125. Si ce coefficient était exact, tous les blocs eussent dus être culbutés. Au contraire, avec le coefficient de 0,07 déterminé par les expériences de MM. Cailletet et

Colardeau, l'effort maximum ne correspond qu'à 141,75 *kg* par mètre carré, de sorte que deux blocs seulement devaient être renversés. C'est précisément ce dernier cas qui s'est présenté : les blocs de 50 et de 100 *kg* ont seuls été renversés, et les autres sont restés debout. La pression du vent est donc restée inférieure à 150 *kg* au lieu des 253 *kg* que l'on pouvait prévoir.

Ces conclusions sont, au point de vue pratique, très satisfaisantes et donnent toute tranquillité au sujet des pressions adoptées dans les calculs de constructions métalliques en général et de la Tour en particulier ; elles montrent que ces pressions sont exagérées.

Nous devons ajouter que c'est la seule fois, le 12 novembre 1894, que le bloc de 100 *kg* soit tombé. Celui de 50 *kg*, au contraire, a été fréquemment culbuté pour des vitesses moyennes de 16 à 25 *m* données par les enregistreurs ; ce qui montre que les vitesses maxima non enregistrées ont pu être notablement plus élevées.

Avec le coefficient de 0.07, les vitesses correspondantes aux pressions sont les suivantes :

P = 50 *kg*	V = 26,7 *m*
100	37,7
150	46,0
200	53,4
250	59,6

Ces dernières vitesses n'étant jamais atteintes, il y aurait avantage à supprimer les blocs de 200 et de 250 *kg* et à intercaler de nouveaux blocs pour 25, 75 et 125 *kg*, de manière à obtenir des résultats plus rapprochés. C'est probablement ce que nous réaliserons dans une prochaine installation, où nous nous proposons de surélever davantage encore les blocs au-dessus des obstacles inférieurs, en essayant de les orienter suivant la direction exacte du vent.

Quant aux remous qui se produisent sur la face opposée au vent et qui ont une tendance à diminuer l'effort de renversement, en créant en arrière une sorte de vide, il sera probablement facile de trouver des dispositions pour les supprimer.

Il faut remarquer cependant qu'ils se produisent dans les cas les plus fréquents de la pratique, au moins en ce qui concerne les construc-

tions métalliques où le vent rencontre surtout des surfaces ayant une
faible épaisseur.

III. — DÉPLACEMENTS DU SOMMET MESURÉS
PAR VISÉES DIRECTES

Pour mesurer ces déplacements, on a installé en saillie sur la terrasse de la troisième plate-forme et sur l'angle côté Est, une mire en
tôle vernie dont la face inférieure regardant le pilier Est portait des
anneaux concentriques de 20 *mm* de largeur, alternativement rouges et
blancs. Le nombre de ces anneaux était de 10 et leur diamètre extrême
de 0,40 *m*. Ces anneaux étaient numérotés et étaient divisés en secteurs
par les huit divisions du quadrant.

Cette mire convenablement orientée était observée à l'aide d'un
théodolite fixé sur un solide massif de maçonnerie établi à la base du
pilier Est. Il avait été réglé une fois pour toutes par un temps calme,
sans soleil et à une température d'environ 10°, de telle sorte que le croisement des fils du réticule coïncidât avec le centre de la mire. Quand
un déplacement se produisait, le centre des réticules venait se projeter
sur l'un des cercles ou entre deux cercles concentriques ; on en lisait le
numéro et on notait la position sur le secteur correspondant, laquelle
était immédiatement rapportée, aussi approximativement que possible,
sur un diagramme en papier représentant la mire à l'échelle réduite.

De 1893 à 1895, pour noter les déplacements dus à la température,
on a fait d'une manière à peu près régulière trois observations par jour :
à 7 heures du matin, à midi et à 7 heures du soir. On a fait en outre,
accidentellement, quelques observations supplémentaires, quand il se
présentait de fortes températures. Pendant cette même période, et toutes
les fois que des coups de vent se produisaient, on observait les déplacements avec une grande lunette de 2,50 *m* de distance focale, et on
reproduisait sur le papier, aussi exactement que possible, les dimensions
et la position de la courbe en forme d'ellipse, parcourue sur la mire par
le croisement des fils du réticule.

Cette série d'observations a donné lieu à un grand nombre de
diagrammes dont nous nous bornerons à examiner quelques-uns.

§ 1. — Déplacements dus aux vents.

Les diagrammes qui les indiquent sont de beaucoup les moins nombreux, d'abord parce que les coups de vent, qui seuls agissent sur la Tour d'une façon sensible, sont assez rares, puis parce qu'ils se produisent le plus souvent pendant les heures de nuit auxquelles aucune

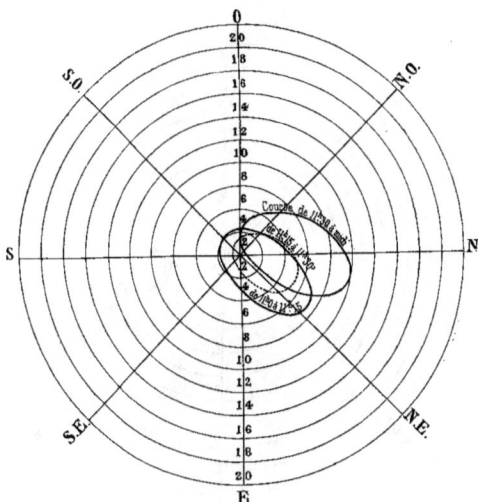

Fig. 39.

observation n'a été faite. Même pendant le jour, la mire est souvent masquée par la pluie qui accompagne, assez habituellement, les grands vents.

On a pu cependant, à plusieurs reprises, constater que sous l'effet du vent le sommet décrit à peu près une ellipse dont le centre varie avec la position du sommet à ce moment (position due aux circonstances de température, ainsi qu'il sera indiqué plus loin) et dont le grand axe est en rapport avec la vitesse du vent.

Ainsi le 20 décembre 1893 (voir fig. 39) entre 11 heures et midi, l'un

21

des jours pendant lesquels le déplacement a été maximum, le grand axe
de cette ellipse était de 0,10 m et son petit axe de 0,06 m. La direction
du vent était Sud et le maximum de sa vitesse moyenne a été de 31,8 m;
mais la vitesse réelle donnée par l'appareil à indications instantanées a
été beaucoup plus grande et a atteint 44 m. Il est remarquable qu'à
cette vitesse maximum, qui a eu lieu à 11ʰ25′, l'ellipse correspondante

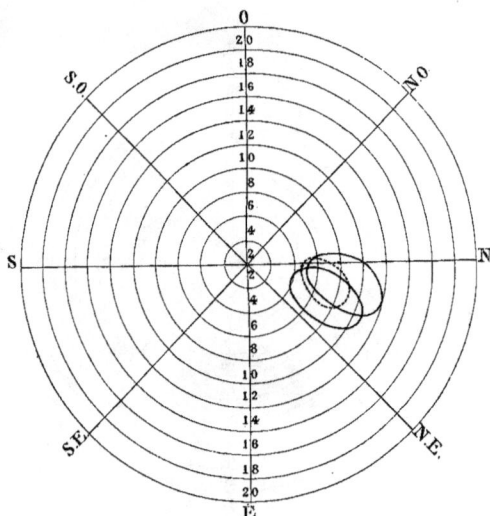

Fig. 40.

indiquée en pointillé avait un grand axe de 0,06 m seulement. Les
énormes à-coups qui se produisaient à ce moment avaient ainsi un
moindre effet de déplacement que ceux dus à un vent plus continu.

Dans le grand coup de vent du 12 novembre 1894, l'observation a
été faite de 3 à 4 heures. La vitesse moyenne a varié à ce moment de
27,6 m à 30 m avec une vitesse maximum absolue de 42,50 m (voir fig. 40).
Le grand axe de l'ellipse a été de 0,07 m, le petit axe de 0,05 m.
On a aussi constaté comme précédemment que c'était sous les grands
à-coups que le déplacement était le moindre; il n'atteignait que 0,05 m.

Le fort de la tempête a eu lieu à 6ʰ12' (vitesse moyenne maximum 42 *m*), mais à ce moment le déplacement n'a pas été mesuré, non plus que la vitesse absolue qui est peut-être allée jusqu'à 50 *m*.

Le déplacement de 0,10 *m* est le maximum qui ait été observé. Sous les vents violents ordinaires, le déplacement n'est guère que de 0,06 à 0,07 *m*.

Il est très inférieur à celui que le calcul faisait prévoir. Il y a donc presque certitude que les prévisions introduites dans les calculs pour l'action du vent sont très supérieures à la réalité. Nous l'avons déjà constaté pour l'élévation de la pression par mètre carré. Il est probable qu'il en est de même pour l'évaluation des surfaces exposées au vent.

§ 2. — Déplacements dus à la température.

Nous avons dit que la position originelle du théodolite avait été fixée en choisissant une journée sans vent, un temps couvert et une température uniforme de 10°, puis en faisant coïncider le zéro de la mire avec le centre du réticule.

Les mêmes circonstances se sont reproduites le 26 décembre 1893 et pendant toute la journée la Tour est demeurée stationnaire, ce centre correspondant au zéro de la mire.

Par d'autres temps couverts, mais avec une température plus élevée (15° à 18°), les observations combinées des 6 et 7 juin 1893 ont donné des déplacements très faibles ; la mire s'est déplacée le matin par rapport au centre du réticule de 0,04 *m* dans la direction O. et est revenue le soir dans la même position, en se déplaçant extrêmement peu à midi.

Mais quand la chaleur solaire agit sur la Tour, par les jours de beau temps, les déplacements prennent une grande amplitude. Nous prendrons comme exemple les observations combinées des 15 et 16 août 1894, que nous représenterons par le graphique ci-contre (fig. 41), dans lequel le déplacement de la mire par rapport au réticule fixe est représenté à l'échelle du quart. A 5 heures du matin, le centre de la mire est placé sur la ligne O. à 4 *cm* du centre ; il reste sur cette ligne jusqu'à 8 heures en atteignant 13 *cm*. Il s'en éloigne du côté N. en atteignant 15 *cm*. Il se rapproche alors du centre, dans le secteur N.-O., au fur et à mesure de la marche du soleil, qu'il semble fuir. A 3 heures, il est dans la ligne N. à une distance de 7 *cm*. Le mouvement de rapprochement continue dans le quadrant N.-E.; à partir de 5 heures et à une distance de 6 *cm*, le réticule revient franchement au centre qu'il doit occuper vers 8 heures du soir; la course totale est d'environ 24 *cm*, parallèlement à l'axe E.-O. et de 10 *cm* par rapport à l'axe N.-S. La Tour semble donc en quelque sorte fuir devant le soleil et s'incliner dans le quadrant N.-O., ce qui est naturel, puisque les arêtes regardant le soleil sont les plus échauffées, et

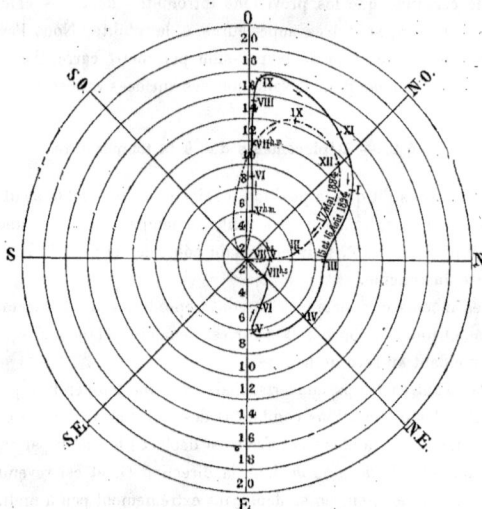

Fig. 41.

en se dilatant davantage portent le sommet de la Tour du côté opposé.

Les courbes sont assez souvent plus simples; telle est celle du 17 mai 1894, qui est comprise tout entière dans le quadrant N.-O. (Voir fig. 41) et dont l'amplitude est de 12 *cm*. On peut la considérer comme une courbe moyenne par beau temps.

Quand, par une belle journée, le soleil se voile avec des alternatives, ces courbes deviennent bien moins régulières; les mouvements d'allongement et de torsion de la Tour suivent ces alternatives d'une façon très sensible et les rapprochements ou les éloignements du centre coïncident avec les refroidissements ou les échauffements dus à l'action solaire.

En résumé, on peut dire que le sommet marqué par la tige du paratonnerre est à peu près constamment en mouvement ; ce mouvement est
surtout accentué pendant le milieu de la journée, et ce n'est que vers les
heures du lever et du coucher du soleil qu'il possède une fixité relative ;
au milieu de la nuit seulement, il doit être tout à fait immobile.

Ce déplacement du sommet rend extrêmement difficile de s'assurer
de la parfaite verticalité de la Tour. Cependant, en mai 1893, M. Muret,
géomètre de la Ville de Paris, a procédé avec le plus grand soin à cette
opération. Il n'a trouvé qu'un écart tout à fait insignifiant qu'il attribue
lui-même à un effet de température.

IV. — REPÉRAGE DU SOMMET PAR LES MÉTHODES GÉODÉSIQUES

M. le Général Bassot, directeur du Service géographique au Mini-
tère de la Guerre, a procédé, sur la demande de la Commission de
surveillance de la Tour, présidée par M. Mascart, à des mesures géodésiques extrêmement précises, ayant pour but de faire un repérage exact
du sommet, afin de pouvoir vérifier ultérieurement l'existence d'un
déplacement. Ces travaux ont fait l'objet d'une communication à l'Académie des Sciences (6 décembre 1897), dont nous reproduisons des
extraits.

« En avril 1896, la Commission de surveillance de la Tour Eiffel,
présidée par notre confrère M. Mascart, demanda au Service géographique de l'Armée de faire procéder au repérage du sommet de la Tour
et de vérifier par des observations périodiques si ce sommet subit
quelque déplacement.

« La solution de ce problème a conduit à des résultats assez curieux
et qui me paraissent dignes d'être signalés à l'Académie.

« Il est évident tout d'abord qu'en présence d'une masse métallique
aussi considérable, soumise aux effets des agents atmosphériques et en
particulier de la chaleur solaire, il fallait s'attendre à voir le sommet de
la Tour constamment en mouvement ; les dilatations inégales des
arêtiers, inégalement exposés aux influences solaires aux différentes

heures de la journée, doivent produire, en effet, une sorte de torsion de ce sommet, phénomène analogue à celui que l'on a déjà remarqué sur les pylônes en bois, servant de signaux géodésiques.

« Mais quelle est l'amplitude de l'oscillation et comment la déterminer ?

« Le procédé que nous avons employé est le suivant :

« On a d'abord fondé un repère invariable sur le sol, près du pied de la verticale du paratonnerre, puis on a choisi trois stations extérieures à la Tour, desquelles on puisse viser, au moyen de lunettes décrivant un plan vertical, successivement le repère et le paratonnerre. En chaque station on a installé un cercle méridien portatif, de telle manière que le champ de la lunette comprît le repère et le paratonnerre. Avec des instruments bien réglés, on pouvait ainsi, au moyen de la vis micrométrique de l'oculaire, mesurer avec une haute précision, en chaque station, l'angle existant entre les deux plans de visée.

« Au préalable, pour avoir tous les éléments nécessaires aux calculs de réduction, on a mesuré une petite base, relié les stations au repère à l'aide d'une triangulation, pris les distances zénithales ; enfin on a orienté une des directions par l'observation du Soleil.

« Aux trois stations, les observations étaient simultanées et rythmées ; en chacune d'elles, on pointait, à heures convenues, le paratonnerre, puis le repère, puis le paratonnerre, et ainsi de suite, chaque série comprenant quatre pointés sur le paratonnerre et trois sur le repère ; les séries étaient espacées de demi-heure en demi-heure.

« Les mesures ainsi faites ont été traduites sur un schéma à échelle nature et rapportées au repère fixe. L'intersection deux à deux des plans passant par le paratonnerre donne finalement pour chaque série un petit chapeau, dont le centre de gravité fournit la position du paratonnerre au moment de l'observation.

« Remarquons en passant que la grandeur du chapeau permet d'évaluer l'erreur d'observation ; il résulte de nos opérations que chaque position du paratonnerre est déterminée avec une erreur moyenne de $\pm$ 3 mm seulement. C'est grâce à cette précision que nous avons pu étudier avec certitude le mouvement du sommet de la Tour, qui est en réalité très faible, et mettre en évidence son oscillation périodique.

« Pour chaque journée d'observation, on a finalement un dessin figuratif donnant de demi-heure en demi-heure le pied de la verticale du paratonnerre, et chaque position du sommet de la tour se trouve définie par sa distance horizontale au repère fixe et par l'azimut vrai de la ligne joignant sa projection au repère.

« En réunissant par une courbe les positions successives du paratonnerre, on fait ressortir le mouvement progressif de la Tour pendant la durée des observations.

« Les expériences ont été faites en août 1896, en mai et en août 1897. Il eût été désirable, en principe, de n'observer que par temps calme et couvert pour obtenir le minimum de déviation de l'axe de la Tour et en conclure son repérage avec plus de certitude. Mais cette condition était difficile à réaliser, nos postes d'observation n'ayant pas été organisés en observatoires permanents; il eût fallu d'ailleurs immobiliser pendant trop longtemps le personnel assez nombreux, nécessaire au travail, qui avait à satisfaire à d'autres nécessités impérieuses de service. En réalité, nous avons fait les observations un certain nombre de jours, quelque temps qu'il fît, et les résultats que nous avons trouvés démontrent qu'il n'est pas indispensable d'avoir un ciel couvert pour l'étude dont il s'agit.

« Les 21 mai et 25 août derniers, nous avons pu faire les expériences d'une manière presque continue depuis le matin jusqu'au soir. Nous en donnons les résultats ci-après, à titre d'exemple.

« De l'examen des courbes de ces deux journées, il ressort que le sommet de la Tour a des mouvements plus rapides et que les variations en distance et en azimut sont plus considérables le matin que dans l'après-midi...

« Les courbes du 21 mai (fig. 42) et du 25 août (fig. 43) affectent une forme qui se rapproche assez d'un 8 non fermé. Évidemment, la courbe des 24 heures doit être plus complexe, et cela se conçoit : vers la fin de la nuit, le paratonnerre doit avoir de faibles mouvements; dès que la chaleur solaire se fait sentir, les mouvement deviennent rapides; on voit le paratonnerre se rapprocher du repère, puis s'en éloigner; dans l'après-midi, quand l'effet total de la chaleur s'est produit, il y a un moment d'équilibre où les mouvements sont faibles : la nuit venue, avec le premier refroidissement nocturne, les mouvements doivent encore une fois être rapides, puis redevenir faibles quand arrive l'équilibre nocturne.

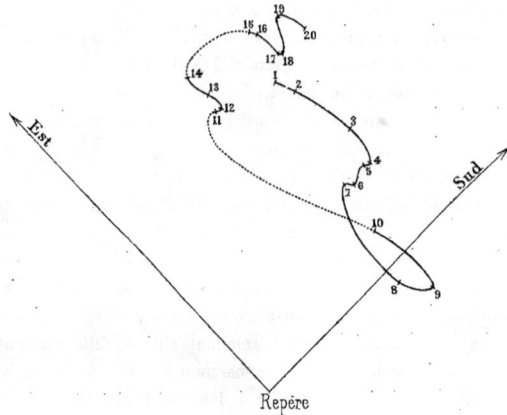

Fig. 42. — Courbe du 21 mai 1897.

Journée du 21 mai 1897.

N⁰ˢ des séries	État du ciel	Heures h m	D mm	Azimuts (1) ⁰	e
1	Couvert, temps calme.	4,3o M.	66	352,5	5,5
2	Id.	5, o	65	356,5	4,5
3	Id.	5,3o	59,5	370	6
4	Id.	6, o	54	378	5
5	Soleil, léger vent E.	6,3o	53	376	1,5
6	Voilé.	7; o	48	376	3
7	Soleil.	7,3o	47,5	373	3
8	Soleil, vent.	8, o	37	6,5	3
9	Soleil.	8,3o	42,5	15	3,5
10	Temps couvert.	9, o	41	388	4
11	Soleil.	Midi S.	61	338,5	2
12	Voilé, vent S.-E.	Midi 3o	61,5	34o,5	1,5
13	Id.	1, o	6o,5	338	2
14	Temps voilé.	1,3o	69,5	334	1,5
15	Temps voilé, vent.	5, o	77	347,5	3
16	Couvert, vent S.-E.	5,3o	76,5	348,5	2
17	Id.	6, o	72,5	352,5	3,5
18	Id.	6,3o	72	354	3,5
19	Soleil.	7, o	8o	352,5	3,5
20	Couvert, vent S.-E.	7,3o	78,5	357,5	4,5

(1) Les azimuts sont comptés géodésiquement, du Sud au Nord en passant par l'Ouest.

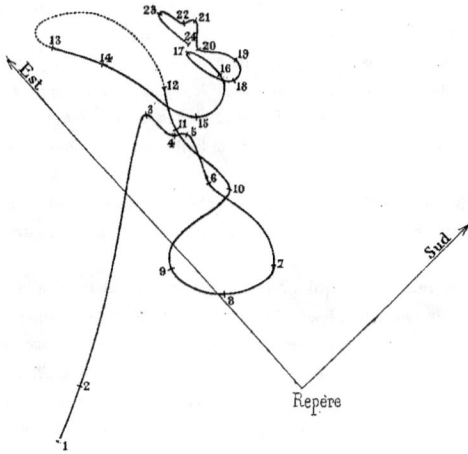

Fig. 43. — Courbe du 25 août 1897.

Journée du 25 août 1897.

Nᵒˢ des séries	État du ciel	Heures h m	D mm	Azimuts o	e
1	Soleil très faible.	5,3o M.	56	235	(1)
2	Temps couvert.	6, o	5o	248,5	(1)
3	Soleil.	6,3o	69	314,5	2,5
4	Id.	7, o	61	317,5	o,5
5	Soleil faible.	7,3o	61	320	<o,5
6	Id.	8, o	49	320	1
7	Soleil, vent fort.	8,3o	27	334	3
8	Id.	9, o	27	3o3	1
9	Id.	9,3o	4o	292,5	1,5
10	Nuages	10, o	46	325,5	4
11	Id.	10,3o	63,5	318	<o,5
12	Nuages, vent fort.	11, o	72	320	1,5
13	Couvert, pluie violente.	1, o S.	93	3o7	5,5
14	Pluie.	1,3o	83	312	o,5
15	Couvert.	2, o	63	324	1
16	Pluie.	2,3o	70,5	331,5	(1)
17	Couvert.	3, o	78	326	1
18	Id.	3,3o	68	333,5	2
19	Id.	4, o	72,5	335	1
20	Id.	4,3o	77	328	1,5
21	Id.	5, o	83	329	1
22	Id.	5,3o	83	327	<o,5
23	Id.	6, o	87	324	1,5
24	Id.	6,3o	78,5	327	<o,5

(1) Séries à deux recoupements seulement.

« D'autres observations ont été faites en août 1896 et en mai 1897; mais celles-ci ne comportent que quelques mesures faites le matin et le soir; elles n'ont pas, par conséquent, la continuité des journées précédentes. Elles confirment néanmoins les conclusions que nous venons d'énoncer sur une plus grande rapidité des mouvements du sommet de la Tour dans la matinée, et sur sa fixité relative dans les heures du soir.

« En condensant sur un même schéma toutes les courbes du matin, puis, sur un autre, toutes les courbes du soir, on a les figures ci-dessus 44 et 45.

« Les remarques qui précèdent conduisent à cette conclusion que, pour vérifier par des observations périodiques si le sommet de la Tour Eiffel subit quelque déplacement, il suffit de faire les observations pendant la période diurne où les mouvements sont les plus faibles, c'est-à-dire le soir, pendant les deux ou trois heures qui précèdent le coucher du soleil. On n'obtiendra évidemment qu'une valeur approchée de la position absolue du paratonnerre par rapport au repère fixe, mais ce renseignement suffira pour déceler un déplacement important de la Tour, s'il s'est produit dans l'intervalle des époques d'observation.

« Partant de ce principe, nous avons reconnu que le sommet de la Tour n'a subi aucun déplacement appréciable entre le mois d'août 1896 et le mois d'août 1897 : sa projection se trouve, le soir, à 9 *cm* environ du repère fixe du sol, dans le quadrant Sud-Est, sous un azimut moyen de 45° par rapport au Sud.

« Nous avons reconnu également, par l'ensemble de nos observations, que la distance entre la projection du paratonnerre et le repère fixe n'a oscillé qu'entre des limites très faibles, de 2,7 *cm* à 11 *cm*, mais les variations en azimut de la ligne qui joint ces deux points s'étendent sur plus d'un quadrant. La torsion diurne du sommet de la Tour est donc très nettement mise en évidence.

« Si l'on voulait se servir de la Tour comme d'un signal géodésique et y faire un tour d'horizon, il serait par suite nécessaire d'adopter, comme sur les pylônes en bois, une méthode particulière d'observation pour éliminer l'erreur provenant de cette torsion. »

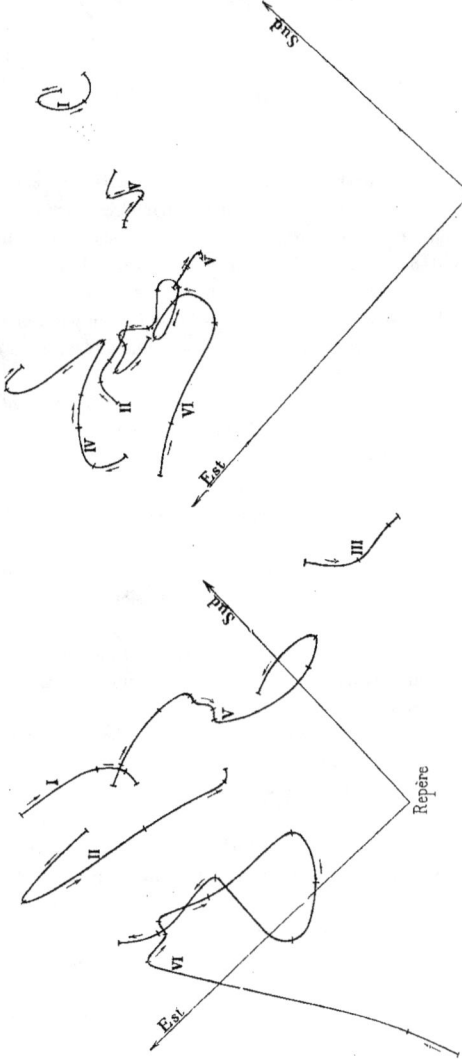

Fig. 44. — Ensemble des courbes du matin.

Fig. 45. — Ensemble des courbes de l'après-midi.

I. 12 août 1896. (De 5h50 à 8h15 du matin et de 5h30 à 7h00 du soir.)
II. 14 mai 1897. (De 8h00 à 10h00 — 4h30 à 7h00 —)
III. 15 mai 1897. (De 6h30 à 8h00 —)
IV. 19 mai 1897. (De 3h00 à 6h00 —)
V. 21 mai 1897. (De 4h30 à 9h00 — 12h00 à 1h30 —)
VI. 25 août 1897. (De 5h30 à 11h00 — 1h15 à 6h30 —)

V. — MANOMÈTRE A AIR LIBRÉ POUR LES HAUTES
PRESSIONS

Dès l'origine de la construction de la Tour, je m'étais préoccupé de son application à la construction d'un grand manomètre à air libre et à mercure permettant de mesurer directement des pressions de 400 atmosphères. Au point de vue scientifique, un tel manomètre devait, par sa haute précision, être précieux pour l'étalonnage des manomètres à azote ou à hydrogène destinés aux expériences de laboratoire; au point de vue industriel, il devait offrir une utilité incontestable pour la vérification des manomètres métalliques.

Aussi, après l'achèvement de la Tour, je fis établir ce manomètre d'après le projet qui en a été fait par M. L. Cailletet, membre de l'Institut, si connu par ses beaux travaux sur la liquéfaction des gaz.

Je donne ci-dessous la description de cet appareil, d'après la communication faite par M. Cailletet à l'Académie des Sciences en 1891.

« *Disposition générale.* — Les manomètres à air libre sont les seuls instruments qui permettent d'obtenir pratiquement, d'une façon précise et avec une approximation constante, la mesure des pressions des gaz ou des liquides.

« C'est pour cette raison que j'avais installé, d'abord sur le penchant d'un coteau, puis, plus tard, au puits artésien de la Butte-aux-Cailles, un manomètre à air libre de plus de 100 *m* de hauteur.

« Cette disposition a été imitée depuis par plusieurs physiciens. Mais les difficultés de manœuvre et d'observation d'un instrument installé dans ces conditions laissent toujours subsister des incertitudes sur la précision des résultats.

« La construction de la Tour Eiffel offrait des conditions exceptionnelles pour l'établissement d'un manomètre à air libre de 300 *m* dont tous les organes, liés d'une façon invariable à la Tour elle-même, fussent accessibles à l'observateur sur toute son étendue. Grâce à la libéralité de M. Eiffel, la construction de cet instrument est actuellement un fait accompli.

« La pression de 400 atmosphères, que mesure un pareil manomètre, ne peut être maintenue dans un tube de verre. On a dû recourir à un tube d'acier doux de 4 *mm* environ de diamètre intérieur, relié par sa base à un récipient contenant du mercure. En comprimant, à l'aide d'une pompe et d'après le dispositif bien connu, de l'eau sur ce mercure, on peut l'élever graduellement jusqu'au sommet de la Tour.

« La direction inclinée des piliers de la Tour ne permettait pas l'installation du tube d'acier dans une direction verticale. De la base de la Tour à la première plate-forme, c'est-à-dire jusqu'à une hauteur de 60 *m* environ, ce tube est fixé contre le plan incliné d'un des rails de l'ascenseur. Un escalier en fer le suit dans toute sa longueur.

« Entre la première et la deuxième plate-forme, c'est-à-dire sur une hauteur à peu près égale à la précédente, l'appareil manométrique est installé contre l'escalier hélicoïdal. Celui-ci se divisant en plusieurs tronçons, non superposés sur une même verticale, à cause de l'obliquité du pilier, le tube manométrique lui-même se divise en autant de parties et s'incline pour passer d'un de ces escaliers à l'autre, en conservant une pente assez grande pour assurer la descente du mercure au retour.

« Enfin, de la deuxième plate-forme au sommet, le tube est disposé de la même manière contre les deux grands escaliers verticaux en hélice.

« L'observation facile est donc assurée, comme on le voit, de la base au sommet.

« *Détail de l'appareil.* — L'opacité du tube d'acier s'opposant à la lecture directe du niveau du mercure, on a disposé, à des distances égales (de 3 en 3 *m* environ), sur le trajet de ce tube, des robinets à vis conique dont chacun communique avec un tube de verre vertical. Ce tube est muni d'une échelle graduée, soigneusement tracée sur bois verni, qui n'éprouve que des variations de longueur insignifiantes par les changements de température. Lorsqu'on ouvre un de ces robinets, on met l'intérieur du tube d'acier en communication avec le tube de verre dans lequel peut alors pénétrer le mercure.

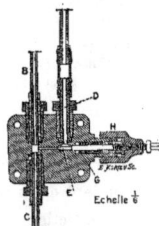

Echelle $\frac{1}{6}$

Fig. 46.

« La figure 46 représente le détail d'un de ces robinets. BC est le tube d'acier, D est l'ajutage métallique auquel le tube de verre s'adapte par un caoutchouc, EF est la tige filetée dont la pointe conique E ouvre ou ferme l'entrée du mercure

dans le tube de verre. Des rondelles de cuir G, comprimées par le serrage
de l'écrou H, assurent l'étanchéité de l'appareil.

« De la base de la Tour à la première plate-forme, ainsi que nous
l'avons dit, la direction du tube d'acier est inclinée. Le croquis à gauche de
la figure 47 indique la disposition des robinets et des tubes de verre,
contre l'escalier de service, dans cette
partie de l'appareil.

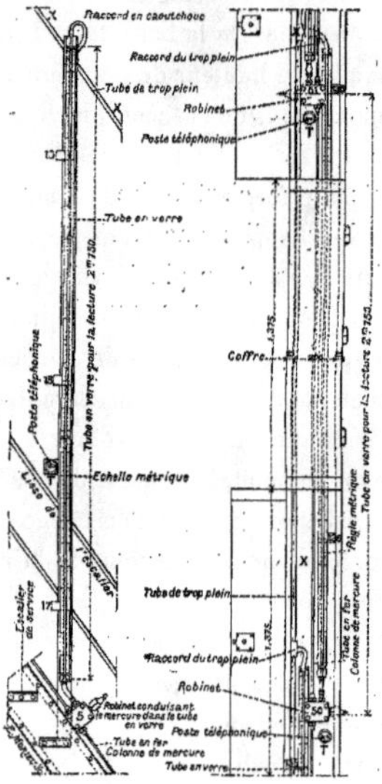

Fig. 47. — Disposition des robinets
et des tubes de verre du sol au
1er étage et du 1er étage au sommet.

« Le croquis à droite de la même
figure représente ces divers organes, du
premier étage au sommet. Les tubes et
robinets sont protégés par un ensemble
de coffres en bois dont les deux faces
opposées s'ouvrent pour permettre les
observations.

« Pour réaliser, à un moment donné,
une pression déterminée, il suffit d'ouvrir
le robinet du tube de verre qui porte la
division correspondant à cette pression ;
on fait agir la pompe hydraulique et,
quand le mercure arrive au robinet, il
s'élève en même temps dans le tube de
verre et dans le tube d'acier. On l'amène
alors exactement à la division voulue, en
agissant très lentement sur la pompe
hydraulique. Si, en opérant ainsi, on
dépasse le niveau recherché, on laisse
échapper une certaine quantité d'eau
par un robinet de décharge placé dans
le voisinage de la pompe. Le liquide qui s'échappe ainsi pénètre dans un
tube de verre vertical gradué où sa hauteur indique l'abaissement correspondant de la colonne de mercure.

« Cette manœuvre, qui se fait dans le laboratoire installé à la base de
l'appareil (Voir fig. 49), est rendue très simple au moyen d'un téléphone
que l'observateur emporte avec lui, et qui, à chaque robinet, peut être mis
en relation avec le poste inférieur.

« Dans la figure 47, T représente les pièces de contact destinées à établir la communication téléphonique. (Voir également fig. 48 ci-dessous.)

« Si, pour une cause quelconque, le mercure vient à dépasser le sommet d'un des tubes de verre, il se déverse dans un autre tube de retour en fer, qu'on aperçoit en XX dans les figures ci-jointes et qui le ramène à la base de l'appareil.

« Les échelles gra-duées qui accompagnent chaque tube de verre, n'étant pas toujours su-perposées verticalement, on a opéré de la manière suivante pour raccorder leurs graduations.

« La cote de chaque point de la Tour est con-nue d'une manière très exacte et a fourni un cer-tain nombre de points de repère. Pour le raccorde-ment de deux règles gra-duées consécutives, on se servait de deux vases com-municants remplis d'eau, réunis par un tube de caoutchouc et permettant de trouver, pour la base de chaque échelle, le plan

Fig. 48. — Escalier du sol au 1ᵉʳ étage, le long duquel est établi le manomètre. TTT, tubes de verre verticaux fixés au tube manométrique.

horizontal correspondant au niveau supérieur de l'échelle précédente. La graduation ainsi faite s'est trouvée d'accord avec la cote des diverses parties de la Tour.

« *Laboratoire.* — Dans le pilier Ouest de la Tour, à la base du mano-

mètre, est installé le laboratoire (Voir fig. 49), qui contient la pompe foulante hydraulique, le récipient à mercure, le poste téléphonique et les
autres accessoires. Parmi ceux-ci, nous devons signaler spécialement un
manomètre métallique de grande dimension, mis en relation avec le
liquide comprimé. Ce manomètre porte une première graduation en atmosphères ; une seconde graduation correspond au numéro d'ordre des divers

Fig. 49. — Laboratoire installé au niveau du sol dans le pilier Ouest.

robinets. On sait ainsi immédiatement, par avance, dans quel tube de
verre devra s'élever le mercure sous une pression donnée, ce qui permet
de trouver sans hésitation le robinet à ouvrir pour avoir la position exacte
de son niveau.

« *Corrections*. — Le calcul de la valeur exacte de la pression, d'après la
hauteur de la colonne de mercure soulevée, nécessite pour chaque expérience un certain nombre de corrections qui exigent la connaissance de
plusieurs éléments.

« La température modifie la densité du mercure et fait varier la hauteur de la Tour et par conséquent du tube manométrique. Un calcul simple montre qu'un écart de température de 30° ne fait guère varier cette hauteur que de 0,10 m, soit $\frac{1}{3.000}$ de sa valeur. La correction due à la densité variable du mercure est plus importante : elle serait environ de $\frac{1}{200}$ pour le même écart de 30°. La mesure de la température moyenne nécessaire à cette double correction est obtenue par la variation de la résistance électrique qu'elle communique au fil téléphonique qui suit la colonne mercurielle sur tout son parcours. Des thermomètres enregistreurs placés à chaque plate-forme donnent pour chaque expérience une indication suffisante.

« Les autres éléments de correction sont la compressibilité du mercure, les changements dans la pression atmosphérique à mesure que la colonne s'élève.

« M. Eiffel, en se chargeant de toutes ces dépenses et en mettant à ma disposition le personnel nécessaire à la construction, a tenu à montrer une fois de plus l'intérêt dévoué qu'il porte à la science. J'espère donc que l'Académie tiendra à s'associer aux sentiments de reconnaissance que je suis heureux d'adresser à M. Eiffel. »

Après l'achèvement de ces expériences, M. Cailletet nous a remis la note suivante résumant les résultats pratiques qu'il a obtenus :

« Les indications précises fournies par le manomètre établi à la Tour ont permis de graduer les manomètres métalliques à hautes pressions si employés maintenant dans les diverses industries.

« Les constructeurs de ces appareils ont actuellement des étalons gradués directement à la Tour, et qui leur permettent de graduer par comparaison les manomètres sortant de leurs ateliers.

« MM. Schaeffer et Budenberg nous ont fourni des manomètres métalliques de grandes dimensions et donnant des mesures de pression s'élevant à 400 atmosphères. Après plusieurs années, ces appareils ont conservé leur sensibilité et la précision de leurs indications.

« Il n'est pas inutile de rappeler que les manomètres métalliques qu'on trouvait autrefois dans le commerce donnaient des écarts dans leurs indications s'élevant souvent à 10 ou 12 p. 100.

« Je me suis également servi du manomètre de la Tour pour graduer un certain nombre de manomètres à gaz hydrogène. Ces appareils, à la seule condition d'être toujours observés à la même température, ce qu'on obtient en maintenant le tube de l'appareil dans une masse d'eau à température constante et exactement connue, donnent des déterminations d'une grande exactitude. J'ai pu ainsi éviter les manipulations assez longues de la mesure directe des pressions au moyen d'un grand manomètre à air libre, et, tout en restant dans mon laboratoire, mesurer avec la même précision les hautes pressions sous lesquelles j'opérais. Dans ce cas, je me servais de deux manomètres à hydrogène accouplés, et dont les indications simultanées se contrôlaient entre elles.

« C'est par cette méthode que, dans un travail entrepris avec M. Colardeau, sur la tension de la vapeur d'eau jusqu'à son point critique, nous avons pu déterminer avec une grande précision les pressions correspondant à chacune des températures observées. »

VI. — TÉLÉGRAPHIE SANS FIL

M. Ducretet a réalisé en 1898, du haut de la Tour, d'intéressantes expériences de télégraphie sans fil qui ont été communiquées à l'Académie des Sciences. Nous en reproduisons le compte rendu (7 novembre 1898) :

« Les essais de transmission entre la Tour Eiffel et le Panthéon, que j'ai commencés le 26 octobre, ont été suivis jusqu'à ce jour. La distance franchie est de 4 *km* et l'intervalle est occupé par un grand nombre de constructions élevées ; les signaux reçus au Panthéon ont toujours été très nets, même par un brouillard assez épais ; il est donc possible d'affirmer qu'avec les mêmes appareils cette distance pourrait être sensiblement augmentée.

« Le *poste transmetteur*, installé sur la troisième plate-forme de la Tour Eiffel, comprenait : une bobine de Ruhmkorff de 25 *cm* d'étincelle, actionnée par mon interrupteur à moteur et un interrupteur à main, pour forts courants, produisant les émissions intermittentes de décharges oscillantes entre les trois sphères d'un oscillateur. Une des sphères extrêmes de cet oscillateur était mise en communication avec l'extrémité isolée du *fil radiateur* suspendu dans l'espace jusqu'à la plate-forme intermédiaire ; l'autre sphère extrême était reliée directement à la masse métallique de la Tour, jouant ainsi le rôle de *terre*.

« Dans ces conditions, la longueur de l'étincelle entre les sphères de l'oscillateur est beaucoup diminuée, sans doute parce que le fil radiateur, au voisinage de la Tour métallique, acquiert une grande capacité.

« L'*appareil récepteur* était installé au Panthéon, sur la terrasse au-dessus des colonnades.

« En se plaçant dans les conditions inverses, le Panthéon devenant *transmetteur* et la Tour Eiffel *réceptrice*, on n'obtient aucune réception d'ondes; le voisinage immédiat de la Tour métallique et du fil vertical collecteur annule l'effet des ondes qui devraient agir sur le radio-conducteur. »

Nous devons ajouter que ce dernier phénomène peut simplement tenir à certaines circonstances de l'expérience qu'il est possible d'écarter. Les essais faits sur les grands cuirassés, qui forment des masses métalliques bien plus considérables, semblent en fournir une preuve convaincante.

VII. — AÉRONAUTIQUE

M. W. de Fonvielle a fait, dans le *Spectateur militaire* du 15 juillet 1890, le récit d'une ascension nocturne en ballon, dont nous extrayons les lignes qui suivent :

« Le 26 juin dernier, à 8ʰ15ᵐ du soir, nous prenions place dans l'ascenseur du pilier Nord de la Tour Eiffel, en compagnie de quelques aéronautes. Notre but était de nous assurer s'il ne serait pas possible d'établir une communication télégraphique entre la terrasse de la troisième plate-forme et le ballon *le Figaro*, exécutant une ascension nocturne à l'usine de la Villette. Ce ballon de 3.800 m³ portait quatre voyageurs en outre des aéronautes, MM. Jovis et Mallet.

« Cette communication aérienne entre un ballon en ascension et la troisième plate-forme peut être établie de la façon la plus simple, au moins pendant la nuit, quand on aura fait quelques expériences et que l'on aura acquis la pratique indispensable.

« Les expériences du 26 juin établissent ce résultat d'une manière tout à fait indiscutable.

« Les appareils dont MM. Jovis et Mallet se sont servis dans l'expérience du 26 étaient formés de deux lampes de vingt bougies chacune, placées dans un réflecteur conique à fond plat, mobile autour d'un axe vertical. Le réflecteur conique pouvait être dirigé du côté de la Tour que l'on apercevait dans le lointain à cause de ses projecteurs et de son phare.

« Nous avons suivi le ballon jusqu'à 11ʰ30ᵐ, moment où il se trouvait à une distance de 100 *km*, puisqu'il avait dépassé Château-Thierry. Rien n'était plus aisé que de maintenir le point lumineux dans le champ de la lunette.

« L'éclairage de la nacelle peut être exécuté très facilement par des appareils meilleurs. Il suffit, en effet, de prendre un réflecteur parabolique et de placer à son foyer une lampe unique d'une puissance égale à celle de deux lampes de l'expérience du 26 juin, pour être dans des conditions lumineuses bien meilleures.

« Nous avons aperçu très aisément les interruptions que M. Mallet a produites en couvrant de temps en temps la lumière avec sa casquette d'aéronaute. Il eût été beaucoup plus aisé de discerner ces signaux s'ils avaient été produits avec une clef de Morse donnant des interruptions instantanées et auxquels il est possible d'imprimer un certain rythme.

« Si on avait voulu expédier à l'aérostat des signaux Morse, on aurait dû se contenter d'un seul projecteur. L'illumination de la Tour eût été moins brillante, mais les aéronautes n'auraient point eu de peine à retrouver la Tour et à voir les signaux qu'elle eût envoyés. En effet, le phare tricolore, dont l'intensité est bien moins vive, est resté visible jusqu'à 1 heure, moment où l'aérostat était à 150 *km* à vol d'oiseau de la Tour.

« Il est bon d'ajouter qu'examiné avec une jumelle, il ressemblait alors à un simple phare à éclipses. Les rayons bleus et les rayons rouges avaient été absorbés par l'atmosphère.

« A lui seul et sans autre secours, le phare de la Tour peut servir de signal pour guider un aérostat en ascension nocturne, qui chercherait à courir des bordées verticales dans les airs, afin de s'approcher de Paris, ou de s'en éloigner dans une direction donnée d'avance.

« Un aéronaute qui, parti de Paris, voudrait y revenir, arriverait aisément à discerner le courant qui lui conviendrait pour courir des bordées dans le cercle de 100 à 150 *km* de rayon. Souvent, si le vent favorable l'abandonne, il pourra découvrir dans la région accessible de l'air plusieurs courants auxquels il lui sera possible de s'abandonner alternativement pour rectifier sa route.

« Pendant la journée, la Tour pourra aussi rendre de grands services aux voyageurs aériens, mais elle s'apercevra à des distances beaucoup moindres. C'est surtout pendant la nuit que ses services acquièrent une portée surprenante. On pourrait également, dans une certaine mesure, songer à la télégraphie optique sans attendre le soir. Malheureusement, que de peines pour qu'un éclair tiré du soleil vienne frapper l'œil d'un voyageur occupant un siège dans la nacelle!

« On doit déclarer bien haut que l'art des aéronautes, comme celui des astronomes, doit surtout s'exercer pendant la nuit. En effet, la navigation aérienne est en général beaucoup plus facile et plus sûre lorsque l'on n'a pas dans le ciel cet immense perturbateur qui se nomme le soleil. La lumière que donne la lune, surtout lorsqu'elle est voisine de son plein, suffit très bien pour reconnaître une infinité de détails. Quand la lune est absente, l'électricité permet d'exécuter toutes les manœuvres. C'est certainement de nuit que j'ai exécuté mes ascensions les plus intéressantes, et cela bien avant que la Tour Eiffel ne vînt prêter le secours de son phare et de ses projecteurs.

« Un ballon complètement armé doit posséder même les moyens d'éclairer la terre et de lancer au besoin des sondes lumineuses qui permettent de voir tout ce qui se passe sur le sol.

« L'œil de l'aéronaute acquiert une sensibilité très grande, et, même à hauteur considérable, il apercevra très bien les détails renfermés dans le cercle d'éclairement de sa nacelle. Pour tirer parti des lumières qu'il peut ainsi promener dans l'espace, il faut que la lampe servant aux projections lumineuses ne frappe jamais directement sa pupille : s'il est doué d'une bonne vue, et s'il possède des instruments d'optique accommodés à ces dispositions nouvelles, il pourra réellement accomplir des merveilles.

« Ajoutons que le courant électrique produit une chaleur qui peut être utilisée dans la lutte contre le froid, un des plus grands ennemis que l'homme ait à combattre dans la conquête de l'air.

« On voit donc que, si l'électricité ne possède pas une force motrice suffisamment légère pour lutter contre le vent, elle peut être d'un immense usage dans les excursions célestes. »

VIII. — ORIGINE TELLURIQUE DES RAIES DE L'OXYGÈNE
DANS LE SPECTRE SOLAIRE

M. J. Janssen, membre de l'Institut et directeur de l'Observatoire d'astronomie physique de Meudon, a fait à l'aide des projecteurs de la Tour des expériences que les *Comptes rendus de l'Académie des Sciences* du 20 mai 1899 rapportent en ces termes :

« M. Eiffel, ayant mis très obligeamment la Tour du Champ-de-Mars à ma disposition pour les expériences et observations que je voudrais y instituer, j'ai eu la pensée de profiter de la source si puissante de lumière qui vient d'y être installée, pour certaines études du spectre tellurique et, en particulier, celle qui se rapporte à l'origine des raies du spectre de l'oxygène dans le spectre solaire.

« Nous savons aujourd'hui qu'il existe dans le spectre solaire plusieurs groupes de raies qui sont dues à l'oxygène que contient notre atmosphère ; on peut se demander si ces groupes sont dus exclusivement à l'action de notre atmosphère et si l'atmosphère solaire n'y entre pour rien, ou bien si leur origine est double ; en un mot, si elles sont purement telluriques ou telluro-solaires.

« Pour résoudre cette question, on peut recourir à un certain nombre de méthodes.

« Une des plus sûres est celle de la vibration, dont l'origine remonte à la belle conception de M. Fizeau et qui a été appliquée par M. Thollon et perfectionnée par M. Cornu.

« Elle paraît d'une application assez difficile dans le cas présent.

« On peut aussi observer la diminution d'intensité que subissent les groupes à mesure qu'on s'élève dans l'atmosphère et, par des comparaisons aussi soignées que possible, et surtout par la grande pratique des observations, juger si la diminution d'intensité des raies permet de conclure à leur disparition complète aux limites de l'atmosphère. C'est la méthode employée dans la dernière expédition au massif du mont Blanc (Grands-Mulets).

« On peut encore procéder par une comparaison d'égalité en installant une puissante lumière à spectre continu à une distance de l'analyseur qui soit telle que l'épaisseur atmosphérique traversée représente l'action de l'atmosphère terrestre sur les rayons solaires aux environs du zénith.

« Or, cette dernière circonstance s'est très heureusement trouvée réalisée par les situations respectives de la Tour Eiffel et de l'Observatoire de Meudon.

« La Tour est à une distance de l'Observatoire d'environ 7.700 *m*, qui représente à peu près l'épaisseur d'une atmosphère ayant même poids que l'atmosphère terrestre et une densité uniforme et égale à celle de la couche atmosphérique voisine du sol.

« En outre, la puissance considérable de l'appareil lumineux installé actuellement au sommet de la Tour permettait l'emploi de l'instrument qui m'avait servi à Meudon et aux Grands-Mulets pour le soleil.

« J'ai néanmoins fait usage d'une lentille collectrice devant la fente, afin d'amener le spectre à avoir une intensité tout à fait comparable à celle du spectre solaire dans le même instrument.

« Dans ces conditions, le spectre s'est montré d'une vivacité extrême. Le champ spectral s'étendait au delà de A (1).

« Le groupe B m'a paru aussi intense qu'avec le soleil méridien d'été.

« Le groupe A était également fort accusé.

« On distinguait encore d'autres groupes, et notamment ceux de la vapeur d'eau ; leur intensité m'a paru répondre à l'état hygrométrique de la colonne atmosphérique traversée.

« Aucune bande de l'oxygène ne s'est montrée dans le spectre visible. Cependant, l'épaisseur de la couche d'oxygène traversée était équivalente à une colonne de plus de 260 *m* d'oxygène à 6 atm. de pression, c'est-à-dire à la pression pour laquelle le tube de notre laboratoire les montre avec une longueur de 60 *m* seulement, ou quatre fois plus petite. Ceci montre bien que pour l'oxygène les raies obéissent à une toute autre loi que les bandes.

« En effet, tandis que pour les raies l'expérience de dimanche dernier nous montre qu'il paraît indifférent d'employer une colonne de gaz à densité constante ou une colonne équivalente en poids, mais à densité variable, pour les bandes, au contraire, l'absorption ayant lieu suivant le carré de

(1) Les groupes A et B sont dus à l'absorption par l'oxygène de l'air. (Note de l'auteur.)

la densité, le calcul montre qu'il faudrait, à la surface du sol, une épaisseur atmosphérique de plus de 50 *km* pour les produire.

« Je ne considère l'expérience de dimanche dernier que comme appor-
tant un fait de plus à un ensemble d'études, fait qui demande à être
précisé et développé.

« Mais il est certain, pour moi, que la hauteur à laquelle la Tour du
Champ-de-Mars permet de placer le foyer lumineux et la puissance de ce
foyer nous promettent des expériences de l'ordre de celles qui viennent
d'être faites et du plus haut intérêt. »

SUR LA PRÉSENCE DE L'OXYGÈNE DANS LE SOLEIL

NOTE ADDITIONNELLE ET EXPLICATIVE DE LA NOTE PRÉCÉDENTE, par M. J. JANSSEN.

Depuis l'admirable application de l'analyse spectrale à l'astronomie,
on sait que le soleil contient la plupart de nos métaux usuels terrestres,
et tout indique qu'il est le grand réservoir où tous les corps qui composent
notre système planétaire se trouvent réunis.

Cependant on n'y a pas constaté la présence d'un corps d'une immense
importance pour la production et l'entretien de la vie à la surface de notre
terre, à savoir : l'oxygène.

M. Draper avait cru pouvoir annoncer la présence de l'oxygène dans
le soleil d'après certaines expériences; mais cette conclusion a été recon-
nue inexacte.

Or, les raies de l'oxygène se montrent dans le spectre solaire et elles
y forment des groupes importants nommés A, B, α (1).

Ces groupes sont-ils uniquement dus à l'action de l'oxygène contenu
dans notre atmosphère que les rayons solaires doivent nécessairement
traverser, ou bien préexistent-ils déjà dans le spectre solaire qu'on
obtiendrait avant l'entrée de la lumière solaire dans l'atmosphère
terrestre, et celle-ci ne fait-elle qu'en augmenter l'intensité?

Telle est la question à résoudre, si on veut pouvoir affirmer que

---

(1) On sait que ces groupes de raies appartiennent bien au gaz oxygène parce qu'on
les obtient en faisant passer un faisceau lumineux à travers un tube suffisamment long ne
contenant que de l'oxygène pur.

l'oxygène, au moins tel que nous le connaissons dans nos laboratoires et dans l'atmosphère terrestre, existe ou n'existe pas dans l'atmosphère solaire.

Or, comme nous ne pouvons porter nos instruments aux limites de l'atmosphère, nous sommes obligés d'employer la méthode qui consiste à montrer que la diminution de l'intensité des groupes oxygénés du spectre solaire est en rapport avec l'épaisseur atmosphérique traversée (comme cela peut être réalisé par l'emploi d'une haute station, le Mont Blanc par exemple), ou bien encore en montrant que si on fait traverser à un faisceau lumineux, une épaisseur atmosphérique égale ou équivalente à celle que les rayons solaires traversent à une époque déterminée de l'année, en juin, par exemple, et à midi, les groupes obtenus ainsi artificiellement sont égaux en intensité à ceux du spectre solaire dans les conditions précitées.

C'est précisément cette dernière condition qu'on put réaliser en analysant à l'Observatoire de Meudon un faisceau lumineux produit au sommet de la Tour Eiffel, car la distance entre ces deux points est très approchée de celle qui représente une épaisseur atmosphérique équivalente comme quantité à celle de l'atmosphère terrestre, c'est-à-dire qu'un rayon vertical traversant l'atmosphère terrestre doit y éprouver une absorption équivalente à celle du même rayon allant de la Tour à Meudon, en admettant bien entendu que l'absorption est proportionnelle à la quantité pondérale d'air traversée, ce dont on s'est assuré, d'ailleurs, à l'égard du groupe de lignes A. B, α. Voilà ce qui donne un intérêt tout particulier à l'expérience faite en 1889 entre la Tour et l'Observatoire de Meudon (1), expérience qu'il serait très intéressant de reprendre dans des conditions d'exactitude plus rigoureuses et plus concluantes.

(1) Grâce à l'offre très aimable qui nous a été faite alors par M. Eiffel et qu'il veut bien renouveler pour cette année.

IX. — ÉTUDE DE L'ABSORPTION ATMOSPHÉRIQUE
DES RADIATIONS VISIBLES

PAR L'OBSERVATION SPECTRALE DES FAISCEAUX ÉLECTRIQUES DE LA TOUR EIFFEL

EN 1889,

par M. A. CORNU.

Il était naturel de penser que, dans une direction horizontale, l'atmosphère terrestre absorbait les mêmes radiations et produisait les mêmes raies spectrales, dites *telluriques*, qu'on observe dans le spectre solaire. L'existence de plusieurs groupes telluriques dans le spectre d'un faisceau électrique projeté de la Tour Eiffel sur l'Observatoire de Meudon a été, en effet, signalée par M. Janssen (*Comptes rendus de l'Académie des Sciences*, t. CVIII, p. 1035) et présentée comme une démonstration de l'origine terrestre des groupes A et B, ainsi que de quelques bandes dues à la vapeur d'eau.

Je me suis proposé de relever minutieusement, sous une forte dispersion, la série des raies sombres observables dans le spectre des faisceaux électriques émis du haut de la Tour, et de les comparer avec celles figurées dans les cartes spectrales que j'avais publiées antérieurement (1). C'était, en outre, une vérification directe et précieuse de la méthode du *balancement des raies* qui m'avait conduit à distinguer individuellement les raies d'origine solaire et celles d'origine terrestre, dans les groupes de raies les plus compliqués du spectre solaire.

L'étude a été entreprise à l'École polytechnique, dans le local et avec les appareils qui m'avaient servi aux recherches de spectroscopie solaire. Cette étude, commencée le 24 octobre 1889, en utilisant, d'abord simplement, la lumière du phare à éclats du sommet de la Tour, fut poursuivie avec le faisceau d'un des projecteurs de 90 *cm* de MM. Sautter et Lemonnier, que M. Eiffel eut l'amabilité de faire diriger de 8 heures à 10 heures sur l'École polytechnique du 27 octobre au 6 novembre, jour

---

(1) *Sur les raies telluriques qu'on observe dans le spectre solaire au voisinage des raies D* (*Journal de l'École polytechnique*, LIII⁰ cahier, p. 175-212, 1883). — *Étude des bandes telluriques, α, B et A du spectre solaire* (*Annales de chimie et de physique*, 6⁰ série, t. VII, p. 5-102, 1886).

de la clôture de l'Exposition universelle de 1889 et de l'extinction des projecteurs. La distance de la Tour à l'École, relevée sur un plan de Paris au $\dfrac{1}{12.500}$, est d'environ 4.350 m.

L'agent chargé du projecteur reconnaissait immédiatement le point de l'horizon vers lequel il devait diriger et maintenir le faisceau. A cet effet, j'avais disposé, à demeure, près de la fenêtre de la mansarde du Pavillon des Élèves où étaient installés mes appareils, une grande lentille de 23 cm de diamètre et de 45 cm de distance focale : elle avait été réglée, de jour, par la condition d'amener l'image focale de la galerie supérieure de la Tour dans le plan moyen de la flamme d'une lampe modérateur qu'on allumait au crépuscule, ce qui permettait de vérifier le réglage.

La réciprocité des foyers conjugués de la lentille assurait l'envoi d'un faisceau de lumière qui couvrait toute la galerie où les projecteurs étaient en batterie : l'agent préposé à leur manœuvre apercevait dans la direction demandée un disque extrêmement brillant, impossible à confondre avec les points scintillants de l'horizon. Un verre rouge interposé près de la flamme rendait la distinction encore plus facile.

J'ai employé, suivant les circonstances, quatre spectroscopes de dispersion croissante :

1° Un spectroscope à vision directe de Duboscq avec échelle latérale;

2° Un goniomètre Brunner, muni de deux prismes de quartz et d'objectifs quartz-fluorine de 50 cm de distance focale pour la photographie des spectres;

3° Le même goniomètre muni d'un prisme de Flint et d'objectifs Crown et Flint de 45 cm de distance focale;

4° Enfin un grand réseau plan de Rowland observé avec un collimateur de 1 m et une lunette de 1,40 m.

La fente du collimateur était éclairée par l'image du projecteur de la

Fig. 50.

Tour concentrée par un objectif astronomique de 16 cm de diamètre et de 2,30 m de distance focale.

Les résultats répondirent entièrement à mon attente : pendant les soirées favorables, je pus faire une étude complète des groupes telluriques A, a, B et D, d'abord avec une dispersion moyenne : mais ce qui m'importait surtout, c'était de pouvoir utiliser la grande dispersion du spectre de deuxième ordre du Réseau Rowland; j'y suis parvenu plusieurs fois, ainsi que le témoigne le résumé donné plus loin des résultats obtenus dans chaque soirée.

J'aurais désiré relever au micromètre toutes les raies sombres visibles avec cette grande dispersion : malheureusement le ciel s'embruma progressivement : la pluie et le brouillard augmentèrent de plus en plus. Je ne pus donc réaliser qu'imparfaitement cette partie de mon programme, les pointés devenant chaque jour plus difficiles et plus pénibles, faute d'intensité lumineuse.

Par bonheur, ce long travail est devenu en grande partie inutile, grâce à la configuration caractéristique des groupes qui reproduisaient exactement ceux de mes cartes, de sorte qu'un petit nombre de pointés ont suffi pour assurer leur identification complète : c'était, en définitive, le but que je m'étais proposé.

Résumé des résultats obtenus.

J'extrais du carnet d'observations les principaux résultats de chaque soirée.

24, 25 et 26 octobre 1889. — Premiers essais avec le spectroscope Duboscq à vision directe : une petite lentille collectrice, puis l'objectif de 16 cm projettent l'image linéaire du Phare de la Tour sur la fente.

Reconnu et relevé diverses raies brillantes des vapeurs métalliques de l'arc électrique (sodium, calcium, magnésium), ainsi que plusieurs raies sombres, sur le spectre continu des charbons dans la région rouge du spectre.

La comparaison de ces relevés avec ceux effectués dans la journée du 27, avec la lumière solaire, montre que les raies sombres représentent A, a et B. (A et B sont dues à l'absorption par l'oxygène de l'air; a par la vapeur d'eau.)

27 *octobre*. — Reçu le faisceau du projecteur de 90 *cm*. Éclat admirable. — On lit facilement un journal à la lumière venue du projecteur. — Spectre brillant. Lentille collectrice de 50 *cm* de foyer. — Observé beaucoup de détails sur A, *a*, B sur les raies aqueuses, près de C et de D, laquelle est double et renversée. — Improvisé un essai avec le réseau Rowland. — Aperçu les cannelures de B.

29 *octobre*. — Goniomètre Brunner. — Prisme de Flint (60°). — Objectif de 16 *cm* pour concentrer l'image du projecteur sur la fente. — Relevé, sur le cercle divisé, les principales raies dans les groupes A, *a*, B et quelques raies aqueuses voisines de D; en outre, plusieurs lignes brillantes du calcium.

L'éclat du faisceau devient assez grand pour utiliser le spectroscope Rowland. Les deux raies D (vapeur de sodium) sont magnifiques même au 2me spectre : elles sont renversées au milieu de leur longueur, et brillantes aux extrémités. — Dans leur voisinage, toutes les raies aqueuses de ma carte s'y trouvent (les lignes métalliques *solaires* seules, naturellement, font défaut) : je les suis une à une dans le 1er spectre.

Je puis suivre de même en détail la structure du groupe B jusqu'au 8me doublet; au delà, l'intensité lumineuse est trop faible.

J'avais d'abord songé à relever toutes ces raies au micromètre; mais leur disposition m'est si connue et la concordance avec ma carte si parfaite, que je ne crois pas utile de perdre du temps et de me fatiguer la vue à faire ces pointés.

Le groupe α (dû à l'oxygène) est faible; il est surtout altéré dans son aspect ordinaire par l'intensité des raies aqueuses qu'il contient : toutefois, il est reconnaissable; je puis suivre aussi les groupes de raies aqueuses situées entre B et C, que j'ai marquées comme telles sur l'Atlas de Fievez.

30 *octobre*. — L'éclat du projecteur est très vif. — Le groupe B est admirable dans le 2me spectre. — Je vois au moins jusqu'au 11e doublet et les raies aqueuses qui suivent, en particulier la raie très forte $\lambda = 695,58$. — Vérification des raies aqueuses, près de C. — Passé toute la soirée à préciser l'identification du groupe α, très faible et altéré par la prédominance des raies aqueuses. — En partant, je laisse le fil du micromètre sur l'une des raies caractéristiques de α : le lendemain, à 2^{h}50 de l'après-midi, je constate, avec le soleil, que c'est bien la raie $\lambda = 627,68$ de α.

Pendant toute la soirée du 30 octobre, l'intensité de la lumière était si grande que, sans m'en apercevoir, j'ai observé constamment, dans le 2me spectre. La dispersion était si nette que dans le groupe voisin de D j'ai dédoublé la raie aqueuse $\lambda = 592,26$.

31 *octobre*. — Le ciel s'éclaircit : l'air se refroidit et s'embrume, l'éclat est moins vif qu'hier. — On pousse l'amabilité jusqu'à m'envoyer simultanément les faisceaux des deux projecteurs : mais je n'en puis utiliser qu'un seul, leur écart angulaire étant trop grand. — Les raies aqueuses sont beaucoup moins marquées : les deux raies D en sont presque dépouillées. — En revanche, le groupe α devient beaucoup mieux reconnaissable. — Le groupe B est très peu visible aussi bien au 1er qu'au 2me spectre. — Malgré la brume qui augmente, les raies violettes HK sont visibles, et même la bande ultra-violette du carbone avec le goniomètre Brunner. — La fumée de l'usine électrique de la place du Panthéon gêne beaucoup.

2 *novembre*. — Belle soirée. — Addition d'un tube de Geissler à l'hydrogène, pour produire la raie C comme repère dans le champ du spectroscope Rowland. — Vérification des groupes aqueux dans le voisinage de C, par comparaison avec cette raie et les raies brillantes du calcium.

Très bien vu le groupe α : l'éclat du champ est assez vif pour montrer jusqu'au 4me doublet de α et permettre d'effectuer des pointés. — Mesuré la distance de la forte raie $\lambda = 627,68$ (oxygène) et de la raie aqueuse $\lambda = 629,14$ située au milieu du 2me doublet de α ; deux mesures ont donné 3'10 et 3'11 au micromètre à fil : le 4 novembre, la même mesure, effectuée avec la lumière solaire, a donné 3'105 : l'identification est donc parfaite.

Le groupe aqueux de D est admirable ; c'est exactement ma carte : je dédouble 592,26.

3 *novembre*. — Soirée pluvieuse : néanmoins la lumière est assez vive. — Essai de photographie de la partie réfrangible du spectre. — Goniomètre Brunner. — Lentille collectrice en quartz fluorine. — Double prisme de quartz au minimum de déviation sur la raie violette 423 du calcium. — Obtenu 10 spectres violets et ultra-violets sur 4 plaques à la gélatine. — Poses variant de cinq secondes à deux minutes. — Aucune bande tellurique. — On ne voit que le spectre continu des charbons, les deux bandes cannelées brillantes du carbone, les raies brillantes H et K

du calcium, H'K' de l'aluminium et quelques autres. — Contrairement à ce qu'on aurait pu croire d'après l'état météorologique, le spectre ultra-violet est assez étendu et ne paraît limité à la longueur d'onde $\lambda = 329$ que par l'absorption des glaces fermant l'ouverture du projecteur et du défaut de réflexion ultra-violette du miroir concave en verre argenté.

4 novembre. — Un peu de brume et de fumée de l'usine du Panthéon. — Les raies aqueuses voisines de D sont redevenues bien visibles. — Pointés micrométriques d'identification. — Vérifié l'existence de la raie aqueuse $\lambda = 588,27$ qui double presque une raie du fer sur ma carte et que le *balancement* de cette dernière découvre nettement. — Bien vu le groupe α, mais rien de plus que précédemment. — Le groupe B est très beau, en ouvrant la fente. — Aperçu la raie aqueuse $\lambda = 692,57$ entre le 10me et 11me doublet et celles qui empâtent le 11me, à savoir $\lambda = 692,81$; $692,83$; $692,89$.

5 novembre. — Pluie toute la journée; brouillard le soir; le faisceau présente une couleur très jaune. Néanmoins la région rouge du spectre est assez brillante pour que j'aie pu faire une assez longue série de pointés entre B et C.

Les 34 pointés micrométriques ont été réduits en longueurs d'onde en prenant comme repère la raie C ($\lambda = 646,18$) empruntée au tube de Geissler et une raie brillante du calcium ($643,81$); six autres raies brillantes du calcium ont été identifiées avec des raies métalliques solaires et les autres raies sombres avec celles que j'avais marquées comme telluriques sur la planche de l'Atlas de Fievez et sur une carte inédite que j'ai construite autrefois avec le concours de M. Obrecht.

6 novembre. — Soirée brumeuse. — Lumière pâle et jaune. — Raies aqueuses très effacées. — Elles l'étaient déjà à 2 heures de l'après-midi. — Aucune observation utile.

Après la clôture de ces soirées d'observations, j'ai demandé au Bureau central météorologique les données recueillies au sommet de la Tour se rapportant à l'état de l'atmosphère du 28 octobre au 6 novembre.

Les variations de température et d'humidité sont trop faibles pour intervenir utilement dans la discussion de la visibilité des raies spectrales : la direction et l'intensité du vent paraissent avoir exercé plus d'influence.

Voici les chiffres qui m'ont été transmis :

Date	Température	Tension de vapeur	Vent Direction	Vitesse
		mm		m
1889. Octobre 28	11°0	7,1	SSO	7,8
— 29	9,8	7,4	SSO	10,3
— 30	10,5	7,3	SSO	12,3
— 31	7,0	4,9	ONO	1,8
Novembre 1	7,1	6,1	ONO	7,0
— 2	7,0	5,5	O	9,3
— 3	9,0	8,6	SO	20,0
— 4	8,9	7,7	SO	(?)
— 5	6,6	5,6	NNE	9,8
— 6	7,2	5,9	NNE	7,7

En résumé, les raies aqueuses ont été tantôt plus visibles, tantôt moins visibles que celles de l'atmosphère sèche (bandes A, B, α) : la variation de l'humidité de l'air et la direction du vent expliquent naturellement cet effet.

Les raies de l'atmosphère sèche ont toujours été moins marquées que dans le spectre solaire : cela tient à la faible distance (4.350 m) parcourue par le faisceau lumineux comparée à celle que parcourt le faisceau solaire, l'astre étant même supposé au zénith. Il est, en effet, facile de montrer que la masse absorbante des 4.350 m n'est guère plus de moitié de celle contenue dans une colonne verticale de même base s'élevant verticalement jusqu'aux confins de l'atmosphère. Le poids de l'atmosphère sur un mètre carré est, comme on sait, égal au poids d'une masse de mercure de même base ayant 76 cm de hauteur, c'est-à-dire $0,76 \times 13.596$ kg $= 10.333$ kg. Le mètre cube d'air à la surface du globe pesant 1,293 kg, la hauteur verticale d'une colonne d'air de densité uniforme serait de

$$\frac{10.333}{1,293} = 7.991 \ m.$$

La colonne horizontale de 4,350 m ayant même base, contient donc une masse d'air plus petite dans le rapport de 4.350 à 7.991, c'est-à-dire de 1 à 0,544, rapport un peu plus grand que $\frac{1}{2}$. Il n'est donc pas étonnant de voir les raies des bandes A, B, α relativement moins sombres que dans les observations solaires où l'astre est voisin du zénith. et, à plus forte raison, voisin de l'horizon.

CONCLUSION

Il résulte des observations spectrales résumées ci-dessus, que près de deux cents raies sombres, produites par l'absorption atmosphérique des radiations d'une source de lumière terrestre ont été identifiées individuellement avec les raies dites *telluriques* observées dans le spectre solaire. L'origine atmosphérique de ces raies est donc surabondamment vérifiée.

CHAPITRE V

EFFETS PHYSIOLOGIQUES DE L'ASCENSION A LA TOUR EIFFEL

MODIFICATIONS DANS L'ACTIVITÉ

DES ÉCHANGES RESPIRATOIRES DE L'ORGANISME

TRAVAIL MÉCANIQUE DANS LA MONTÉE A PIED

Par le Dr A. Hénocque,

Directeur adjoint du Laboratoire de Physique biologique de l'École
des Hautes-Études au Collège de France.

Introduction.

Lorsqu'on monte par les ascenseurs à la terrasse de la 3ᵉ plate-forme de la Tour (278 m), l'organisme est influencé par les différences de l'altitude, de la température, de la ventilation; mais, quelle que soit la variation de ces conditions, les ingénieurs, les employés, les visiteurs, tous ceux qui sont transportés en ascenseur au-dessus de la 3ᵉ plate-forme, là où sont situés les laboratoires, ont constaté qu'ils éprouvaient une impression en général analogue. La respiration devient plus ample et plus facile; le pouls bat plus rapide, puis devient plus régulier et plus résistant. En même temps, ils ressentent un sentiment de bien-être, d'activité générale, d'excitation. La satisfaction d'un isolement sur un plateau où se développe un aussi vaste horizon, et où règne un air d'une

grande pureté et particulièrement vivifiant, détermine, principalement
chez les femmes, une excitation psychique se traduisant par la gaieté,
des conversations animées, joyeuses, le rire, l'attrait irrésistible à
monter plus haut encore, jusqu'au drapeau, en somme une excitation
générale qui rappelle aux voyageurs celle que provoquaient chez eux des
ascensions dans les stations de hautes montagnes. Pour peu que le
séjour au sommet se prolonge, cette impression s'accentue. Il se produit
une sensation d'appétit remarquable; en même temps, l'esprit étant
occupé par ce splendide spectacle, la notion de la durée du séjour
s'affaiblit singulièrement, alors s'augmente le désir de prolonger le repos
et cette contemplation.

Ces effets, dus à un transport rapide et sans fatigue dans une
couche atmosphérique située à 300 m au-dessus du sol, dont elle est
complètement isolée, méritaient d'être étudiés avec soin. J'ai fait, dans
ce but, de nombreuses observations qui m'ont fourni des résultats intéressants que l'on ne pouvait soupçonner *a priori*. J'exposerai ici la partie
la plus importante de ces recherches en étudiant successivement les
principaux phénomènes de modification dans la circulation et la respiration. J'examinerai surtout les modifications produites dans un des phénomènes physiologiques qui les résume toutes, l'activité de réduction de
l'oxyhémoglobine, c'est-à-dire l'activité des échanges respiratoires entre
le sang et les éléments des tissus. Les résultats obtenus par cet examen
spécial sont beaucoup plus concordants et plus démonstratifs que les
constatations de la fréquence du pouls et de la respiration.

§ 1. — Travail mécanique dû à l'ascension à pied.

En étudiant les phénomènes relatifs de la réduction après une
montée à pied par les escaliers, j'ai eu l'occasion de faire des observations, qui ne sont pas sans intérêt, sur les conditions dans lesquelles
s'effectue cette montée et sur le travail mécanique qui y est développé.

Je ferai remarquer que la Tour, par le développement exceptionnel
d'un escalier presque continu, se prête particulièrement bien à des
recherches de ce genre.

C'est le résultat de celles-ci qui est indiqué ci-après.

A. — *Travail mécanique dû à la montée.*

La montée à pied à la 3ᵉ plate-forme de la Tour comprend une ascension verticale de 277 *m*, et un parcours horizontal sur les escaliers et les plates-formes de 438 *m*, suivant le tableau ci-dessous.

Tableau des données relatives à la montée à pied.

DÉSIGNATION	ALTITUDE des étages	HAUTEUR des étages au-dessus du sol des piles	NOMBRE DE MARCHES		PARCOURS HORIZONTAL	
			par étage	cumulé	par étage	cumulé
		m			m	m
Altitude du pied des escaliers (sol de l'intérieur des piles)	+ 35,08	»	»	»	»	»
Première plate-forme	+ 91,13	56,05	347	347	119	119
Parcours horizontal sur celle-ci . . .	»	»	»	»	7	126
Deuxième plate-forme	+ 149,23	114,15	327	674	77′	203
Parcours horizontal sur celle-ci . . .	»	»	»	»	21	224
Plate-forme intermédiaire	+ 229,43	194,35	456	1.130	102	326
Parcours horizontal sur celle-ci . . .	»	»	»	»	12	338
Troisième plate-forme (terrasse) . . .	+ 312,21	277,13	455	1.585	100	438
Sommet	+ 334,01	298,93	125	1.710	39	477

Ces chiffres vont nous permettre de calculer, pour un homme d'un poids moyen de 70 *kg*, le travail mécanique qu'il doit développer pour faire l'ascension des divers étages en tenant compte de son déplacement horizontal; nous en déduirons son travail en kilogrammètres par seconde, en faisant intervenir le temps de l'ascension. Ces calculs nous amèneront à une évaluation du chiffre du travail dû à la marche sur un terrain horizontal, dont la valeur, malgré tous les travaux faits à ce sujet, reste encore assez incertaine. Parlons d'abord des faits établis par une suite déjà longue d'observations.

Le temps *normal* de la montée pris par les ouvriers de la Tour, soit pendant la construction, soit pendant l'exploitation, est de :

A la 1ʳᵉ plate-forme . . . .   6 minutes.
— 2ᵉ   —   12   —
—   —   intermédiaire   21   —
— 3ᵉ   —   (terrasse)   30   —

Ces diverses durées correspondent les unes et les autres à une
vitesse moyenne verticale de $0,154 m$(1). Mais elles amènent, surtout pour
la 3ᵉ plate-forme, de l'essoufflement et de la fatigue; *un tel travail ne
pourrait se prolonger.* Aussi trouvons-nous tout à fait exagéré le chiffre
$0,15 m$, que l'on trouve dans la plupart des ouvrages traitant du travail
mécanique que l'homme peut produire, comme la moyenne d'une vitesse
pouvant être maintenue pendant 8 heures (Courtois, *Moteurs animés*, et
autres). La fatigue est déjà bien moindre avec la durée habituelle de
45 minutes prise par des hommes moins exercés. Néanmoins, le personnel de la Tour estime qu'on ne pourrait, même normalement, maintenir cette durée pendant un travail journalier de 8 heures, et il pense
généralement que l'homme, pour ne pas éprouver à la fin de la journée
un excès de fatigue, ne pourrait effectuer plus de 8 montées par journée
de 8 heures de travail, soit une seule montée par heure. C'est sur ces
données d'une expérience prolongée que nous opérerons.

Pour un homme dont le poids moyen est de 70 *kg*, y compris
vêtements, le travail mécanique total comprend celui dû à l'ascension
verticale des 277 *m*, soit, sans aucun conteste, $70 \times 277 = 19.390 \ kgm,$ et
en plus le travail dû à son déplacement horizontal sur un terrain plat de
438 *m*. Ce travail est bien plus difficile à apprécier que le premier, et
demande à être étudié avec quelques développements.

Ce mouvement horizontal ne peut se produire que sous l'influence
d'une force horizontale dont le point d'application se déplace à une
vitesse déterminée et qui produit un certain travail mécanique en *kgm,*
s'ajoutant au premier.

En appelant F cette composante horizontale de la marche, c'est-à-dire
l'effort horizontal que l'homme doit développer pour entretenir celle-ci sur
un terrain plat, le travail total effectué, exprimé en kilogrammètres, est :

$$19.330 + F \times 438.$$

(1) Dans les observations que j'ai faites (voir tableau nᵒ 2) cette rapidité d'ascension a
été dépassée par M. le Dʳ François, qui est monté en 24 minutes, et par deux étudiants,
MM. Duhamel et Murer, qui sont montés en 25 minutes. Ce sont, à ma connaissance, les
durées les plus courtes qui aient été réalisées.
    Le célèbre voyageur M. D'Abadie, âgé de 70 ans, a fait lui-même une observation d'as-
cension aussi rapide qu'il pouvait l'effectuer. Elle a été de 35 minutes.
    Par contre, la durée de 60 minutes a été réalisée par deux étudiants en médecine qui se
proposaient d'éviter la fatigue (observations nᵒˢ 43 et 44).

Pour se rendre compte de la valeur de la composante horizontale de la marche que nous avons appelée F, on peut rechercher une équivalence entre le travail total ci-dessus et celui résultant du déplacement d'un marcheur sur un terrain plat pendant le même temps.

M. Courtois, ingénieur des ponts et chaussées, donne, dans son *Traité des moteurs animés*, la vitesse de 1,60 m comme normale moyenne pour un voyageur sans fardeau sur une bonne route plate. Cette vitesse correspond suivant le rythme normal à 70 pas doubles de 1,37 m de longueur et à un parcours de 5,760 m à l'heure. Elle peut se prolonger pendant huit heures, soit 46 km dans une journée.

Nous estimons qu'au point de vue de la dépense d'énergie musculaire, on peut assimiler le travail journalier des 8 ascensions dont nous avons parlé à ce parcours horizontal de 46 km pendant le même temps.

Or le travail pendant les 3,600″ de la marche horizontale est de $F \times 1,60 \times 3.600$, soit $F \times 5,760$.

Si l'on admet l'équivalence que je viens d'indiquer dans le travail moyen d'une montée et celui d'un parcours horizontal de 5,760 m, on aura l'égalité :

$$19.390 + F \times 438 = F \times 5.760$$

d'où :

$$F = \frac{19.390}{5.322} = 3,80 \ kg \ (1).$$

Avec cette valeur de F, le travail de l'ascension dû au déplacement horizontal sera de $3,80 \times 438 = 1.664 \ kgm.$

(1) En nous reportant au graphique établi par le professeur Marey (Marey et Démeny), *Mesure du travail mécanique effectué dans la locomotion de l'homme et Variations du travail mécanique dépensé dans les divers allures*, in *Comptes rendus de l'Académie des Sciences*, t. CIII, 1886, nous voyons que le travail mécanique proprement dit dans la marche horizontale, dans les conditions indiquées, à savoir 70 doubles pas par minute, s'élève à 5 kgm par double pas. Le travail par seconde est donc de $5 \times \frac{70}{60} = 5,83 \ kgm.$

La vitesse réalisée à cette allure étant de 1,60 m, le travail par seconde est de $F \times 1,60$; on a donc $5,83 = F \times 1,60$, d'où $F = 3,65 \ kg.$

Ce chiffre est presque identique à celui de 3,80 kgm que nous avons déterminé par des observations d'un ordre différent.

Nous ajouterons que nous n'avons pas tenu compte du *travail physiologique*, dû aux oscillations verticales alternatives du centre de gravité, qui, au point de vue du travail mécanique, donnent une somme nulle, l'un de ces travaux étant négatif et l'autre positif. En ajoutant ces deux travaux dus à l'oscillation, que l'on peut physiologiquement considérer comme s'additionnant, on trouverait pour la marche un travail supplémentaire, d'après M. Marey, de 9 kgm par pas. Le chiffre analogue n'a pas encore été déterminé, à notre connaissance, spécialement pour la montée d'un escalier.

En y ajoutant le travail suivant la verticale, soit 19,390, le travail total de l'ascension sera de 19.390 + 1.664 = 21,054 *kgm* pendant 3.600″, soit par seconde $\frac{21.054}{3,600} = 5,84$ *kgm*.

Ce chiffre est très voisin de celui de 6 *kgm* par seconde généralement admis pour la force humaine représentée par l'action de l'homme sur une manivelle, et un peu au-dessous de celui de 7 *kgm*, soit $\frac{1}{10}$ de cheval, qui figure dans la plupart des ouvrages.

On peut observer que les chiffres qui précèdent correspondent par heure à une ascension verticale de 277 *m*, soit à une vitesse de 0,077 *m* par seconde. Ce chiffre est à peu près la moitié de celui de l'auteur déjà cité, M. Courtois, qui le porte à 0,15 *m* pour un travail moyen prolongé. Ce dernier chiffre conduit à des conséquences tout à fait erronées sur le travail de l'homme montant un escalier.

Cette valeur de 0,15 *m* obtenue momentanément par les ouvriers très exercés, qui font l'ascension en une demi-heure, est à peu près un maximum, mais nullement une moyenne.

Avec cette vitesse, le travail des ouvriers est double du précédent, soit 11,68 *kgm* par seconde, ce qui est certainement un travail excessif au delà des forces humaines.

On peut donc dire que le travail de l'ascension par les escaliers est de 6 *kgm* par seconde pour un travail continu et peut être porté à 12 *kgm* environ pour une ascension unique.

D'une manière générale, en désignant le poids de l'homme par P, la hauteur d'ascension par H, la distance horizontale parcourue par D, et le temps en secondes de l'ascension par t, on aura l'égalité :

$$P.H + F.D = 1,60.F.t.$$

d'où :

$$F = \frac{P.H}{1,60\,t - D}$$

et le travail T par seconde sera :

$$T = \frac{1}{t}(P.H + D.F) = \frac{P.H}{t}\left(1 + \frac{D}{1,60.t - D}\right)$$

(Obs. 41).   Si P = 68,50 *kg*, t = 1.800, H = 277 et D = 438.

On trouve :

$$F = 7,8\ kg \quad \text{et} \quad T = 12,5\ kgm.$$

C'est avec cette formule que sont calculées les valeurs inscrites dans la dernière colonne du tableau n° 2.

Le travail suivant la verticale est indiqué, dans l'exemple que nous venons de prendre, par les chiffres de 18,975 *kgm*, et le travail suivant l'horizontale par 3,416, qui sont dans le rapport de 5,50 à 1.

B. — *Travail dans la descente à pied.*

Pour la descente à pied, nous avons, comme pour la montée, consulté le personnel de la Tour pour lequel une expérience prolongée a donné les résultats que nous allons relater.

La descente par les escaliers de la 3ᵉ plate-forme au sol exige une durée normale de 14 à 15 minutes, pour ne pas amener de fatigue spéciale. L'allure de cette descente est, au point de vue des efforts développés, tout à fait comparable à celle de la montée en 45 minutes. Le rapport de la vitesse de la montée à celle de la descente serait ainsi de 1 à 3.

Ce rapport de 1 à 3 se maintient pour les allures vives un peu exceptionnelles ; la descente en effet peut être réalisée dans une durée de 8 minutes seulement, et comparable aux 25 minutes de la montée rapide.

Dans la descente, le travail mécanique est faible et le travail est presque en entier un travail physiologique ; or, celui-ci doit même être assez élevé en raison du rapport de la vitesse de la montée à celle de la descente.

On verra dans un chapitre suivant des exemples des résultats produits par la descente à pied sur l'activité de la réduction.

Des recherches plus multipliées sur ce point seraient très intéressantes et nous nous proposons de les réaliser prochainement, en faisant faire des montées d'une manière continue pendant toute une journée, les descentes se faisant par les ascenseurs, et en effectuant pendant une autre journée uniquement des descentes, les ascenseurs servant aux montées et pour les repos.

§ 2. — De l'activité de réduction de l'oxyhémoglobine.

Pour bien comprendre l'importance de cette étude, il est indispensable de rappeler en quelques mots les données sur le rôle de l'oxyhémoglobine, et les transformations qu'elle subit dans l'organisme.

L'hémoglobine est la matière colorante du sang. Cette substance renfermée dans les globules du sang, auxquels elle donne une couleur rouge, renferme tout le fer du sang ; elle doit à sa combinaison peu stable avec l'oxygène son rôle d'agent vecteur de l'oxygène dans les tissus. C'est elle qui, se chargeant dans les poumons de l'oxygène de l'air, le transporte à travers le système vasculaire dans le cœur, les artères et les capillaires, distribuant son oxygène aux éléments des tissus. Dans cet échange entre le sang et les éléments organiques, qui représente la respiration interstitielle, les principes constitutifs des tissus s'oxydent aux dépens de l'hémoglobine, qui, leur cédant son oxygène, est elle-même réduite. Cette hémoglobine réduite, qui donne au sang veineux sa coloration foncée, est ramenée aux poumons pour y faire une provision nouvelle de l'oxygène indispensable à la vie. La quantité d'hémoglobine oxygénée ou oxyhémoglobine, à l'état de santé, varie entre 12 et 14 p. 100 du poids du sang ; du reste, la richesse de cette humeur en oxyhémoglobine correspond au poids du fer et est proportionnelle, non seulement au nombre des globules, mais aussi à leur volume.

Chez les anémiques, la quantité d'oxyhémoglobine diminue ; elle est de 10,9,8,7 p. 100, suivant le degré de l'anémie, mais peut descendre à 4 p. 100 et moins encore dans les cachexies ; elle s'élève au contraire à 15 p. 100 dans la pléthore.

L'examen spectroscopique de l'hémoglobine, lorsqu'on étudie du sang pur, non dilué, sous des épaisseurs variables et graduées, dans un hématoscope, démontre plusieurs bandes d'absorption dans le spectre, qui permettent de distinguer l'oxyhémoglobine de l'hémoglobine réduite et de ses divers dérivés. En résumé, le phénomène caractéristique des deux bandes, situées dans les plages jaune et verte nettement délimitées, faciles à définir et à mesurer, sert de base à l'hématospectroscopie.

La quantité d'oxyhémoglobine est mesurée par l'analyse spectroscopique de quelques gouttes de sang placées dans une petite cuve capillaire appelée hématoscope. C'est également au moyen de l'examen spectroscopique du sang circulant dans le pouce que l'on apprécie l'activité de la réduction, c'est-à-dire le temps nécessaire pour que l'oxyhémoglobine se réduise dans les tissus, abandonnant aux éléments cellulaires la quantité d'oxygène qu'elle contient, phénomène qui constitue la respiration interstitielle, phénomène d'échanges gazeux entre le sang et les tissus. L'activité de la réduction dans les conditions physiologiques varie dans certaines limites.

Cette activité est augmentée par les efforts, la marche, les ascensions, les exercices de gymnastique, d'équitation, d'escrime, de bicyclette, à condition de ne pas atteindre la fatigue exagérée et le surmenage qui amènent le ralentissement des échanges.

Elle est diminuée d'une façon permanente dans certaines maladies, telles que les anémies, la chlorose, les cancers, etc. Elle peut être régularisée pour une médication appropriée.

L'appréciation de la quantité d'oxyhémoglobine et de l'activité se fait par la méthode hématoscopique qui porte mon nom (1).

§ 3. — Modifications de l'activité de réduction de l'oxyhémoglobine dans les ascensions à la Tour Eiffel.

J'ai pris plus de 60 observations en les variant de façon à étudier les effets produits : 1° par l'ascension mécanique en ascenseurs; 2° et par les montées à pied par les escaliers, à diverses hauteurs; 3° par la descente des escaliers à pied.

A. — *Montées par les ascenseurs.*

Les observations sont au nombre de 28. Les détails en sont réunis sous forme du tableau n° 1.

(1) A. Hénocque. — *L'hématoscopie*, méthode nouvelle d'analyse du sang, basée sur l'emploi du spectroscope (*Comptes rendus des séances de l'Académie des Sciences*, t. CIII, n° 18, 2 novembre 1886, et t. CVI, 9 janvier et 23 avril 1888).
A. Hénocque. — *Spectroscopie biologique.* — I Spectroscopie du sang; II. Spectroscopie des organes des tissus et des humeurs; III. Spectroscopie de l'urine et des pigments. *Encyclopédie scientifique des Aide-mémoire*, 3 volumes, Masson et Gauthier-Villars. Paris, 1895 et 1897.

Comme exemple, nous reproduisons les résultats d'une des ascensions pratiquées le 24 août 1889.

Obs. 3. — Dr POITOU-DUPLESSY. Quantité d'oxyhémoglobine, 11 p. 100.

	Durée de la réduction.	Activité de la réduction.
En bas	90″	0,61
En haut.	80″	0,68

Obs. 4. — Dr MARAVERY, 36 ans. Quantité d'oxyhémoglobine, 11,5 p. 100.

	Durée	Activité
En bas	73″	0,79
En haut.	53″	1,10

Obs. 5. — Père BR., dominicain, 29 ans. Quantité d'oxyhémoglobine, 14 p. 100.

	Durée	Activité
En bas	60″	1,16
En haut.	56″	1,26

Ces observations et toutes celles qui figurent au tableau montrent que chez des individus à quantité d'oxyhémoglobine différente et d'une activité variable, l'augmentation de l'activité est un fait constant.

Une autre observation démontre la persistance de l'augmentation de l'activité pendant deux heures de séjour à 285 m et même après la descente.

Obs. 7. — Dr A. H. Quantité d'oxyhémoglobine, 11,5 pour 100. Ascension rapide sans arrêt, par les ascenseurs.

	Durée	Activité
En bas (9ʰ20).	70″	0,80
En haut (9ʰ40).	60″	1,00
En haut (10ʰ35)	40″	1,40
En haut (11ʰ00)	40″	1,40
En bas (11ʰ50)	40″	1,40

On voit que l'activité augmente de 0,20, puis de 0,60, et reste très élevée jusqu'après la descente en bas de la Tour.

Le détail de toutes nos observations est donné dans le tableau n° 1 qui comprend les résultats de 28 observations de montées en ascenseur.

Tableau n° 1.

N°s	DATES	NOMS	AGE	POIDS VÊTU	POULS en bas	POULS en haut	OXY-HÉMOGLOBINE variation	HÉMOGLOBINE P. 100	DURÉE DE RÉDUCTION EN SECONDES en bas	en haut	variation	ACTIVITÉ DE RÉDUCTION en bas	en haut	variation	OBSERVATIONS
1	11 août 1889.	Dr A. H....	49	kg 80	104	112	+ 8	11,5	64	39	—25	0,90	1,40	+ 0,50	La tension vasculaire était en bas 19,5 cm, en haut 22,25 cm, puis en bas après repos 19 cm.
2	—	Dr Second.			84	»	»	12	70	45	—25	0,80	1,15	+ 0,35	La tension vasculaire était en bas 18 cm, en haut 20 cm, en bas après repos 18 cm.
3	24 août 1889.	Dr Poitou-Duplessy.	36		90	86	— 4	11	90	80	—10	0,60	0,68	+ 0,08	
4	—	Dr Maravery.	29		70	72	+ 2	11,5	73	53	—20	0,79	1,10	+ 0,49	
5	—	P. B....	29		90	72	0	11	66	56	— 4	1,16	1,26	+ 0,10	
6	—	P. D....	49		72	72	+ 6	14	54	60	+ 6	1,24	1,16	— 0,08	
7	6 sept. 1889.	Dr A. H....	49	80	90	96	+ 6	12	70	60	—10	0,80	1,00	+ 0,20	Résultat exception., mesures prises au sommet. 9h40m
8	27 août 1889.	Dr A. H...	49		88	96	+ 8	11,5	40	40	—30		1,40	+ 0,40	10h35m
9	26 mars 1890.	Dr A. H...	50		»	»	»	12	40	40	—30		1,40	+ 0,40	11h00m } Séjour à 277 m.
10	26 mai 1890.	Dr Schlemmer	39		68	68	0	12	70	50	—20	0,82	1,15	+ 0,33	11h50m
11	—	Dr Schlemmer			64	75	+11	12	95	75	—20	0,63	0,86	+ 0,15	
12	24 mai 1890.	Dr Oliver			83	85	+ 2	12	75	50	—5	1,20	1,50	+ 0,17	
13	8 oct. 1893.	Dr Oliver	53		100	98	+ 8	12	80	55	—5	1,00	1,50	+ 0,30	
14	Mai 1894.	Dr A. H...			120	112	+ 6	12	50	55	+ 5	1,00	1,09	+ 0,09	
15	—	Dr A. H...			100	108	+++	12	55	43	—5	1,09	1,43	+ 0,34	
16	—	Fischer			100	88	++	12	43	55	—35	0,81	1,43		
17	—	Dr Don. Labbé			80	88	—12	13,5	55	40	—20	1,00	1,40	+ 0,40	
18	—	Mme L...			100	88	— 4	12	66	58	—37	0,90	1,18	+ 0,28	
19	—	Dr Marcel Labbé			84	80	+++	12	95	53	—12	0,93	1,10	+ 0,23	
20	—	Dr Tripet			84	86	+ 2	13	65	50	—10	0,66	1,20	+ 0,54	
21	27 mai 1894.	Mme T...			84	86	+ 8	13	80	100	+20	0,75	0,60	— 0,15	Résultat exceptionnel.
22	—	Dr A. H...			99	»	»	13	60	30	—40	1,08	1,30	+ 0,22	
23	—	Dr A. H...			100	108	+ 8	12,5	66	55	—10	0,85	2,00	+ 1,15	
24	13 avril 1895.	Dr F. Lagrange.	39	84	84	»	»	13	66	66	—10	1,00	1,60	+ 0,52	Ces quatre observations, 25, 26, 27, 28, ont été prises dans la même séance que les observations de montées à pied n°s 48,49,50, du tableau n° 2.
25	27 juin 1896.	Dr Proust..	22	80	»	»	»	13	70	66	—10	1,08	1,00	+ 0,16	
26	—	Dr Deschamps.	26		72	»	»	13	65	55	—10	1,00	1,18	+ 0,18	
27	—	Lache, étud. en méd.													
28	—	Carlet, étud. en méd.			72	»	»	13	52	46	+ 6	1,28	1,36	+ 0,16	

Examinons les conclusions générales qui résultent de l'étude du tableau d'ensemble : 1° sur les 28 cas, l'activité est augmentée 26 fois. Il n'y a que deux cas de diminution de l'activité, et encore est-elle très minime (0,18 à 0,15), et elle doit être attribuée à une influence morale (vertige ou état nerveux). L'augmentation peut donc être considérée comme la règle. Elle varie de 0,08 à 0,54 ; la moyenne est d'environ 0,28 (elle a atteint exceptionnellement 1,15 dans une observation, n° 23).

B. — *Activité de la réduction dans les montées à pied.*

Comme exemple des phénomènes produits dans la montée à pied, je reproduis trois observations qui ont été prises le 26 juin 1896 à la suite d'une conférence faite à la Tour en présence du professeur Proust et de ses élèves du Cours d'hygiène à la Faculté de médecine, réunis au nombre de 80.

Obs. 48. — M. Bernard, étudiant en médecine, 26 ans. Oxyhémoglobine, 11 p. 100.

	Durée	Activité
En bas	60″	0,90
En haut.	50″	1,10

Obs. 49. — M. Duhamel, étudiant en médecine, 27 ans. Oxyhémoglobine, 11 p. 100.

	Durée	Activité
En bas	65″	0,80
En haut.	50″	1,25

Obs. 50. — M. Murer, étudiant en médecine, 24 ans. Oxyhémoglobine, 12 p. 100.

	Durée	Activité
En bas	80″	0,75
En haut.	35″	1,09

Dans ces trois observations, nous notons une augmentation de l'activité très importante de 0,20 à 0,34 et 0,45, en d'autres termes du quart, du tiers, et plus de la moitié de l'activité prise au départ.

L'étude du tableau n° 2, qui résume 26 observations de montées à pied, permettra d'apprécier les variations qui se sont produites dans les diverses circonstances.

Tableau n° 2.

N°	DATES	NOMS	AGE	POIDS VÊTU (kg)	POULS en bas	POULS en haut	POULS variation	HÉMOGLOBINE POUR 100 OXY.	DURÉE DE RÉDUCTION EN SECONDES en bas	DURÉE DE RÉDUCTION EN SECONDES en haut	DURÉE DE RÉDUCTION varia-tion	ACTIVITÉ DE RÉDUCTION en bas	ACTIVITÉ DE RÉDUCTION en haut	ACTIVITÉ DE RÉDUCTION variation	DURÉE DE L'ASCENSION (mn)	HAUTEUR ATTEINTE (m)	TRAVAIL ATTEINT EN KGM.S.	OBSERVATIONS
32	29 janv. 1888	Gobert	53	75	»	»	»	13	67	83	+16	0,95	0,78	−0,17	6	56	14,61	
33	—	Dr Gustave Simon	42	70	»	»	»	12	80	75	−5	0,76	0,80	+0,04	6	56	13,73	
34	—	Dr Hénocque	48	72	»	»	»	11,5	68	63	−5	0,84	0,92	+0,08	6	56	14,11	
35	7 juill. 1888	Dumont	44	85	»	»	»	13	89	70	−20	0,72	0,92	+0,20	6	56	16,63	
36	—	Dedieu	26	60	»	»	»	12	95	90	−5	0,66	0,67	+0,07	6	56	11,72	
37	7 oct. 1888	G. Eiffel	56	75	84	120	+36	13	70	45	−25	0,93	1,40	+0,47	15	114	11,02	Essoufflement, fatigue.
38	—	Dr Hénocque	48	72	96	110	+14	11,5	53	55	+3	1,08	1,04	−0,04	15	114	10,58	
39	—	V. E.	18	52	80	100	+20	13	99	75	−15	0,70	0,85	+0,15	15	114	7,63	
40	14 avril 1889	Dr François	28	68	80	92	+12	11	115	70	−45	0,53	0,78	+0,25	24	277	16,11	
41	—	Dr Reymond	24	68,5	114	120	+6	11	90	70	−20	0,60	0,80	+0,20	30	277	12,39	
42	—	Dr Hénocque	48	80	88	92	+4	11	65	105	+40	0,84	0,53	−0,31	44	277	9,32	
43	15 mars 1890	Riche, étud. en médec.	20	71	68	92	+24	14	66	40	−20	1,00	1,50	+0,50	60	277	5,88	
44	24 mars 1890	B., étudiant en médec.	20	68	104	100	−4	14	50	40	−10	1,40	1,75	+0,35	60	277	5,66	
45	18 mai 1890	Dr Schlemmer	39	»	68	68	»	12	89	70	−20	0,65	0,85	+0,20	45	277	»	
46	27 mai 1890	B., étudiant en médec.	20	68	100	88	−12	14	64	75	+5	0,87	0,96	+0,15	45	277	7,75	
47	—	Riche,	20	71	88	68	−20	12	60	75	+6	0,92	0,80	−0,12	45	277	8,49	
48	27 juin 1896	Bernard,	26	»	»	»	»	11	65	50	−10	0,90	1,10	+0,20	28	277	13,57	Pour un poids approximatif de 70 kg.
49	—	Duhamel,	27	»	72	84	+12	11	65	50	−15	0,80	1,25	+0,45	25	277	15,74	
50	—	Murer,	24	»	»	»	»	12	80	55	−35	0,75	1,19	+0,34	25	277	15,74	
51	25 avril 1896	Dr Porge.	28	63	72	116	+44	12	41	30	−11	1,45	2,00	+0,55	»	114	»	
52	—	G. Videau	29	63	74	112	+38	12,5	65	53	−12	0,95	1,15	+0,20	»	114	9,03	
53	12 nov. 1899	R. Pinsan	26	64,5	80	116	+36	12,5	47	32	−15	1,26	1,85	+0,60	15	114	9,03	
54	—	Dr Porge	31	63	68	144	+76	12	95	115	+20	0,63	0,50	−0,13	15	114	9,26	Essoufflement, fatigue.

En examinant ce tableau au point de vue de l'activité de la réduction, nous trouvons que celle-ci n'a été diminuée que dans 4 cas sur 23. Elle a été au contraire augmentée dans tous les autres (19 cas). L'augmentation de l'activité est donc la règle. La diminution ne s'est produite que dans des cas d'essoufflement, c'est-à-dire de surmenage dû à l'effort trop rapide ou trop intense, ce qui s'observe d'ailleurs dans tous les exercices physiques exagérés.

L'augmentation de l'activité est à peu près la même que pour la montée en ascenseurs, quoique ayant une tendance à être supérieure. Elle varie de 0,04 à 0,60 ; elle est en moyenne de 0,29.

Le minimum de 0,04 coïncide avec un certain degré d'essoufflement. Les deux maxima 0,55 et 0,60 ont coïncidé avec une ingestion préalable de café concentré.

Il semble donc qu'une conclusion s'impose : dans l'ascension passive, l'augmentation est certainement due à l'influence du changement rapide du milieu, tandis que dans l'ascension active, le travail produit et l'exercice musculaire donnent bien une augmentation, mais celle-ci n'est pas aussi prononcée qu'on pouvait le supposer.

L'influence du milieu ambiant semble à elle seule avoir une importance à peu près égale à celle de la dépense d'énergie musculaire, combinée avec celle du milieu. Ces deux influences n'agissent pas nécessairement dans le même sens, ainsi que le prouvent les quelques cas où la diminution a été observée.

C'est une des raisons pour lesquelles il ne nous a pas été possible de trouver une relation entre le travail mécanique produit par la montée à pied et l'augmentation de l'activité. Ces études demanderaient à être poursuivies et faites sur un beaucoup plus grand nombre d'individus, et dans des conditions encore plus variées.

C. — *Descentes à pied.*

Il nous a été possible dans quelques observations de constater des modifications de l'activité de la réduction dans la descente à pied. Voici le tableau résumé de ces observations :

Obs. 45, 26 mars. — Dr SCHLEMMER, ascension (3e étage) en 45', descente en 25'.

	Pouls	Durée	Modification de l'activité
En haut	68	95″	+ 0,17, par la montée.
En bas	76	56″	+ 0,25, par la descente.

Obs. 46, 27 mars. — BENSAUDE, ascension en 45', descente en 25'.

	Pouls	Durée	Modification de l'activité
En haut	100	80″	+ 0,15, par la montée.
En bas	84	50″	+ 0,43, par la descente.

Obs. 47, 27 mai. — RICHE, ascension en 45', descente en 25'.

	Pouls	Durée	Modification de l'activité
En haut	88	64″	— 0,12, par la montée.
En bas	68	58″	+ 0,24, par la descente.

Dans une autre observation (n° 14), la descente a été de 20 minutes sans amener d'essoufflement et sans accélération notable.

Dans deux autres cas d'ascension au 2e étage (n°s 51 et 53), la descente s'est effectuée en 5 minutes, sans essoufflement, mais avec sensation de fatigue, principalement dans les muscles des mollets et le droit antérieur de la cuisse. (L'ascension avait duré un quart d'heure.)

En examinant ce tableau, nous constatons que dans les trois premières observations, où la montée préalable avait duré 45 minutes, la descente n'a duré que 25 minutes. L'allure, d'ailleurs, n'avait pas été réglée d'avance; mais dans les trois cas il y a augmentation de l'activité de la réduction, supérieure même à l'augmentation produite par la montée, soit 0,25 + 0,42. Bien plus, dans le troisième cas, la montée ayant produit de la fatigue et de l'essoufflement, l'activité était, au sommet de la Tour, diminuée de 0,12. Au contraire, après la descente, l'activité était augmentée de 0,24.

Dans les deux dernières observations, la descente s'est effectuée en 5 minutes, tandis que la montée avait demandé 15 minutes.

Ces résultats semblent donc amener à cette conclusion, du moins pour ce petit nombre d'observations, que la fatigue due au travail physiologique de la descente, fatigue qui a surtout pour siège les extenseurs du pied et de la jambe, c'est-à-dire la région du mollet et la partie supérieure de la cuisse, a pour conséquence une augmentation de l'activité de la réduction supérieure à celle que produisait la montée et s'ajoutant même à celle-ci.

27

Ces conclusions sont d'ailleurs en accord avec les observations faites dans la pratique journalière des travaux à la Tour, telles que nous les avons exposées d'autre part.

§ 4. — Modification du pouls.

a. *Montées par les ascenseurs.*

Les variations du pouls ne présentent pas la constance de l'augmentation observée pour l'activité de la réduction. La diminution a été observée dans 6 cas sur 17 observations.

L'augmentation paraît au contraire beaucoup plus habituelle. En effet, dans 11 cas sur 17, ces augmentations ont été de 2 à 8 et très exceptionnellement de 11.

b. *Montées à pied.*

Au contraire, dans les montées à pied, la diminution n'a été observée que 2 fois chez le même individu, malgré une augmentation de l'activité de 0,34 et 0,55 (obs. 13 et 17). L'augmentation se montre dans les 14 cas qui suivent, variant de 1 à 76.

Pouls	Activité	Pouls	Activité
+ 1 un cas	+0,20	+24 un cas	+0,50
+ 4 un cas	—	+36 deux cas	+0,60 / +0,47
+ 5 un cas	—		
+ 6 un cas	0,20	+38 un cas	0,20
+ 8 un cas	+0,17	+44 un cas	+0,55
+12 un cas	+0,25	+76 un cas	—0,15
+20 deux cas	+0,15		

De l'examen de ce tableau, il résulte qu'il y a généralement concordance entre l'augmentation du pouls et celle de l'activité.

§ 5. — Tension vasculaire.

Dans une première ascension faite en compagnie du Dr Potain qui voulait étudier l'action de l'ascension sur le pouls de ses élèves, nous avons obtenu les résultats suivants, sur deux sujets : le Dr Segond et le D^r H.

La tension y est exprimée en centimètres de mercure.

Obs. 1, 11 août 1889. — Dr H., Quantité d'oxyhémoglobine, 11,5 p. 100.

	Pouls	Tension	Activité
En bas	114	19,5 cm	0,90
En haut	104	22,25 cm	1,40

Obs. 2. — Dr Segond.

	Pouls	Tension	Activité
En bas	84	18 cm	0,80
En haut.	80	20 cm	1,15

Dans ces deux cas, l'ascension était passive, faite dans les ascenseurs. Une troisième observation a été prise par le Dr Porge dans une montée à pied à la 2e plate-forme en 15 minutes.

Obs. 53. — M. Pinsan.

	Pouls	Tension	Activité
En bas	80	15 cm	1,25
En haut.	116	16 cm	1,85

L'on remarque que l'augmentation de la tension a été plus prononcée dans les ascensions passives à 300 m que dans la montée à pied.

Dans ces observations, la tension artérielle a été prise à l'aide du sphygmomanomètre et suivant la méthode du professeur Potain, par le professeur lui-même et par le Dr Porge.

§ 6. — Modification de la respiration.

Les variations du nombre des respirations sont très irrégulières. Quel que soit le mode d'ascension, l'on observe le plus souvent une faible diminution de 3 ou 4 respirations par minute, mais presque aussi souvent l'égalité. L'augmentation semble être exceptionnelle. Cette absence de résultats accentués peut s'expliquer par la difficulté de l'évaluation précise du nombre des respirations dans un examen rapide et subordonné à l'auto-suggestion du sujet observé.

Cependant, d'une manière générale, la respiration a présenté une augmentation notable dans l'amplitude de l'inspiration.

CONCLUSIONS

Il résulte de toutes ces observations et de leur étude aux différents points de vue que j'ai envisagés, que la caractéristique de l'influence des ascensions à la Tour sans aucun travail, et par conséquent l'action particulièrement due au transport rapide, est l'augmentation très notable et pour ainsi dire constante de l'activité de la réduction.

Cette augmentation se rencontre, il est vrai, dans des ascensions en funiculaire, sur des montagnes élevées; mais elle se produit ici non plus à un millier de mètres et davantage, mais bien à la simple hauteur de 300 m.

Dans les observations d'ascension en funiculaire à Glyon (742 m), à Murren (1.630 m), au Righi Kulm (1.800 m), j'ai observé des différences s'élevant à peine à 0,10, c'est-à-dire inférieures aux augmentations moyennes observées à la Tour. Il faut donc admettre une action spéciale en rapport avec la position de la Tour isolée de la couche atmosphérique en contact avec la terre. Au sommet de la Tour, on serait donc dans une sorte de climat comparable à celui de montagnes beaucoup plus élevées ; et d'ailleurs, les observations météorologiques démontrent bien pour les variations de l'aération, de la température, de la radiation et du régime des vents, ainsi que pour la tension électrique de l'atmosphère, une analogie semblable avec les variations observées sur des montagnes très élevées. Cela résulte des travaux de même ordre, précédemment rapportés dans ce livre.

Il est permis d'en tirer une conclusion au point de vue thérapeutique : c'est que l'influence de l'ascension est favorable dans tous les états morbides où il y a indication d'exciter l'activité de la réduction, par exemple en premier lieu, dans les anémies, la chlorose, certaines dyspepsies, etc.

Cette opinion, exprimée par plusieurs médecins, qu'on pourrait utiliser le séjour de la 3e plate-forme dans un but thérapeutique, c'est-à-dire y installer une sorte de cure d'altitude, était raisonnable. En effet, on a remarqué dans le personnel, et en particulier chez les femmes employées aux établissements des diverses plates-formes, et même chez des hommes souffrants ou convalescents, une amélioration très sensible de l'état général, en particulier l'augmentation de l'appétit et la régularisation de l'activité générale de la nutrition.

Il serait intéressant de tenir compte de ces résultats dans les cures d'altitude, auxquelles on pourrait adjoindre un mode facile d'ascensions rapides et répétées sur des sommets aussi abrupts et isolés que possible, où l'on se trouverait sous l'influence d'une atmosphère tout à fait spéciale et très différente des couches voisines du sol, quelque élevé qu'il soit.

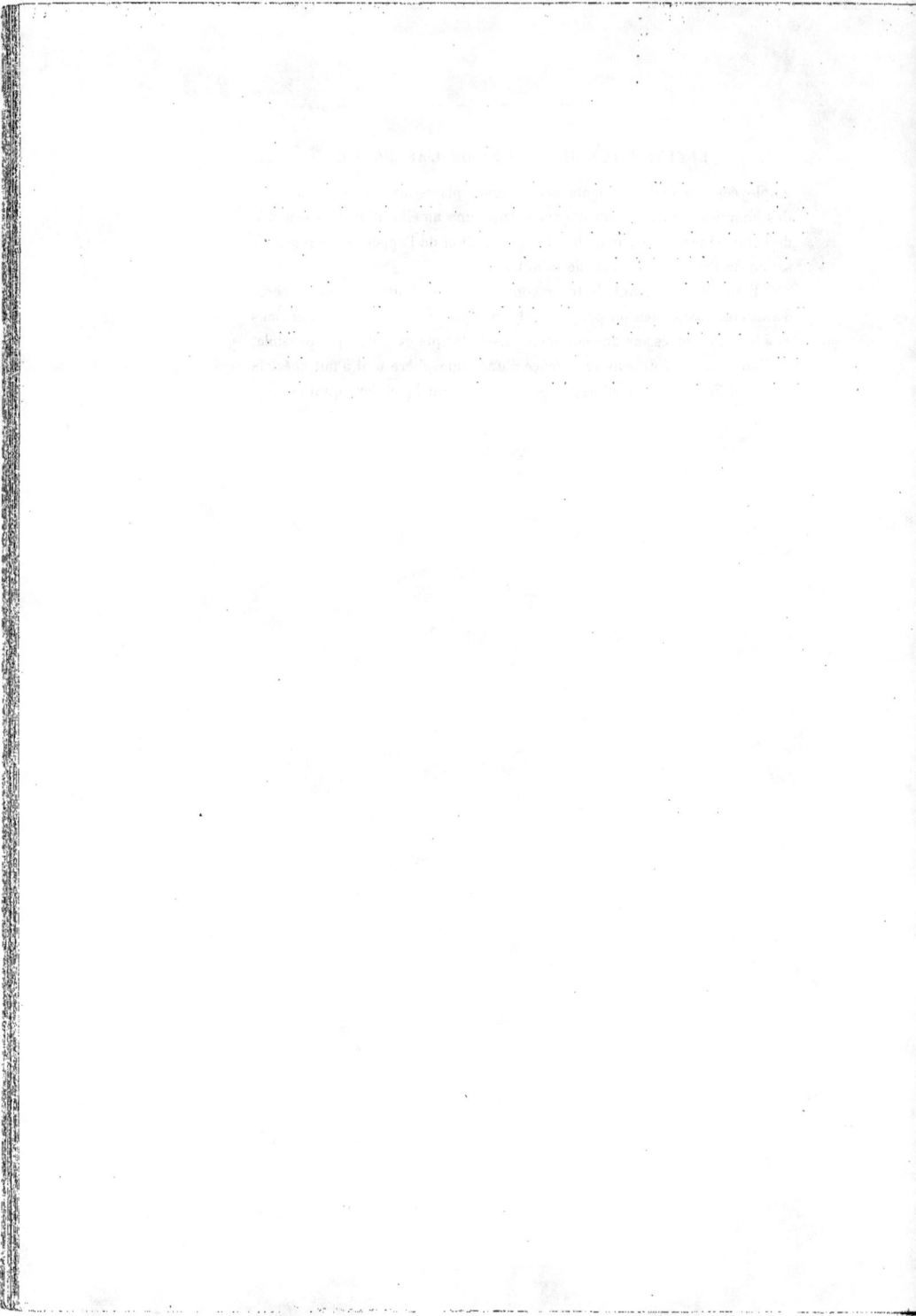

CHAPITRE VI

DISCOURS PRONONCÉS A LA CONFÉRENCE "SCIENTIA"

Nous ne pouvons mieux clore l'exposé des travaux scientifiques exécutés à la Tour, qu'en reproduisant le discours prononcé par M. J. Janssen à la conférence *Scientia* (1) le 13 avril 1889. Nous y joindrons la réponse de M. Eiffel.

DISCOURS DE M. JANSSEN

DE L'INSTITUT

Quand on a du talent, de l'expérience, une volonté forte, on arrive presque toujours à triompher des obstacles. Le succès est plus assuré encore si celui qui lutte est animé du sentiment patriotique, s'il aime à se dire que son œuvre ajoutera quelque chose d'important à la renommée de son pays, et que son succès sera un succès national. Mais il est des circonstances où ces éléments déjà si puissants prennent une force irrésistible, c'est quand celui qui aime passionnément son pays voit ce

---

(1) Cette société, fondée en 1884 par MM. Max de Nansouty, Charles Richet et Gaston Tissandier, rédacteurs en chef des diverses Revues scientifiques, avait organisé des banquets présidés par les plus distingués de ses membres et offerts à des personnalités telles que MM. Chevreul, Pasteur, Ferdinand de Lesseps, Berthelot, de Brazza, Georges Berger, Jules Simon, etc... Parmi les présidents étaient MM. Jamin, Léon Say, Renan, Janssen, etc.

pays injustement déprécié; c'est quand, par un de ces entraînements dont le monde donne tant d'exemples, et dont nous avons bénéficié nous-mêmes, peut-être plus qu'aucun autre peuple, on flatte la victoire, et on va jusqu'à refuser au vaincu d'un jour ses mérites les plus réels et ses supériorités les plus incontestables.

Alors, si des circonstances favorables se présentent, et s'il se rencontre un homme d'un grand talent, d'un caractère hardi et entreprenant, il s'éprendra de l'idée de venger en quelque sorte sa patrie, par la réalisation d'une œuvre grandiose, unique, réputée presque impossible; et, pour assurer son succès, il ne reculera devant aucune difficulté, supportera tous les déboires, restera sourd à toutes les critiques, et marchera obstinément vers son but, jusqu'au jour où, l'œuvre enfin terminée, son mérite, sa hardiesse, sa grandeur éclatent à tous les yeux, désarment la critique, et changent la ligue du blâme en un concert général de louanges et d'admiration.

N'est-ce pas là, en quelques mots, l'histoire de la conception, de l'acceptation, de l'érection et du succès du grand édifice du Champ de Mars?

Cependant, il serait injuste de dire que ces sentiments, M. Eiffel ait été le seul à les éprouver. Tous ceux qui travaillent actuellement au Champ de Mars les ressentent, et c'est là sans doute le secret des merveilles qu'on nous y prépare.

Oui, tout le monde a compris que notre Exposition, en raison surtout de la date choisie, n'aurait de succès que par les prodiges d'art et d'industrie qu'on y accomplirait. Il fallait désarmer le monde à force de mérite et de talent, et tout nous indique qu'en effet le monde sera désarmé.

Bientôt, de toutes les parties du monde, on viendra admirer les œuvres de cette nation étonnante, si merveilleusement douée, qui s'abandonne avec tant de facilité, qui se reprend avec tant de ressort, qui, au milieu des plus grandes péripéties de succès et de revers, reste toujours jeune, toujours généreuse, toujours sympathique, et qui n'aurait besoin que d'un peu de sagesse, de sens politique, d'esprit de suite et de conduite pour se trouver encore, et tout naturellement, à la tête des nations pour qui elle demeure comme une énigme et un perpétuel sujet de surprise et d'étonnement.

Mais laissons nos préoccupations, et ne pensons qu'à l'hôte que nous fêtons.

Cet hôte triomphe aujourd'hui, mais combien ce triomphe s'est fait attendre ! On ne peut pas dire qu'on le lui ait escompté d'avance et qu'on l'ait fait jouir avant l'heure de son succès.

Et ceci me rappelle un dîner de la *Scientia* donné il y a plus d'une année. Ce dîner était offert à M. Berger, un des directeurs généraux de l'Exposition, et M. Eiffel y assistait. La Tour s'élevait alors au premier étage, et la critique sévissait dans toute sa force. Si la construction n'atteignait que son premier étage, la critique, elle, avait complété tous les siens, et elle se dressait de toute sa hauteur. Et notez que c'est précisément au moment où les plus grandes difficultés avaient été heureusement et habilement surmontées, que l'esprit de blâme se donnait toute carrière, montrant ainsi autant d'âpreté que d'aveuglement. Il faut s'arrêter un instant sur ces difficultés.

On sait que la Tour est essentiellement formée de quatre montants, prenant leurs points d'appui sur des massifs de maçonnerie, s'élevant d'abord obliquement, pour se redresser ensuite et se réunir au-dessus du second étage où ils ne forment qu'un seul corps jusqu'au sommet. La construction de ces pieds, qui devaient s'élancer en porte-à-faux depuis leurs bases jusqu'au premier étage, à 60 mètres de hauteur, c'est-à-dire à la hauteur de trois hautes maisons superposées, présentait des difficultés considérables. Des échafaudages d'appui, des tirants d'amarrage scellés dans la maçonnerie, ont permis de s'élever jusqu'au point voulu. Là se trouvaient déjà préparées les poutres horizontales qui devaient relier les quatre montants pour constituer la base sur laquelle seraient édifiées toutes les constructions du premier étage.

Or, l'édification de masses métalliques si considérables, montées en quelque sorte dans le vide, ne peut se faire avec une précision qui dispense de toute rectification au moment de l'assemblage. Le procédé employé pour obtenir ces rectifications montre bien la hardiesse et la puissance des moyens dont l'ingénieur dispose aujourd'hui. En effet, M. Eiffel n'hésita pas à soulever ces énormes pieds de la Tour et à leur donner les mouvements nécessaires pour qu'ils se présentassent à l'assemblage dans les conditions voulues. Or, surélever d'immenses pièces s'élevant en porte-à-faux presque à la hauteur des tours Notre-

28

Dame sans compromettre l'équilibre précaire qu'elles recevaient des échafaudages, était on ne peut plus délicat. L'opération réussit cependant. Des presses hydrauliques, agissant par l'intermédiaire de cylindres d'acier sur chacun des arbalétriers formant un des pieds de la Tour et les soulevant tous à la fois, permirent à ce pied de venir se présenter à l'assemblage; et les trous nombreux percés d'avance pour les rivets l'avaient été avec tant de précision qu'on put opérer rapidement la mise en rapport et réduire à un instant le moment psychologique de cette étonnante opération.

Les quatre grands montants réunis, on peut dire que la difficulté maîtresse de l'œuvre était surmontée, et que la Tour était virtuellement élevée.

Il faut admirer, comme elles le méritent, ces grandes opérations du génie civil contemporain; elles montrent tout ce qu'on peut attendre de l'art des constructions, quand celles-ci s'appuient sur la science.

Eh bien, c'est précisément, comme je viens de le dire, au moment où cette belle opération si délicate et si hardie venait d'avoir un plein succès, que l'œuvre était le plus vivement attaquée.

Pour moi, j'en étais presque indigné, et je me rappelle qu'au banquet dont je viens de parler, je ne pus retenir ma voix et je voulus assurer M. Eiffel qu'il avait au moins avec lui quelques hommes qui admiraient son œuvre, qui appréciaient son courage et qui lui prédisaient le succès final et le retour de l'opinion.

Depuis, M. Eiffel a bien voulu me dire que mon témoignage lui avait été sensible et l'avait quelque peu réconforté.

Je n'ai pas eu à réformer mon jugement. De l'avis des plus compétents, l'érection de la Tour n'a pas été seulement une œuvre remarquable par les dimensions de l'édifice. Les études, la conduite des travaux, le chantier, comme on dit en terme d'ingénieur, ont été conduits avec un ensemble et une précision admirables. C'est que M. Eiffel, pour l'exécution de tous ces travaux qui l'avaient déjà rendu célèbre, avait su s'entourer depuis longtemps d'un état-major remarquable et se former de longue main des collaborateurs qui, aujourd'hui, sont consommés. C'est une armée qu'il a conduite sur vingt champs de bataille et qui, maintenant, pour la hardiesse, la précision, l'habileté, est sans rivale.

Voilà ce qui explique comment ce grand ouvrage a passé par toutes les phases de son érection, depuis l'avant-projet jusqu'à l'exécution finale, sans erreurs, sans mécomptes et avec une étonnante précision.

Je viens de prononcer le mot d'armée, et je l'ai fait à dessein. Je voudrais qu'il y eût entre les promoteurs de ces grands travaux et ceux qui les exécutent quelque chose des liens moraux qui, dans toutes les armées ayant accompli de grandes choses, ont uni les soldats à leur général, qui était pour eux un orgueil et une passion.

Croyez-le, on n'établira pas, entre tous les organes de ces grandes sociétés du travail, l'harmonie et l'entente qui en font la force, par les seules considérations d'argent et de salaire. Il faut exciter de plus nobles mobiles et faire comprendre aux travailleurs que celui, quel qu'il soit, qui a concouru à l'accomplissement d'une œuvre utile ou remarquable, a droit à une part d'honneur et d'estime.

Je voudrais encore dire un mot des usages scientifiques de la Tour. Elle en aura de plusieurs ordres, ainsi qu'on l'a indiqué, et je suis persuadé qu'on en découvrira auxquels on n'avait pas pensé tout d'abord.

Il est incontestable que c'est au point de vue météorologique qu'elle pourra rendre à la science les plus réels services. Une des plus grandes difficultés des observations météorologiques réside dans l'influence perturbatrice de la station même où l'on observe. Comment connaître par exemple la véritable direction du vent, si un obstacle tout local le fait dévier? Et comment conclure la vraie température de l'air avec un thermomètre influencé par le rayonnement des objets environnants? Aussi les éléments météorologiques des grands centres habités se prennent-ils en général en dehors même de ces centres, et encore est-il nécessaire de s'élever toujours à une certaine hauteur au-dessus du sol.

La Tour donne une solution immédiate de ces questions. Elle s'élève à une grande hauteur, et par la nature de sa construction, elle ne modifie en rien les éléments météorologiques à observer.

Il est vrai que 300 mètres ne sont pas négligeables au point de vue de la chute de la pluie, de la température et de la pression; mais cette circonstance donne un intérêt de plus pour l'institution d'expériences comparatives sur les variations dues à l'altitude.

Je n'insiste pas sur les autres usages scientifiques qui ont été

signalés avec raison. Je dirai seulement que la Tour pourrait donner
lieu à de très intéressantes observations électriques. Il est certain qu'il
se fera presque constamment des échanges entre le sol et l'atmosphère
par ce grand paratonnerre métallique de 300 mètres. Ces conditions
sont uniques, et il y aurait un très grand intérêt à prendre des dispositions pour étudier le passage du flux électrique à la pointe terminale de
la Tour. Ce flux sera souvent énorme et même d'observation dangereuse,
mais on pourrait prendre des dispositions spéciales pour éviter tout
accident, et alors on obtiendrait des résultats du plus grand intérêt.

Je voudrais encore recommander l'institution d'un service de photographies météorologiques. Une belle série de photographies nous
donnerait les formes, les mouvements, les modifications qu'éprouvent les
nuages et les accidents de l'atmosphère depuis le lever du soleil jusqu'à
son coucher. Ce serait l'histoire écrite du ciel parisien dans un rayon qui
n'a jamais été considéré.

Enfin, je pourrais signaler aussi d'intéressantes observations
d'astronomie physique, et en particulier l'étude du spectre tellurique, qui
se ferait là dans des conditions exceptionnelles.

Ainsi la Tour sera utile à la science ; ce n'est de sa part que de la
reconnaissance, car sans la science jamais elle n'aurait pu être élevée.
Le génie civil est fils de la science, aussi la science doit-elle le soutenir
et le défendre chaque fois qu'il se réclame d'elle.

Mais déjà la science avait rendu justice au grand édifice du Champ
de Mars.

Le grand savant dont les restes recevaient aujourd'hui même l'hommage de la France à Notre-Dame, aimait à voir s'élever votre Tour, et,
chose remarquable, elle eut sa dernière visite et sa dernière admiration.

« Que c'est beau ! » dit-il, en la voyant à sa dernière sortie. Après
quoi il tomba dans cette prostration et cette douce agonie qui n'étaient
que l'épuisement d'un corps qui avait franchi d'une manière si extraordinaire les limites imposées à la vie.

M. Chevreul, le centenaire, saluant le monument élevé à la gloire
du siècle, dont il était la vivante personnification, vous ne pouviez désirer
un hommage ni plus flatteur, ni mieux en situation. Voilà qui peut vous
consoler de bien des critiques.

Ainsi la Tour du Champ de Mars, indépendamment de son usage

principal qui est de faire jouir le public d'un panorama unique par l'élévation du point de vue et l'intérêt des objets environnants, aura des usages scientifiques très intéressants et très variés.

Mais il est un point de vue que nous ne devons pas oublier, parce qu'il est peut-être celui qui doit dominer tous les autres. Je veux dire que la Tour du Champ de Mars, par la grandeur de ses dimensions, par les difficultés que son érection présentait et par les problèmes de construction dont elle nous offre les heureuses solutions, réalise une démonstration palpable de la puissance et de la sûreté des procédés des constructions métalliques dont le génie civil dispose aujourd'hui. Cette démonstration, quelle occasion plus naturelle pour la donner, que cette Exposition qui est précisément un grand tournoi où les nations viennent en quelque sorte se mesurer et montrer leurs forces respectives, en science, en art, en industrie! Et, du reste, oublie-t-on que les hommes n'ont jamais voulu se renfermer uniquement dans la construction d'édifices d'une utilité matérielle et immédiate? Oublie-t-on qu'indépendamment du sentiment religieux qui a fait élever tant d'admirables édifices, on a vu, à toutes les époques de l'histoire, des monuments consacrés à la gloire militaire ou à la domination politique? Or, si la guerre a voulu consacrer ses triomphes, pourquoi la paix ne consacrerait-elle pas les siens? Les luttes armées et sanglantes des nations sont-elles donc plus belles et plus saintes que les luttes pacifiques du génie de l'homme avec la nature, pour en faire l'instrument de sa grandeur matérielle et morale? Ces combats demandent-ils donc moins d'activité, de courage et de génie, et leurs fruits sont-ils moins durables et moins beaux?

Cessons donc de marchander à ces luttes si nobles et si fécondes les signes sensibles qui les doivent glorifier. Célébrons au contraire des victoires où le vainqueur n'expie jamais son triomphe, où le vaincu voit complaisamment sa défaite, car ce vaincu c'est cette grande nature, c'est cette *alma mater*, qui veut que nous lui fassions violence, qui ne nous résiste que pour nous rendre dignes de la victoire, et nous récompense de nos triomphes par la profusion de ses dons, par l'exaltation de toutes nos énergies et le sentiment légitime de notre grandeur intellectuelle.

Voilà les vrais combats que l'homme devra livrer de plus en plus, voilà les triomphes auxquels on ne dressera jamais assez d'arcs et de colonnes. Voilà l'avenir vers lequel le monde doit marcher. Ce sera l'honneur de la France d'avoir donné ce noble exemple, et la gloire de M. Eiffel de lui avoir permis de le donner.

DISCOURS DE M. EIFFEL

Voici la deuxième fois que, dans le banquet de *Scientia*, votre voix, cher et honoré Président, s'élève pour m'adresser des éloges qui, exprimés par vous, au milieu d'une telle assemblée, m'honorent et me touchent plus que je ne saurais l'exprimer.

Il y a deux ans, vous avez ici même salué la naissance de l'œuvre qui vient de s'achever et dont vous me permettrez bien de vous parler aujourd'hui, puisque c'est à son achèvement que je dois l'insigne honneur d'occuper une place où j'ai été précédé par tant d'illustres personnalités qui sont la gloire de la France.

Je n'oublierai jamais que ce sont les savants qui m'ont donné les premiers encouragements pour l'œuvre que je tentais, et je leur en ai gardé une profonde reconnaissance.

Aussi j'ai tenu à ce que cet édifice soit placé, d'une façon bien apparente, sous l'invocation de la science, et que sur la frise qui surmonte son soubassement, on puisse lire les noms des savants et des ingénieurs qui forment la glorieuse couronne de notre pays dans le siècle dont nous allons célébrer le centenaire.

Cette bienveillance, que je viens de rappeler, ne s'est pas démentie un seul instant, et ce n'est pas sans émotion que j'ai appris que vos deux premiers présidents d'honneur s'y intéressaient d'une façon toute spéciale : le vénérable M. Chevreul, dont la mort vient de nous affliger, suivait, par une visite presque quotidienne, les progrès de cette construction, et un savant non moins illustre, M. Pasteur, qui est l'une de nos admirations et dont l'existence nous promet encore tant de bienfaits à rendre à l'humanité, y porte une attention et une sympathie dont j'ai bien le droit de me montrer fier.

Il y a quelques jours encore, j'en recevais de précieux témoignages dans une ascension à la plate-forme de 300 mètres que je faisais avec MM. Mascart, Cornu et Cailletet.

Sur cette étroite lune, qui semble isolée dans l'espace, nous étions ensemble pris d'admiration devant ce vaste horizon, d'une régularité de ligne presque semblable à celle de la mer, et surtout devant l'énorme coupole céleste qui semble s'y appuyer et dont la dimension inusitée donne une sensation inoubliable d'un espace libre immense, tout baigné de lumière, sans premiers plans et comme en plein ciel : devant ce spectacle, au milieu de cet air vif et pur qui faisait flotter avec bruit les longs plis du drapeau aux belles couleurs de France, qui venait d'y être déployé depuis quelques jours, nous échangeâmes quelques mots émus qui consacraient cette sympathie scientifique à laquelle j'attache tant de prix.

J'espère pouvoir aussi vous y recevoir bientôt, cher et vénéré Président, et vous montrer les trois laboratoires dont l'emplacement vient d'être arrêté. L'un sera consacré à l'astronomie ; je compte que vous vous y trouverez dans des conditions favorables pour vous y livrer aux belles recherches d'astronomie physique qui ont illustré votre carrière. Le second, dont les appareils enregistreurs seront reliés au Bureau central météorologique, est destiné à la physique et à la météorologie ; MM. Mascart et Cornu en pensent retirer grand profit pour l'étude de l'atmosphère. Le troisième est réservé à la biologie et aux études micrographiques de l'air ; organisé par M. Hénocque, il ne sera pas moins utile à la science. Ai-je besoin d'ajouter que ces laboratoires seront libéralement ouverts aux savants ?

Sans parler d'autres nombreuses expériences que beaucoup entrevoient, M. Cailletet me permettra de vous dire qu'il étudie en ce moment un grand manomètre à mercure avec lequel on pourra réaliser avec précision des pressions allant jusqu'à 400 atmosphères.

Tous ces projets, développés devant moi, me remplissaient d'une satisfaction intime, en me démontrant que tant d'efforts n'avaient pas été faits en vain au point de vue du progrès scientifique.

La foule non plus ne s'y est pas trompée : nous éprouvons un tel besoin de nous élever au-dessus de ce sol auquel le joug de la pesanteur nous attache, que cette idée de l'*excelsior* a de tout temps passionné les esprits, et qu'il semble que, créer des édifices de hauteur inusitée, c'est reculer les bornes de la puissance humaine. Cela était, en effet, bien difficile autrefois ; mais maintenant, avec les nouvelles ressources que donne l'emploi du fer, la sûreté des méthodes qu'il comporte, on n'est plus effrayé par de pareils problèmes, et à voir la facilité relative avec laquelle on a atteint cette hauteur de mille pieds, qui avait hanté, mais en vain, le cerveau des Anglais et des Américains, il semble qu'il n'y aurait pas de bien grands obstacles à la dépasser notablement.

Quoi qu'il en soit, c'est grâce aux recherches des savants mathématiciens français qui ont fondé les méthodes que nous employons, c'est grâce aux éminents ingénieurs qui ont posé les principes des constructions métalliques, qui sont l'une des branches les plus caractéristiques de l'activité de l'industrie française, que l'œuvre dont je viens de vous parler si longuement, et peut-être avec trop de complaisance, a pu être édifiée. En même temps que les belles constructions du Champ de Mars, j'espère qu'elle montrera au monde que nos ingénieurs et nos constructeurs français tiennent encore une grande place dans l'art de construire, comme nos artistes et nos littérateurs occupent le premier rang dans l'art contemporain.

Je parle devant un auditoire trop au courant des faits modernes pour que je puisse penser vous apprendre quelque chose que vous ne sachiez déjà sur le rôle considérable des ingénieurs français à l'étranger. Cependant, à l'occasion d'un discours que je prononçais récemment, à la séance d'inauguration de la présidence de la Société des ingénieurs civils, j'eus à étudier ce vaste et beau sujet ; je ne vous cacherai pas que je fus étonné moi-même des preuves saisissantes de notre activité nationale, en ce qui regarde les travaux publics.

En effet, cette part dans le développement industriel des nations est considérable ; elle dépasse peut-être celle de tout autre peuple, sans en excepter l'Angleterre. Elle a commencé à se produire vers 1855, à l'une des époques les plus brillantes et les plus prospères de l'industrie française, et s'étendit presque simultanément en Russie, en Italie, en Espagne, en Portugal et en Autriche. L'ingénieur français n'est pas cet être casanier que la légende condamne à ne pas quitter le sol de la patrie. Au contraire, pendant ces trente dernières années, on a pu, en tous les points du monde, constater son activité et son influence.

Qui de nous, pendant ses voyages à travers l'Europe et au delà des mers, n'a reconnu, presque avec étonnement, tellement nous avons de méfiance de nous-mêmes et de bienveillance innée pour les autres, que les travaux les mieux conçus, les mieux exécutés et de l'apparence la plus satisfaisante ont été accomplis par des ingénieurs français.

Si on entre dans la nomenclature détaillée de ces travaux, on reste étonné de leur importance, qui nous a fait, sans qu'on puisse être taxé d'exagération, des initiateurs pour un grand nombre de nations, lesquelles ont depuis appris, au moins en Europe, à se passer de nous. Mais le monde est grand, et le besoin d'expansion lointaine trouve son aliment, non seulement dans nos colonies et nos pays de protectorat, mais aussi dans le grand nombre des nations qui ont encore conservé leurs anciennes sympathies pour la France, telles que toute l'Amérique du Sud, et notamment le Brésil, le Chili, l'Equateur, la République Argentine, où une légion d'ingénieurs, appartenant au corps des Ponts et chaussées ou ingénieurs civils, propage, en ce moment même, le renom de la science et de la probité françaises. Nos vœux les accompagnent, et vous voudrez bien me permettre, en ma qualité d'ingénieur, de vous demander de vous joindre à moi dans une commune pensée pour les adresser à ces pionniers de l'influence de notre pays au dehors.

Il me reste à vous remercier encore du grand honneur que vous venez de me faire et à vous assurer que j'en conserverai toujours le plus vif souvenir. Je l'attribue beaucoup moins à ma personne qu'à l'œuvre elle-même, que j'ai essayé de rendre digne, aux yeux du monde que nous convions à notre centenaire, du génie industriel de la France.

APPENDICE

TRAVAUX DE M. G. EIFFEL
ET PRINCIPAUX OUVRAGES EXÉCUTÉS PAR SES ÉTABLISSEMENTS
DE 1867 A 1890

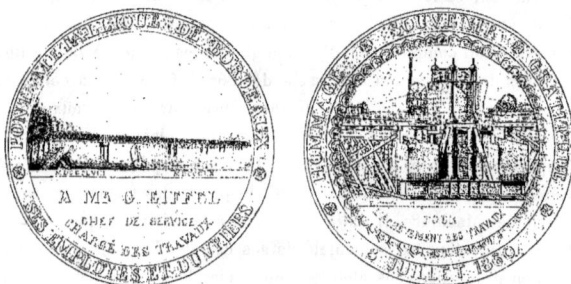

FIG. 1. — PONT DE BORDEAUX.

(La plupart des renseignements qui vont suivre sont extraits de la publication :
« LES GRANDES USINES DE TURGAN »)

Les grands ouvrages exécutés par M. G. Eiffel en France et à l'étranger, dont la plupart ont été conçus par lui, ont depuis longtemps attiré l'attention générale. En outre du mérite de leur exécution, ils témoignent des importants progrès que cet ingénieur, secondé par les plus distingués collaborateurs, a réalisés dans l'art des constructions métalliques.

Ces progrès se rapportent principalement au mode de construction des piles métalliques de grande hauteur, aux perfectionnements apportés dans les procédés de montage des ponts droits par voie de lançage, à l'emploi rendu courant de la méthode du *porte-à-faux* pour les montages, à l'établissement des grands ponts en arc, et enfin à la création de types de ponts portatifs démontables.

M. G. Eiffel, sorti de l'École Centrale des Arts et Manufactures en 1855, eut dès 1858, par la direction des travaux du pont métallique de Bordeaux (fig. 1), l'occasion d'aborder les problèmes de construction dont l'étude et la pratique devaient constituer sa carrière. Ce grand ouvrage fondé sur des piles établies à l'air comprimé, à une profondeur de 25 mètres sous l'eau, présentait l'une des premières applications qui aient été faites de ce procédé, devenu maintenant d'un emploi si général, mais alors peu connu. Cet ouvrage était en même temps l'une des plus importantes constructions en fer établies à cet époque. M. Eiffel fut chargé, comme chef de service de la Société qui avait entrepris ces difficiles travaux, de leur exécution complète et il s'y distingua en les menant à bonne fin.

Lors de l'Exposition universelle de 1867, il fut appelé à collaborer à sa construction, par M. J.-B. Krantz, Directeur des travaux. Sous la direction de ce remarquable ingénieur, pour lequel il avait exécuté d'importants travaux sur la ligne de Brives à Capdenac (Réseau central de la Compagnie d'Orléans), il établit le projet des fermes en arc de la Galerie des Machines. Il s'attacha surtout à l'étude théorique de ces arcs et à la vérification expérimentale de ses calculs. Ces belles expériences, faites en grand dans les ateliers Gouin avec le concours de M. Tresca, directeur du Conservatoire des Arts et Métiers, et de M. Fouquet, directeur de la maison Gouin, furent consignées dans un Mémoire où, pour la première fois, est déterminée expérimentalement la valeur du module d'élasticité applicable aux pièces composées entrant dans les constructions métalliques. Cette valeur a été trouvée par M. Eiffel de 16×10^8 et est admise depuis d'une manière à peu près générale.

C'est à cette époque de 1867 qu'il fonda son établissement de Levallois-Perret, près Paris. Cet établissement fonctionna comme Société en commandite, de 1868 à 1879, sous le nom d'Eiffel et Cⁱᵉ, puis au nom de M. G. Eiffel seul jusqu'en 1890. Il fut à cette époque transformé en Société anonyme, sous la dénomination de Compagnie des Établissements Eiffel et postérieurement sous celle actuelle : Société de Constructions de Levallois-Perret.

Pendant cette période de 1867 à 1890, M. Eiffel contribua à répandre

à l'étranger le bon renom du Génie civil français par les travaux métalliques de toute nature, ponts et charpentes, qu'il exécuta dans ses ateliers
de Levallois. Pour indiquer leur importance, sans y comprendre même
l'entreprise générale des écluses de Panama, il nous suffira de dire
qu'ils représentent un tonnage de plus de 80 millions de kilogrammes
de fer, dont la moitié pour ponts de chemins de fer, et un chiffre d'af-
faires, y compris travaux d'air comprimé, de maçonnerie, etc., de plus
de 70 millions de francs.

Nous ajouterons que la plupart de ces travaux ont été exécutés par
sa Maison sur ses projets, après des concours internationaux où figu-
raient les premiers ateliers de construction de l'Europe.

§ 1. — Piles métalliques.

M. Eiffel fut appelé, en 1868, par M. Nordling, ingénieur de la
Compagnie d'Orléans, à présenter des projets pour la construction des
viaducs sur piles métalliques de la ligne de Commentry à Gannat, et fut
chargé de la construction de deux de ces viaducs, l'un de la *Sioule*,
l'autre de *Neuvial*.

Le plus important de ces ouvrages, celui de la *Sioule* (fig. 2), repose
sur deux piles métalliques, dont la plus haute a 51 mètres de hauteur.
Ces piles sont constituées
par des colonnes en fonte
réunies par des entretoises
en fer. A cette occasion,
M. Eiffel imagina, pour la
liaison de la fonte et des
goussets en fer sur les-
quels se fixaient les entretoisements, un mode d'in-
sertion pendant la coulée,
qui réussit de la façon la
plus complète; il pratiqua

FIG. 2. — VIADUC DE LA SIOULE.

à cet effet, dans les goussets, des fenêtres à travers lesquelles la fonte,
pendant la coulée, venait s'engager dans le gousset et s'assembler avec
lui par une série de tenons. Il supprima, par ce procédé, que les ingé-

nieurs estimèrent un sérieux progrès de construction, les difficultés
d'ajustage présentées par le mode habituel de liaison.

L'étude de ces piles conduisit M. Eiffel à s'attacher à la construction
de piles analogues, mais en substituant le fer à la fonte, afin d'augmenter
les garanties de solidité. Le type de piles qu'il a imaginé consiste à
former celles-ci par quatre grands caissons, quadrangulaires, ouverts du
côté de l'intérieur de la pile et dans lesquels viennent s'insérer de
longues barres de contreventement de section carrée, susceptibles de
travailler aussi bien à l'extension qu'à la compression, sous les efforts
du vent. De cette façon, toutes les parties des piles sont accessibles pour
l'entretien et la visite, et leur stabilité générale est accrue dans de
grandes proportions.

C'est ce type qui est devenu courant; parmi les très nombreux
viaducs où M. Eiffel l'a employé et dont il s'était fait en quelque sorte
une spécialité, nous ne citerons que les viaducs latéraux du pont du
Douro (fig. 17), les grands viaducs de la ligne du Douro, et ceux de la
ligne de la Beira-Alta, en Portugal.

Le type définitif de ces piles, qui a fait l'objet d'un brevet spécial, se
trouve réalisé au *viaduc de Garabit* (fig. 20), avec une hauteur de
61 mètres, qui est la plus grande hauteur actuellement atteinte.

La rigidité de ces piles est très grande, leur entretien très facile, et
leur ensemble a un réel caractère de force et d'élégance. Le système de
M. Eiffel, pour ces constructions, paraît ne rien laisser à désirer, et les
piles du viaduc de Garabit, notamment, peuvent être considérées comme
un modèle pour ces hauteurs.

Pour des hauteurs plus considérables, soit 100 mètres et au-dessus,
M. Eiffel a fait breveter un nouveau système de piles sans entretoisements et avec arêtes courbes, qui fournit pour la première fois la solution complète des piles d'une hauteur quelconque.

§ 2. — Perfectionnements apportés au lançage des ponts droits.

La construction des viaducs établis sur ces piles métalliques amena
M. Eiffel à étudier et à perfectionner les modes de lançage usités jusqu'alors. On sait que l'on entend par *lançage* l'opération par laquelle on
pousse dans le vide, jusqu'à la rencontre des piles successives, un

tablier qui a été préalablement monté sur le remblai des abords.

M. Eiffel adopta le procédé qui consiste à actionner directement par de grands leviers les galets roulants sur lesquels repose le pont, ce qui supprime toute tendance au renversement des piles et il imagina les

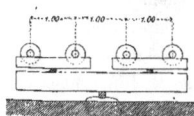

FIG. 3. — CHASSIS DE LANÇAGE
A BASCULE A 4 GALETS.

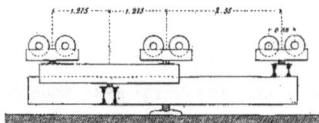

FIG. 4. — CHASSIS DE LANÇAGE A BASCULE
A 6 PAIRES DE GALETS.

châssis à bascule destinés à porter ces galets et dont le type est entré depuis dans la pratique courante. Ces appareils, par leur mobilité autour d'axes horizontaux, permettent aux pressions du tablier de se répartir uniformément sur chacun des galets, de manière qu'aucun des points de la poutre, même avec des surfaces de roulement situées dans les plans diffé-

FIG. 5 ET 6. — VIADUC DE LA TARDES.

rents, ne porte des réactions supérieures à celles que l'on s'est imposées.

Le premier emploi de ces châssis fut fait au viaduc de la Sioule en 1869. Deux châssis en tôlerie (fig. 3) portant chacun deux galets reposaient par une articulation sur les extrémités d'un grand châssis articulé lui-même à son centre, de sorte que la réaction de la poutre sur l'appui se trouvait finalement concentrée au milieu de celui-ci et partagée entre les quatre galets de support d'une manière rigoureusement égale.

Leur emploi permit des lançages qui sans lui eussent été absolument impraticables. Dans la seule pratique de M. Eiffel, nous citerons

FIG. 7. — PONT DU TAGE.   FIG. 8. — PONT DE COHAS.

le pont de la Tardes (ligne de Montluçon à Eygurande) (fig. 5 et 6). Ce viaduc traverse une vallée très profonde et le rail se trouve à 80 m au-dessus du fond de la rivière : il est formé par un tablier droit de 250 m de longueur en trois travées, dont la travée centrale a 104 m d'ouverture. La réaction sur la pile au moment du grand porte-à-faux s'élevait à 700 tonnes et le nombre des galets mis en équilibre par paire sur chaque appui a été jusqu'à 24 ; on a pu ainsi ne pas dépasser pour chacune des réactions sur la poutre un effort de 29 tonnes. Les galets étaient disposés dans l'axe des doubles parois des poutres par rangées de six avec une triple articulation, suivant le croquis ci-dessus qui donne le schéma de ce grand appareil (voir fig. 4).

Le tablier lancé de la rive droite ne pouvait être monté en entier par suite du voisinage d'une courbe en tranchée. Quand la partie centrale fut amenée à reposer sur les piles intermédiaires dans la position un peu singulière représentée figure 6, le complément du montage s'effectua en porte-à-faux des piles aux culées, suivant un procédé dont il sera parlé plus loin.

Nous citerons également comme exemple de grands lançages :

Fig. 9. — Pont de Vianna.

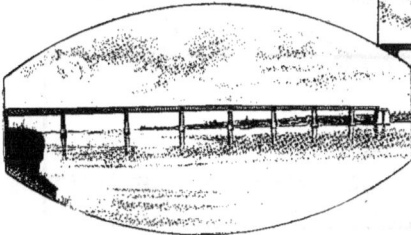

1° Le *pont sur le Tage* (fig. 7), ligne de Cacérès. — La longueur du tablier mis en mouvement avait 367 m et reposait sur sept piles fondées à l'air comprimé ;

2° Le *pont de Vianna* (Portugal) (fig. 9), pour route et chemin de fer. — Cet ouvrage, construit d'après le projet de M. Eiffel à la suite d'un Concours international, a une longueur de 736 m; dont 563 m pour le pont principal qui fut lancé d'une seule pièce.

La masse ainsi mise en mouvement était de 1.600.000 kilogrammes et dépassait le poids des plus grands tabliers mis en place par ce procédé jusqu'à cette époque. Les piles, au

Fig. 10 et 11. — Pont de Cubzac.

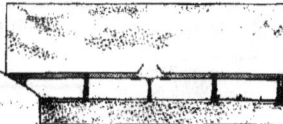

nombre de neuf, sont fondées à l'air comprimé, à une profondeur de 25 m sous l'étiage.

3° Le nouveau *pont-route de Cubzac* (fig. 10 et 11), sur la Dordogne, construit en 1882, sur l'emplacement de l'ancien pont suspendu. La longueur totale de ce pont est de 552 m, divisée en huit travées, dont les intermédiaires ont une ouverture de 72,80 m; son

poids est de 3.000 tonnes. Ce lançage a présenté les plus grandes difficultés, parce que les piles métalliques en fonte sur lesquelles repose le
tablier offraient très peu de stabilité sous les efforts du renversement
pendant le lançage, en raison de la forme qui leur avait été donnée par
les ingénieurs pour rappeler celles de l'ancien pont.

La difficulté était encore augmentée par la nécessité de lancer le
pont en rampe de 0.01 *m* par mètre. Ce lançage a été effectué à partir de
chacune des deux rives pour les trois travées qui y étaient contiguës.
Pour les deux travées centrales, la rampe était différente et on dut
employer un autre procédé; c'est l'un des exemples les plus frappants
d'un nouveau mode de montage que M. Eiffel a été le premier à appliquer
en France; nous voulons parler du *montage en porte-à-faux*.

§ 3. — Montage en porte-à-faux.

Sur une partie de la poutre du pont déjà construite dans sa position
définitive on accroche en porte-à-faux,
par un boulonnage, les pièces
de fer qui y font suite et,
une fois qu'elles sont rivées, on s'en sert comme
de nouveaux points d'ap-
pui pour boulonner les

Fig. 12. — Pont des Messageries
à Saigon.

pièces suivantes. En
cheminant ainsi de
proche en proche, on
arrive à monter com-
plètement dans le vide

Fig. 13. — Pont de Tan-An.

les pièces successives de la travée, jusqu'à ce que l'on soit arrivé à
l'appui le plus voisin, où à l'aide de verrins on relève le pont de la
quantité dont il s'était abaissé par la flexion.

Pour le pont de Cubzac, on s'avança ainsi d'une longueur de 72,80 *m*
jusqu'à l'axe de la pile centrale où se fit la rencontre des poutres des
deux travées montées en porte-à-faux (fig. 10) ;

4° Un autre mode de lançage à porte-à-faux a été appliqué avec
succès au *pont de Tan-An* (fig. 13), en Cochinchine, pour franchir une
travée de 80 *m*, for-
mant l'ouverture
centrale d'un pont

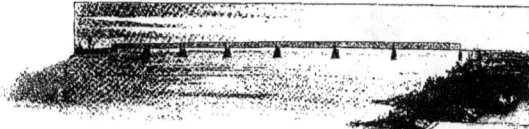

Fig. 14. — Pont de Ben-Luc.

de 221 *m* de longueur. Le
montage de cette travée s'effectua des deux côtés en porte-à-
faux et la rencontre se fit dans le vide,
vers le milieu de l'ouverture et sans aucun
appui intermédiaire. Ce montage différait
en cela de celui de Cubzac où la jonction se

Fig. 15. — Viaduc de l'Oise.

faisait sur une des piles. Le clavage central se faisait en opérant des
rotations convenables autour des appuis.

Cette solution élégante du problème du montage était particulièrement intéressante dans ce cas, en raison de la profondeur du fleuve et de
la grande rapidité du courant, qui rendaient presque impossible la construction de tout échafaudage.

D'autre part, les piles étaient constituées par un certain nombre de
pieux à vis en fonte de près de 30 *m* de hauteur, et sur le sommet
desquels il eût été d'une grande imprudence d'essayer une mise en place
par voie de lançage, même avec les appareils les plus perfectionnés.

La longueur de cet ouvrage est de 250 *m* et son poids, piles comprises, est de 1.400.000 kilos ;

5° Le procédé de montage en porte-à-faux fut également employé au
pont de Ben-Luc (fig. 14), voisin de celui de Tan-An et situé, comme lui,
sur la ligne du chemin de fer de Saïgon à Mytho. Sa longueur est de

516 m et il repose sur dix piles en pieux à vis, et quatre en maçonnerie.

Le poids de cet ouvrage, piles comprises, est de 2.100.000 kilos.

Parmi le nombre considérable de ponts droits construits par M. Eiffel, nous mentionnerons :

Le *pont de Cobas* (fig. 8) (ligne des Asturies), qui est intéressant par sa portée de 100,80 m en une seule travée. Il franchit en biais le Sil, par une poutre de 11 m de hauteur, dans le milieu de laquelle est placée la voie.

Enfin, le *viaduc de l'Oise* (fig. 15) (ligne de Mantes à Argenteuil, Compagnie de l'Ouest), dont la portée d'axe en axe des appuis est de 96,50 m. Les poutres sont paraboliques, leur hauteur maximum est de 12 m : elles sont à 16 m au-dessus de la rivière.

§ 4. — Ponts en arc.

Le rôle et l'influence de M. Eiffel dans les procédés de construction des ponts en arc ont été encore plus considérables qu'en ce qui concerne

Fig. 16. — Pont de Szegedin.

les tabliers droits et les piles métalliques. Nous parlerons d'abord du *grand pont-route de Szegedin* (Hongrie) (fig. 16).

C'est à la suite d'un concours ouvert à la fin de l'année 1880, entre les principaux constructeurs de France et de l'étranger, que ce travail, comprenant fondations à l'air comprimé, maçonnerie et superstructure métallique, fut confié à M. Eiffel.

Sa longueur totale est de 606,30 m; la travée de navigation est

Fig. 17. — Pont du Douro.

formée par un arc
parabolique de
110,30 *m* de corde
avec une flèche de
8,60 *m* seulement, donnant le surbaissement tout à fait inusité du
1/13.

    Les pavillons de péage, les maçonneries des culées et des piles ont
été traités dans un style très décoratif et du meilleur goût.

    La chaussée a 11 *m* de largeur et est supportée par des montants
formant palées, qui s'appuient sur l'extrados des arcs. Ces arcs sont
rigides par eux-mêmes, ce qui a permis de supprimer tous croisillons
dans les tympans, et de donner à l'ensemble de l'ouvrage un aspect de
très grande légèreté.

    Le montage de la grande travée a fourni à M. Eiffel une nouvelle
occasion d'appliquer ses procédés de montage en porte-à-faux, en sup-
primant l'échafaudage au droit de la passe réservée à la navigation.

    Le prix total de cet ouvrage est de 3.250.000 francs.

    Si ces dispositions générales s'éloignaient peu des types connus, il
n'en fut pas de même pour le célèbre *pont sur le Douro*, à Porto (voir
fig. 17). C'est également à la suite d'un concours international, en 1875,
que le projet de la maison Eiffel fut adopté; en voici les traits caractéristiques.

    La voie du chemin de fer de Lisbonne à Porto devait franchir le
Douro à une hauteur de 61 *m* au-dessus du niveau du fleuve, dont la
très grande profondeur à cet endroit rendait impossible la construction

de tout appui intermédiaire. La largeur du fleuve (160 m) devait donc être franchie par u ɪe seule travée.

M. Eiffel proposa, en conséquence, un projet comportant un arc ayant 42,50 m de flèche moyenne et 160 mètres de corde, destiné à soutenir le tablier droit, lequel, en dehors de l'arc, était supporté par des piles métalliques ordinaires. Cet arc était d'une forme tout à fait spéciale; il était appuyé sur une simple rotule aux naissances et sa hauteur allait progressivement en augmentant jusqu'au sommet, de manière à affecter la forme d'un croissant. Cette forme est particulièrement favorable pour la résistance à des efforts dissymétriques, parce qu'elle permet de donner de grandes hauteurs dans les parties de l'arc les plus fatiguées.

Une disposition nouvelle non moins importante a consisté à mettre les deux arcs constituant la travée dans des plans obliques, de manière à donner à la base un écartement de 15 mètres, nécessaire pour la stabilité sous les efforts du vent, tandis que la partie supérieure conservait un écartement de 4 mètres, suffisant pour porter les poutres du viaduc supérieur.

Enfin, une troisième innovation se réalisa dans le montage, qui fut fait tout entier en porte-à-faux et sans échafaudage intermédiaire. A cet effet, les arcs furent construits à partir de chacune des naissances, et soutenus, au fur et à mesure de leur construction, par des câbles en acier qui venaient se fixer au tablier supérieur. Chacune des parties construites servait de point d'appui pour l'établissement des parties suivantes. Les deux parties d'arc par ces cheminements successifs s'avançaient l'une vers l'autre et venaient se rejoindre dans l'espace, où s'opérait la pose de la clef qui devait les réunir.

Cette opération du montage, aussi difficile que nouvelle, fut couronnée d'un plein succès. La hardiesse du procédé, la grandeur de l'ouverture, qui dépassait celles réalisées jusqu'à ce jour par des ponts autres que des suspendus, fixèrent sur le nom de M. Eiffel l'attention du monde savant de tous les pays.

Aussi fit-on appel à l'habileté de ce constructeur, quand il s'agit d'édifier le grand *viaduc de Garabit* (voir fig. 18, 19, 20) qui devait franchir, à une hauteur de 122 mètres, la vallée de la Truyère, sur la ligne de Marvéjols à Neussargues. Pour donner une idée de cette hauteur de 122 mètres, il nous suffira de dire qu'elle dépasse notablement celle des tours de Notre-Dame de Paris et de la colonne Vendôme superposées.

Sur la proposition des ingénieurs de l'Etat, MM. Bauby et Boyer, le Conseil des Ponts et chaussées accepta d'établir l'ouvrage sur les données du pont du Douro, et d'en confier la construction, maçonneries et partie métallique, par un traité de gré à gré, à M. Eiffel. Cette résolution, tout exceptionnelle, est ainsi motivée dans la Décision ministérielle du 14 juin 1879.

Fig. 18, 19 et 20. — Viaduc de Garabit.

Pour montrer la possibilité de cet ouvrage et évaluer la dépense, MM. les Ingénieurs se sont adressés à M. G. Eiffel qui a fourni un avant-projet et a déclaré se charger de la construction.

Considérant que le type du pont du Douro étant admis, M. Eiffel, qui l'a conçu et exécuté, est évidemment plus apte que tout autre constructeur à en faire une seconde application en profitant de l'expérience qu'il a acquise dans le premier; qu'il serait d'ailleurs peu équitable dans l'espèce de confier les travaux à d'autres que M. Eiffel, quand c'est son pont du Douro qui a donné aux ingénieurs l'idée de franchir la vallée de la Truyère par un nouveau tracé dont l'Etat doit retirer finalement une économie de plusieurs millions...

Que M. Eiffel a appliqué à ces sortes de travaux ses procédés de montage, qui ont réussi grâce à un ensemble de précautions propres à en assurer la précision et dont il possède seul l'expérience; qu'enfin il a inventé des moyens pour obtenir la rigidité des piles et du tablier, contre l'action du vent qui exerce de violents efforts à cette hauteur dans les gorges de montagne.

En ce qui concerne le projet définitif, la Décision ministérielle du 23 juillet 1880 porte :

Les détails des fers ont d'ailleurs été étudiés par M. Eiffel qui en a fourni les dessins et en a justifié les dimensions et les dispositions dans un mémoire contenant des calculs de résistance en renvoyant aux épures qui ont servi aux calculs ou en tiennent lieu...

Les résultats des calculs de M. Eiffel ont été reconnus exacts par M. Boyer.

Le Mémoire de ces calculs a été publié par la Société des Ingénieurs civils en juillet 1888.

La longueur totale du viaduc est de 564 mètres, dont 448 mètres pour la partie métallique. Il repose sur cinq piles, dont la plus haute a 89,64 m, et est formée par un socle en maçonnerie de 25 mètres de largeur et 28,90 m de hauteur; la partie métallique qui le surmonte a 61 mètres.

L'arche principale est *un arc* du type connu maintenant sous le nom d'*arc parabolique système Eiffel*.

Sa corde est de 165 mètres, sa flèche moyenne de 56,86 m, l'épaisseur à la clef est de 10 mètres; l'écartement des têtes est de 6,28 m à la partie supérieure et de 20 mètres à la base. Sur les reins de cet arc, sont placées deux palées métalliques sur lesquelles, ainsi que sur le sommet de l'arc, repose la poutre du tablier.

Ces dimensions considérables font de cet ouvrage le plus important qui ait été encore construit en France. Le poids du métal qui y entre est de 3.254 tonnes, et son prix, en y comprenant les maçonneries, est de 3.137.000 francs.

Le montage a été fait par des procédés tout à fait analogues à ceux qui avaient si bien réussi au Douro, c'est-à-dire en suspendant chacun des demi-arcs par des câbles en acier fixés au tablier, et en rattachant dans l'espace toutes les pièces les unes aux autres par des montages en porte-à-faux successifs.

Parmi les autres ponts en arc exécutés par la maison Eiffel d'après ses projets, nous citerons encore le *pont des Messageries, à Saïgon* (ouverture 80 mètres) (voir fig. 12).

§ 5. — Ponts portatifs démontables.

Pour donner une idée de ces ponts, qui ont obtenu des *Diplômes d'honneur* à toutes les Expositions auxquelles ils ont figuré, nous ne pouvons mieux faire que de citer quelques extraits du remarquable rapport présenté à la Société d'Encouragement pour l'Industrie nationale, par M. Schlemmer, Inspecteur général des Ponts et chaussées, ancien Directeur des chemins de fer.

L'éminent rapporteur s'exprime ainsi :

Parmi les ingénieurs-constructeurs qui ont contribué aux progrès contemporains des constructions métalliques, M. Eiffel occupe l'un des premiers rangs par son viaduc de Garabit, dans le centre de la France, et son grand pont sur le Douro, en Portugal.

Dans la communication qu'il vient de faire à notre Société, il aborde un tout autre ordre d'idées que celui des grandes ouvertures des ponts, pour faire réaliser un nouveau progrès des constructions métalliques. Il reprend le problème si intéressant des ponts portatifs économiques.

La recherche de la construction d'un pont portatif économique, composé d'éléments semblables pour des portées différentes, présente un intérêt considérable.

La solution de ce problème permet de créer un matériel pour les armées en campagne et, plus généralement, de constituer une marchandise que l'on peut approvisionner en magasin et, par suite, tenir à la disposition immédiate des besoins, en substituant à des solutions spéciales à chaque cas particulier une solution générale.

Le problème ne laisse pas de présenter des difficultés.

Il s'agit, en effet, de construire un pont simple, composé de pièces d'un très petit nombre d'échantillons différents, de manière à en faciliter le montage sur place et à permettre de l'effectuer sans avoir recours à des plans de montage et en employant les premiers ouvriers venus.

Il faut que les pièces soient légères individuellement, afin de pouvoir être transportées, sans difficultés, dans les pays les plus dépourvus de chemins. Le pont lui-même, dans son entier, doit être d'un poids très faible, de manière à ne pas nécessiter des supports de fondations dispendieuses et à pouvoir, dans la plupart des cas, être posé simplement sur les berges des deux rives convenablement préparées.

L'assemblage des différentes pièces composant le pont doit pouvoir se faire au moyen de boulons, afin d'éviter tout travail de rivetage, qui nécessite un outillage spécial et un personnel expérimenté pour effectuer le montage.

Malgré cela, le pont doit présenter une rigidité comparable à celle des ponts rivés, et ne doit prendre qu'une faible flèche sous le passage des plus lourds chariots.

Enfin, le lançage du pont au-dessus des rivières doit pouvoir se faire rapidement et sans exiger aucune installation spéciale.

C'est dans cet ordre de conditions que M. Eiffel a étudié son système de ponts portatifs, *en acier*, dont un nombre considérable de spécimens sont employés en France et à l'étranger et, notamment, dans nos colonies.

La disposition fondamentale du système consiste à composer les deux poutres garde-corps d'un certain nombre d'éléments triangulaires identiques les uns aux autres, adossés et assemblés entre eux.

Ces éléments (fig. 21) sont des triangles isocèles dont la base, les côtés et le montant sont composés par de simples cornières, qui sont assemblées au moyen de goussets solidement rivés à l'atelier. Chaque élément forme ainsi un ensemble indéformable.

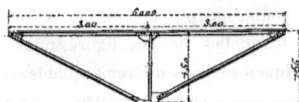

FIG. 21. — ÉLÉMENT TRIANGULAIRE
D'UN PONT DÉMONTABLE.

Toutes les cornières composant l'élément sont orientées dans le même sens, c'est-à-dire que les ailes de ces cornières sont toutes tournées du même côté. Les éléments offrent donc, sur une face, une surface plane et peuvent, par conséquent, être adossés les uns aux autres, dans le plan médian de la poutre.

Différents types. — Les types les plus employés jusqu'à ce jour peuvent se classer ainsi :

1° Ponts-routes avec platelage en bois (fig. 22) de 3 mètres de largeur jusqu'à 26 mètres de portée, et de 4 mètres de largeur jusqu'à 24 mètres de portée;

2° Ponts-routes à platelage métallique pour chaussée empierrée, de 3 mètres de largeur jusqu'à 24 mètres de portée, et de $3^m,80$ de largeur et de 20 mètres de portée;

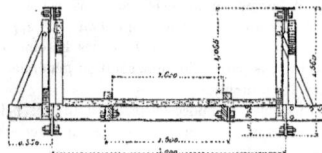

FIG. 22. — COUPE EN TRAVERS D'UN PONT-ROUTE
DÉMONTABLE AVEC PLATELAGE EN BOIS.

3° Ponts militaires pour le passage des troupes et de l'artillerie, de 3 mètres de largeur jusqu'à 24 mètres de portée (voir fig. 25);

4° Ponts pour voies Decauville, jusqu'à 21 mètres de portée;

5° Ponts pour chemins de fer à voie de 1 mètre jusqu'à 22 mètres de portée;

6° Ponts pour le rétablissement des chemins de fer à voie normale, jusqu'à 45 mètres de portée (voir fig. 23);

7° Passerelles pour piétons et bêtes de somme.

Sans entrer dans la description détaillée de ces types, nous signalerons les applications que la Compagnie d'Orléans vient de faire des ponts de 16 mètres et de 27 mètres, du type n° 6, sur sa ligne de Questembert à Ploërmel, au rétablissement de la circulation des trains sur des déviations provisoires, pendant la réfection de trois ponts situés sur la rivière d'Oust (voir fig. 24). Les trois ponts à réfectionner étant de la même ouverture, les ponts Eiffel établis sur la première déviation sont successivement démontés et reportés aux deux déviations suivantes.

Les épreuves, sous le passage des trains, ont donné le résultat le plus satisfaisant, constaté par procès-verbal dressé par les ingénieurs du contrôle de la Compagnie d'Orléans.

Le rapport conclut ainsi :

Les développements qui précèdent nous paraissent établir le mérite de la solution
que M. Eiffel a trouvée au difficile problème de la construction des ponts portatifs
économiques, et de la voie toute nouvelle qu'il a imaginée pour amener de très heureuses applications de l'art des constructions métalliques; c'est incontestablement
un progrès dont M. Eiffel nous semble devoir être félicité.

Votre Comité des constructions et des beaux-arts n'hésite pas à vous proposer
d'adresser à M. Eiffel et à ses collaborateurs des remerciements et des félicitations
au sujet de la communication dont il vient d'être rendu compte.

A la suite de ce rapport, la Société d'Encouragement a décerné à

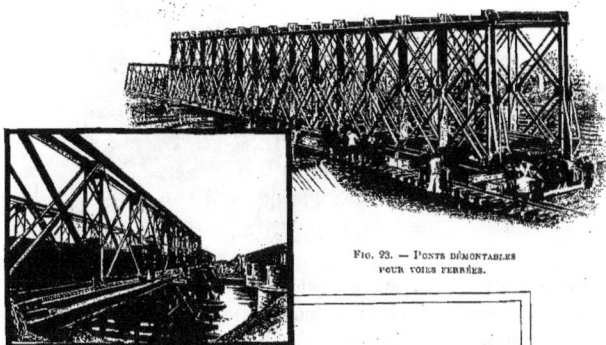

Fig. 93. — Ponts démontables
pour voies ferrées.

Fig. 24.

Fig. 25. — Pont militaire.

M. Eiffel le prix quinquennal Elphège Baude, attribué *à l'auteur des per-*
fectionnements les plus importants au matériel et aux procédés du génie civil
des travaux publics et de l'architecture.

Nous donnons comme exemples de l'application de ces ponts à des
rivières de grande largeur :

1° Le *pont de Dong-Nhyen* (Cochinchine) (voir fig. 27). Ce pont,
de 66 mètres de longueur en trois travées, est établi très économique-
ment ; il repose aux extrémités sur deux pieux

FIG. 26. — PONT DE RACH-LANG.

FIG. 27. — PONT DE DONG-NHYEN.

à vis en fonte noyés dans le remblai, et au-dessus de la rivière sur
deux palées formées chacune de quatre pieux à vis en fonte entretoisés
— son platelage est en bois ;

2° Le *pont de Rach-Lang* (fig. 26), en trois travées avec chaussée
empierrée reposant sur des piles et culées en maçonnerie.

Ces ponts, d'un emploi si commode, ont reçu un nombre considérable d'applications tant en Europe qu'aux Colonies.

En France, le Ministère de la guerre les a adoptés pour le service
des armées en campagne. Ils sont également en usage dans les armées
Russe, Austro-Hongroise et Italienne.

Le type pour remplacement des voies ferrées va jusqu'à une portée de 45 mètres et a été adopté par les Compagnies P.-L.-M., Est et Orléans, et par le Génie militaire en Italie et en Russie, après de sérieuses études comparatives avec des ponts d'autre système (voir fig. 23).

§ 6. — Édifices publics et particuliers.

La maison Eiffel a construit, en dehors des ponts dont nous n'avons rappelé qu'une faible partie, un grand nombre d'édifices publics et particuliers, tant en France qu'à l'étranger.

FIG. 28. — GARE DE PEST.

Nous mentionnerons seulement :

De *nombreuses halles de stations*, notamment à Toulouse, Agen, Saint-Sébastien, Santander, Lisbonne, etc.

Des *églises*, notamment Notre-Dame-des-Champs, Saint-Joseph, le Temple israélite de la place Royale, à Paris, etc.

Des *usines à gaz*, telles que celles de Clichy, y compris le grand viaduc pour le déchargement des houilles, celles de Rennes et de Vannes, ainsi que celle de la Paz (Bolivie).

Des *marchés*, tels que celui des Capucins, à Bordeaux.

Des *édifices particuliers*, tels que l'école Monge, une partie des nouveaux magasins du Bon-Marché, l'hôtel du Crédit Lyonnais, le musée Galliera, le Casino des Sables-d'Olonne, les bâtiments de la douane d'Arica (Pérou), la galerie des Beaux-Arts à l'Exposition de 1867, etc.

Gare de Pest. — Il y a lieu de s'arrêter sur d'autres constructions plus caractéristiques, notamment la *gare de Pest* (fig. 28), qui fut, à la suite d'un concours, traitée par la Société autrichienne des chemins de fer de l'Etat, avec la maison Eiffel comme entrepreneur général, pour une somme à forfait de 2.822.000 francs.

Cette gare, très décorative et d'une très belle construction, couvre une surface de 13.000 mètres, et a été étudiée, dans tous ses détails d'architecture, par le constructeur, sous la direction de M. de Serres, directeur de la Société. Elle est particulière- ment intéressante en ce qu'elle présente l'un des premiers types de l'association du métal et de la maçonnerie, et que les

Fig. 29.
PAVILLON
DE LA VILLE DE PARIS
A L'EXPOSITION DE 1878.

Fig. 30. — FAÇADE PRINCIPALE DE L'EXPOSITION DE 1878.

éléments de décoration sont principalement formés par les parties métal- liques de l'ouvrage, rendues apparentes.

Pavillon de la Ville de Paris. — Un type de construction analogue a été réalisé sous la direction de M. Bouvard, architecte, dans le bâtiment si élégant et si remarqué qui figurait au centre de l'Exposition de 1878 et qui servait à l'*Exposition de la Ville de Paris* (fig. 29).

Façade principale de l'Exposition de 1878. — Enfin, nous rappellerons que c'est M. Eiffel qui eut l'honneur d'être chargé de la construction de la grande galerie formant la *façade principale de l'Exposition de* 1878 (fig. 30). Cette galerie, y compris ses trois dômes de 45 mètres de hauteur, a exigé l'emploi de 3.000 tonnes de métal.

§ 7. — Constructions diverses.

Parmi celles-ci, nous mentionnerons de *nombreuses tours de phares en fer*, des *jetées à la mer fondées sur pieux à vis*, notamment le môle d'Arica (Pérou) (fig. 31), *l'appontement en Seine de la Compagnie Parisienne du gaz, à Clichy,* fondé sur des piles tubulaires à l'air comprimé.

FIG. 31.
MOLE D'ARICA.

FIG. 32. — BARRAGE DE PORT-MORT.

Le *barrage de Port-Mort* sur la Seine (fig. 32), dont les rideaux (système Caméré) sont maintenus par des armatures de 13 mètres de hauteur, supportées elles-mêmes par un puissant tablier métallique de 204 m de longueur et de 12,20 m de largeur.

L'*écluse de Port-Villez* sur la Seine (fig. 33), dont l'entreprise générale est le plus important travail à l'air comprimé exécuté par la Maison. Cette écluse, de 187 mètres de longueur et de 12 mètres de largeur, est fondée sur des caissons descendus à 13 mètres sous l'eau. Le fonçage des caissons de têtes, qui avaient 21 mètres de largeur sur 29 mètres de longueur, a présenté les plus grandes difficultés.

FIG. 33. — ÉCLUSE DE PORT-VILLEZ.

FIG. 34, 35 et 36. — COUPOLE DE L'OBSERVATOIRE DE NICE.

Coupole du grand équatorial de Nice (fig. 34, 35, 36). — L'une des constructions les plus intéressantes est la *nouvelle coupole du grand équatorial de l'Observatoire de Nice*, créé par M. Bischoffsheim. Cette coupole, établie sous la direction de M. Charles Garnier, a un diamètre intérieur de 22,40 *m*, qui en fait la plus grande de celles qui existent. Elle doit son succès à cette particularité, qu'au lieu de tourner sur des galets, elle est supportée par un flotteur annulaire imaginé par M. Eiffel. Ce flotteur plonge à la façon d'un bateau, dans un réservoir également annulaire, ce qui permet à un enfant de déplacer à la main cette masse considérable de plus de 100.000 kilogrammes. Un système de galets de secours, placé à côté du flotteur, donne la possibilité, en cas de réparation de celui-ci, de faire mouvoir la coupole par le système ordinaire. Il est inutile de dire que le liquide choisi est un liquide incongelable.

La figure 36 représente la vue extérieure de la coupole ; on y aperçoit la grande ouverture, de 3,20 m de largeur, destinée aux observations, et pour la fermeture de laquelle M. Eiffel a disposé un système de deux grands volets courbes extérieurs, roulant sur des rails parallèles, à l'aide d'un mécanisme particulier, qui permet une fermeture très rapide.

Statue de la Liberté (fig. 37). — Les études que M. Eiffel avait faites sur la résistance au vent des constructions métalliques le désignaient à l'avance pour l'établissement de l'ossature en fer de la *statue de la Liberté* de Bartholdi, destinée à la rade de New-York, et dont la hauteur totale est de 46 mètres.

§ 8. — Entreprise générale des écluses du canal de Panama.

Cette entreprise considérable, dont l'importance était de 125 millions, comprenait 10 écluses, qui étaient des ouvrages d'art de dimensions grandioses, en raison surtout de la dénivellation tout à fait inusitée qu'elles comportaient. Cette dénivellation n'était pas moindre en effet de 11 mètres pour sept d'entre elles et de 8 mètres pour les trois autres. Ces ouvrages étaient entièrement établis sur les projets de M. Eiffel, avec des modes de construction tout à fait nouveaux et permettant d'avoir foi dans le succès.

Mais en raison des événements auxquels M. Eiffel a été mêlé, il est nécessaire de ne pas se borner à des renseignements techniques sur cette entreprise.

Suivant l'opinion unanime, la réalisation de l'entreprise des écluses qui comportait l'achèvement complet de celles-ci dans le délai très court de trente mois à partir du 1er janvier 1888, garanti par M. Eiffel sous sa responsabilité personnelle, eût assuré l'achèvement du canal lui-même. Or, cette entreprise était en pleine et bonne marche depuis une année quand, à la suite de l'insuccès d'une dernière souscription publique, la Compagnie dut suspendre ses paiements et une liquidation judiciaire se produisit. Malgré cette suspension de paiements, M. Eiffel, sur la prière des administrateurs judiciaires et afin de ne pas arrêter les travaux, au moins subitement, ce qui eût causé des désastres irréparables, consentit

32

à les continuer pendant plusieurs mois. Il avança ainsi plus de huit
millions sur des garanties très douteuses, c'est-à-dire contre le dépôt par la
Liquidation d'un certain nombre d'actions alors fort dépréciées du chemin
de fer américain traversant l'isthme (1); mais malgré tout, on dut arriver,
en juillet 1889, à la résiliation de l'entreprise et au règlement définitif des
comptes.

Ce règlement fut opéré par les soins du liquidateur judiciaire dans
une transaction par laquelle décharge pleine et entière était mutuellement
donnée. Un jugement du Tribunal civil rendu en Chambre du Conseil
homologua cette transaction et la rendit, en fait comme en droit, inattaquable.

Tout semblait ainsi terminé quand, en 1892, les passions politiques
s'emparèrent de cette affaire et s'y développèrent avec une telle intensité
qu'elles bouleversèrent le pays pendant plusieurs années. Des poursuites
furent engagées contre MM. de Lesseps, comme administrateurs de la
Compagnie, et abusivement on y impliqua M. Eiffel, quoiqu'il ne fût en
cette affaire qu'un simple entrepreneur et que ses comptes fussent définitivement réglés.

En 1893, au mépris de la décharge qui lui avait été donnée en 1889
et par une iniquité qui révolta tous les esprits réfléchis et les hommes
de bonne foi, une condamnation, qui leur parut dictée par des motifs
exclusivement politiques, vint frapper M. Eiffel en même temps que les
administrateurs de la Compagnie.

Mais heureusement pour l'honneur de la justice française, la Cour
de Cassation intervint, cassa et annula sans renvoi, en raison de la prescription et *comme violant formellement les dispositions des lois visées par le pourvoi,*
cet étrange arrêt, qui assimilait un entrepreneur à forfait à un mandataire,
et qui le mettait ainsi arbitrairement dans l'obligation de rendre des
comptes relativement à l'emploi des sommes qui lui étaient versées d'après

---

(1) Cette manière d'agir a été appréciée dans les termes suivants par le Tribunal
civil (août 1894) dont le jugement, repoussant l'opposition d'un certain groupe d'obligataires qui contestaient la convention finale, intervenue le 26 janvier 1894 entre
M. Eiffel, les liquidateurs et le mandataire des obligataires, et condamnant même ces
obligataires à une amende, reconnaissait formellement qu'il y avait dette de la
Liquidation envers M. Eiffel : « Attendu qu'on ne peut qualifier d'illusoire une dette
« contractée par la Liquidation *sur la foi et au profit de laquelle* Eiffel avait continué
« les travaux après la dissolution de la Compagnie. »

son contrat d'entreprise générale. C'est par suite de cette inconcevable assi-
milation, que l'on put arriver, en ce qui concernait l'emploi de quelques-
unes d'entre elles, à l'accuser d'abus de confiance, sans que jamais aucune
réclamation se fût produite de la part de la Compagnie et sans même
qu'aucune intention frauduleuse pût à un moment quelconque être relevée
contre lui (1).

Outre la cassation pour vice de forme, la Cour établit que : *En fait, il
y avait eu décharge pleine et entière donnée par le liquidateur en 1889*; ce qui,
en réalité, jugeait toute l'affaire *au fond*.

La Liquidation de la Compagnie de Panama dut, par suite, abandonner toutes réclamations vis-à-vis de M. Eiffel et lui paya intégrale-
ment ce qui lui restait dû en prenant pour base le règlement de comptes
de 1889 antérieurement contesté. Par contre, M. Eiffel, réalisant une
offre antérieure, faite longtemps avant tout procès et « *considérant comme
un devoir moral d'aider autant qu'il le pourrait au relèvement et à la reconstitution de l'œuvre* », suivant les termes mêmes de la convention finale du
26 janvier 1894 intervenue entre M. Eiffel, les liquidateurs et le mandataire
des obligataires (2), prit une part considérable, qui ne fut pas moindre de
dix millions, dans la souscription du capital de la nouvelle Société en

---

(1) Cette absence dans l'arrêt d'une constatation d'intention frauduleuse de la part
de M. Eiffel était même un des nombreux moyens du pourvoi en cassation et suffisait
amplement à elle seule à faire casser cet arrêt où toutes les règles du droit étaient
méconnues. En effet, s'il n'y a pas eu mauvaise foi, le délit reproché ne peut exister.

Le rapport du conseiller-rapporteur de la Cour de Cassation, M. de Larouverade,
constate ce fait capital dans les termes suivants :

« Les conclusions devant la Cour d'appel contenaient ce dispositif : « Dire que sur
« aucun chef, aucune intention frauduleuse ne peut être relevée contre Eiffel. »

« Pas un des considérants de l'arrêt ne semble se référer à ces conclusions. On
« lit bien dans l'arrêt que le liquidateur a été induit en erreur par les déclarations
« ambiguës de M. l'ingénieur Jacquier, rapprochées des assertions d'Eiffel; mais il
« n'y est pas même dit que ces assertions ont été produites de mauvaise foi. Dans
« tous les cas, ce n'est pas dans les termes d'un considérant sans précision ou dans la
« simple déclaration de culpabilité résultant du dispositif de l'arrêt, qu'on peut trouver
« l'affirmation du caractère frauduleux du délit; des conclusions formelles ayant été
« prises devant la Cour de Paris à ce sujet, la constatation de la fraude devait être
« exprimée en termes exprès. C'est ce qu'a décidé votre arrêt du 29 décembre 1866. »

Si cette constatation n'a pas été faite et précisée, c'est qu'il ne pouvait en être
autrement sans aller trop ouvertement à l'encontre de la vérité.

(2) Il importe au plus haut point à l'intérêt de la vérité, qu'il ne puisse subsister
aucun doute sur le caractère de cette convention qui n'est nullement, comme on l'a dit
à tort, la reconnaissance d'une dette et une restitution forcée, prétention contre

formation ayant en vue l'achèvement du canal. C'est cette souscription, offerte la première de toutes, qui a été le point de départ de toutes les combinaisons proposées et qui a permis la constitution définitive de la Société nouvelle; celle-ci a continué les travaux jusqu'à aujourd'hui (août 1900) et elle n'a pas perdu l'espoir de les voir s'achever.

Mais la politique dans cette affaire n'avait pas encore dit son dernier mot. A la suite d'une interpellation faite à la Chambre des Députés, M. G. Eiffel fut appelé, comme membre de la Légion d'Honneur, à fournir devant le Conseil de l'Ordre des explications au sujet de la part qu'il avait prise aux travaux du canal de Panama. Après plusieurs enquêtes minutieuses, le Conseil de l'Ordre prit, en 1895, une délibération par laquelle il fut reconnu qu'aucun fait ne pouvait dans cette affaire être reproché à M. Eiffel. Ainsi était démontrée par ce haut Tribunal de l'honneur, jugeant souverainement et devant lequel n'existaient ni exceptions juridiques ni questions de prescription, la profonde injustice des accusations portées contre M. Eiffel, tant à la Cour de Paris qu'à la tribune de la Chambre des Députés.

laquelle M. Eiffel aurait lutté jusqu'au bout. Aussi citerons-nous, malgré sa longueur, l'exposé des motifs de cette convention finale :

« M. Eiffel soutenait que la transaction de 1889, homologuée par un jugement « était, en fait comme en droit, inattaquable et qu'il ne pouvait être tenu à aucune « restitution vis-à-vis de la Liquidation ou des obligataires.

« Mais après avoir ainsi défini la situation, qu'il considérait comme lui étant irrévo-« cablement acquise vis-à-vis des uns et des autres, il a déclaré :

« Que dans une affaire aussi préjudiciable à tant de personnes que l'a été l'entre-« prise de Panama, il considérait comme un devoir moral, lui qui avait fait des « bénéfices, d'aider, autant qu'il le pourrait, au relèvement et à la reconstitution de « l'œuvre.

« Qu'il avait toujours manifesté hautement cette intention, bien avant l'information « judiciaire, et près de quatre années avant les assignations qui lui ont été signifiées.

« Que ses intentions, à cet égard, étaient restées les mêmes et que, dans cet ordre « d'idées, il venait se mettre à la disposition des liquidateurs, et du mandataire des « obligataires, mais sans que jamais les conventions qui vont ci-après intervenir « puissent lui être opposées comme la reconnaissance d'une dette quelconque envers la « Liquidation, ou les obligataires du Panama, dans le cas où ces conventions, par une « raison quelconque, ne seraient pas homologuées.

« MM. Monchicourt, Gautron, liquidateurs, et Lemarquis, mandataire des obliga-« taires, ont pensé que la reconstitution de l'œuvre du Panama présentait un intérêt si « décisif pour les obligataires, qu'il ne leur appartenait pas de repousser le concours « qui s'offrait à eux.

« C'est donc en se plaçant *de part et d'autre au seul point de vue des intérêts consi-« dérables engagés dans l'entreprise* que les parties ont arrêté les conventions « suivantes, etc... »

Voici le texte de cette délibération, telle qu'elle a été notifiée à M. Eiffel :

Paris, le 21 avril 1895.

MONSIEUR,

J'ai soumis au Conseil de l'Ordre, dans sa séance du 6 de ce mois, le travail de la Commission d'enquête que j'avais instituée, et devant laquelle vous avez été appelé, comme membre de la Légion d'Honneur, à fournir des explications au sujet de la part que vous avez prise aux travaux du canal de Panama.

Après avoir pris connaissance du procès-verbal de cette Commission, le Conseil de l'Ordre a adopté les conclusions suivantes :

« Considérant que de l'examen de la conduite de M. Eiffel comme « entrepreneur des travaux du canal de Panama, ainsi que des docu- « ments produits, il résulte *qu'il n'a commis aucun fait portant atteinte* « *à l'honneur* et de nature à entraîner l'application de peines discipli- « naires, le Conseil de l'Ordre est d'avis qu'il n'y a pas lieu de suivre « disciplinairement contre lui. »

Agréez, Monsieur, l'assurance de ma considération distinguée.

Le Grand Chancelier,

GÉNÉRAL FÉVRIER.

Au cours de la même année, à la suite d'un vote de la Chambre, le Conseil de l'Ordre et son Grand Chancelier, le Général Février, estimant que ce vote portait atteinte à l'indépendance de leur jugement, résignèrent leurs fonctions par la lettre que nous reproduisons :

Paris, le 16 juillet 1895.

MONSIEUR LE PRÉSIDENT DE LA RÉPUBLIQUE,

Grand Maître de l'Ordre de la Légion d'Honneur.

La Chambre des Députés, dans sa séance du 13 juillet dernier, a adopté un ordre du jour ainsi conçu :

« La Chambre, regrettant que le Conseil de l'Ordre de la Légion « d'Honneur, dans des décisions récentes, ait tenu si peu compte des

« arrêts de la Justice, invite le Gouvernement à déposer un projet de loi
« réorganisant le Conseil de l'Ordre. »

Accusé d'avoir mal défendu la dignité de la Légion d'Honneur dont
il est le gardien vigilant, le Conseil croit devoir présenter au Grand
Maître de l'Ordre des observations sur la résolution adoptée par la
Chambre des Députés.

Dans l'examen rapide que la Chambre a fait des questions qui
avaient donné lieu à une instruction approfondie et à deux délibérations
du Conseil, elle ne s'est pas rendu un compte exact de la législation sur
la discipline de la Légion d'Honneur, et, *faute de connaître l'ensemble
des éléments de la question de droit et de la question de fait que soulevait l'affaire
de M. Eiffel*, elle en a fait une fausse interprétation.

L'auteur de l'interpellation a invoqué l'article 46 du décret du
16 mars 1852, sans apercevoir qu'un arrêt cassé par la Cour de Cassation avait absolument perdu l'autorité de la chose jugée à tous les
points de vue et qu'il n'était plus qu'un document à consulter par le
Conseil de l'Ordre dans une instruction ouverte en vertu du décret du
14 avril 1874.

*Il ne paraît pas avoir su et la Chambre a ignoré que, devant la Cour de
Cassation, M. Eiffel ne s'était pas borné à soutenir que la Cour d'Appel de
Paris avait fait une fausse application de la loi en matière de prescription, mais
qu'il avait aussi demandé la cassation de cet arrêt par le motif qu'il avait violé la
loi en assimilant un entrepreneur à un mandataire et en le déclarant, par suite,
coupable d'abus de confiance.*

*La Cour de Cassation n'a pas pu examiner cette seconde partie du pourvoi
parce que la question de la prescription passait avant toutes les autres. Mais le
Conseil de l'Ordre avait le droit et le devoir d'apprécier à son point de vue les faits
retenus par la Cour de Paris et il l'a fait avec la conscience qu'il a toujours
apportée dans l'exercice de sa haute juridiction.*

Le Conseil croit avoir répondu au grief invoqué dans l'ordre du jour
de la Chambre.

Mais nous estimons que ce vote, accepté par le Gouvernement,
atteint sans distinction tous les membres du Conseil. Notre devoir est
donc, dans les circonstances actuelles, de résigner nos fonctions entre
les mains du Président de la République, Grand Maître de l'Ordre, qui
appréciera.

Le Conseil était ainsi composé :

Général Février, G. C. ✱, Grand Chancelier de la Légion d'Honneur, *président;*
Général Rousseau, G. O. ✱, Secrétaire général de la Légion d'Honneur, *vice-président;* Vice-amiral Thomasset, G. C. ✱, Membre du Conseil de l'Amirauté;
Général Charbeyron; G. O. ✱, Général Grévy, G. O. ✱; Général Baron de
Launay, G. O. ✱ ; Aucoc, G. O. ✱, Membre de l'Institut, ancien Président au
Conseil d'État; Barbier, G. O. ✱, Premier Président honoraire de la Cour de
Cassation; Daubrée, G. O. ✱, Membre de l'Institut; Delarbre, G. O. ✱,
Conseiller d'État honoraire, ancien Trésorier général des Invalides de la marine ;
Gréard, G. O. ✱, Vice-Recteur de l'Académie de Paris; Janssen, C. ✱, Membre
de l'Institut ; Meurand, G O. ✱, Ministre plénipotentiaire honoraire ;
Tétreau, C. ✱, Président de section au Conseil d'État.

Tels sont, dans toute leur simplicité, les faits positifs que nous
avons cru devoir rappeler ici, et qui sont à opposer aux légendes calom-
nieuses répandues sur le rôle de M. Eiffel dans l'affaire de Panama.

§ 9. — Titres honorifiques.

La longue carrière industrielle que nous venons de résumer valut à
M. Eiffel des distinctions de diverses natures.

Il fut nommé :

Président de la Société des Ingénieurs civils en 1889.

Président du Congrès international des procédés de construction à
l'Exposition de 1889.

Président de l'Association amicale des anciens élèves de l'École
centrale.

Membre du Conseil de perfectionnement de cette École.

Lauréat de l'Institut (Prix Montyon de Mécanique en 1889).

Lauréat de la Société d'Encouragement (prix quinquennal Elphège
Baude).

A l'étranger, les Sociétés d'Ingénieurs les plus en renom lui ont
décerné le titre de membre honoraire. Nous citerons notamment les
Sociétés suivantes :

Institution of Mechanical Engineers de Londres.

American Society of Mechanical Engineers de New-York.

Institut Royal des Ingénieurs Néerlandais à La Haye.

Société Impériale polytechnique russe.

Association des Ingénieurs industriels de Barcelone.

Association des Ingénieurs sortis des Écoles spéciales de Gand.

A chacune des Expositions de 1878 et de 1889, M. Eiffel obtint un Grand Prix, c'est-à-dire la plus haute des récompenses accordées.

Enfin la liste des décorations décernées à M. Eiffel montre que chacune d'elles correspond à l'exécution d'importants travaux :

Chevalier de la Légion d'Honneur, *à l'ouverture de l'Exposition de 1878*, et Officier en 1889, *à l'inauguration de la Tour*.

Officier de l'Instruction publique (*Exposition de 1889*).

Chevalier de l'Ordre de François-Joseph (*gare de Pest*).

Chevalier de l'Ordre de la Couronne de Fer d'Autriche (*pont de Szegedin*).

Commandeur de l'Ordre de la Conception de Portugal (*pont du Douro*).

Commandeur de l'Ordre d'Isabelle la Catholique d'Espagne (*pont du Tage*).

Commandeur de l'Ordre Royal du Cambodge (*travaux en Cochinchine*).

Commandeur de l'Ordre du Dragon de l'Annam (*travaux en Cochinchine*).

Commandeur de l'Ordre de la Couronne d'Italie (*ponts démontables*).

Commandeur de l'Ordre de Sainte-Anne de Russie (*ponts démontables*).

Commandeur de l'Ordre du Sauveur de Grèce (*travaux divers*).

Commandeur de l'Ordre de Saint-Sava de Serbie (*travaux divers*).

Les principaux ingénieurs qui ont été les collaborateurs de M. Eiffel dans sa carrière industrielle sont :

MM. A. LELIÈVRE, T. SEYRIG, J.-B. GOBERT, Émile NOUGUIER, Maurice KŒCHLIN, Jules PUIG, Charles LOISEAU et Adolphe SALLES.

FIG. 37. — STATUE DE LA LIBERTÉ.

TABLE DES MATIÈRES

— — —

CHAPITRE PREMIER

ORIGINES DE LA TOUR ET DESCRIPTION SOMMAIRE

CHAPITRE II

VISIBILITÉ, TÉLÉPHOTOGRAPHIE ET TÉLÉGRAPHIE OPTIQUE

CHAPITRE III

MÉTÉOROLOGIE

CHAPITRE IV

PHÉNOMÈNES PHYSIQUES

CHAPITRE V

EFFETS PHYSIOLOGIQUES DE L'ASCENSION A LA TOUR EIFFEL .

PAR LE Dr A. HÉNOCQUE

CHAPITRE VI

DISCOURS PRONONCÉS A LA CONFÉRENCE « SCIENTIA »

APPENDICE

NOTICE SUR LES TRAVAUX DE M. EIFFEL ET LES PRINCIPAUX OUVRAGES

EXÉCUTÉS PAR SES ÉTABLISSEMENTS DE 1867 A 1890

PARIS. — L MARETHEUX, IMPRIMEUR, 1, RUE CASSETTE.

CARTE SPECIALE DES ENVIRONS DE PARIS

Indiquant les points visibles du haut de la Tour Eiffel

PAR LE DIRECTEUR DU SERVICE D'OPTIQUE DE LA TOUR

RAOUL D'ESCLAIBES-D'HUST

Lieutenant-Colonel d'artillerie en retraite

Dessinée par A. FORTIER

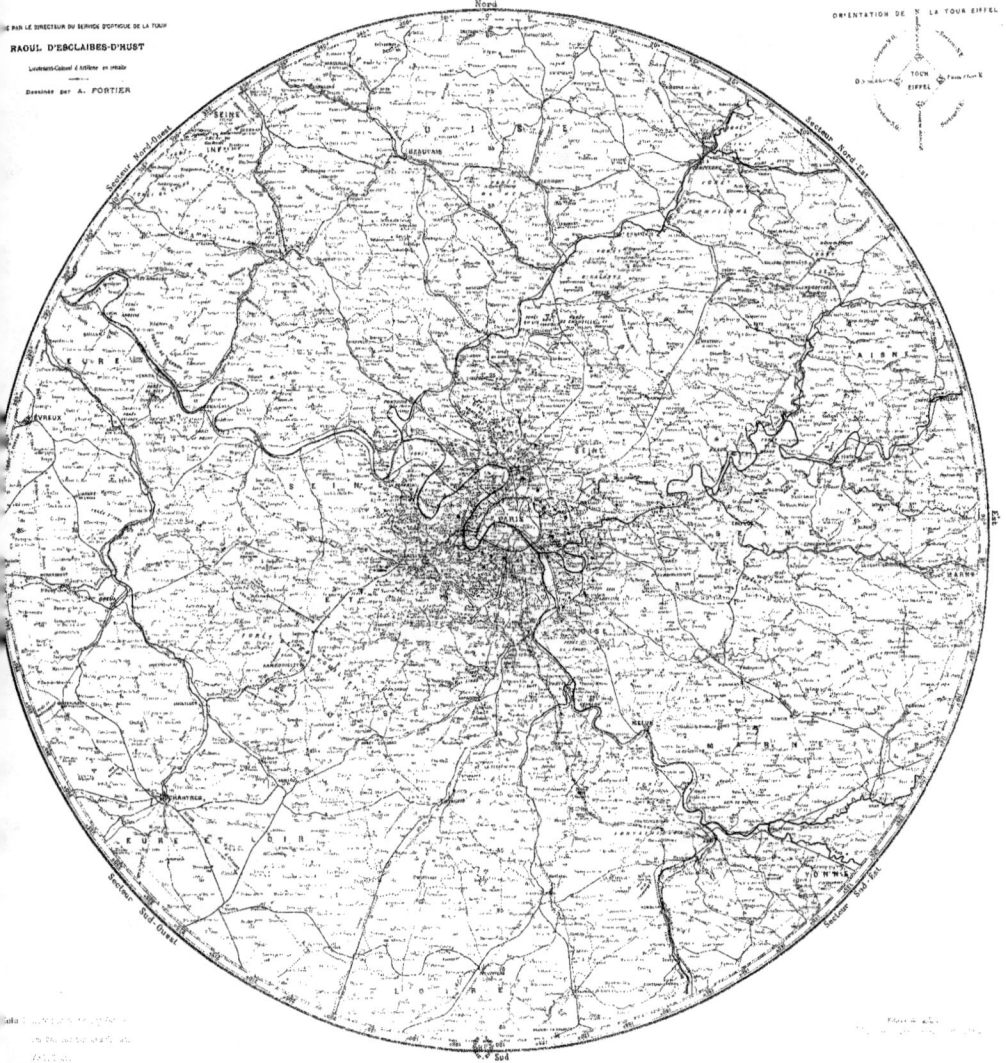

LEGENDE

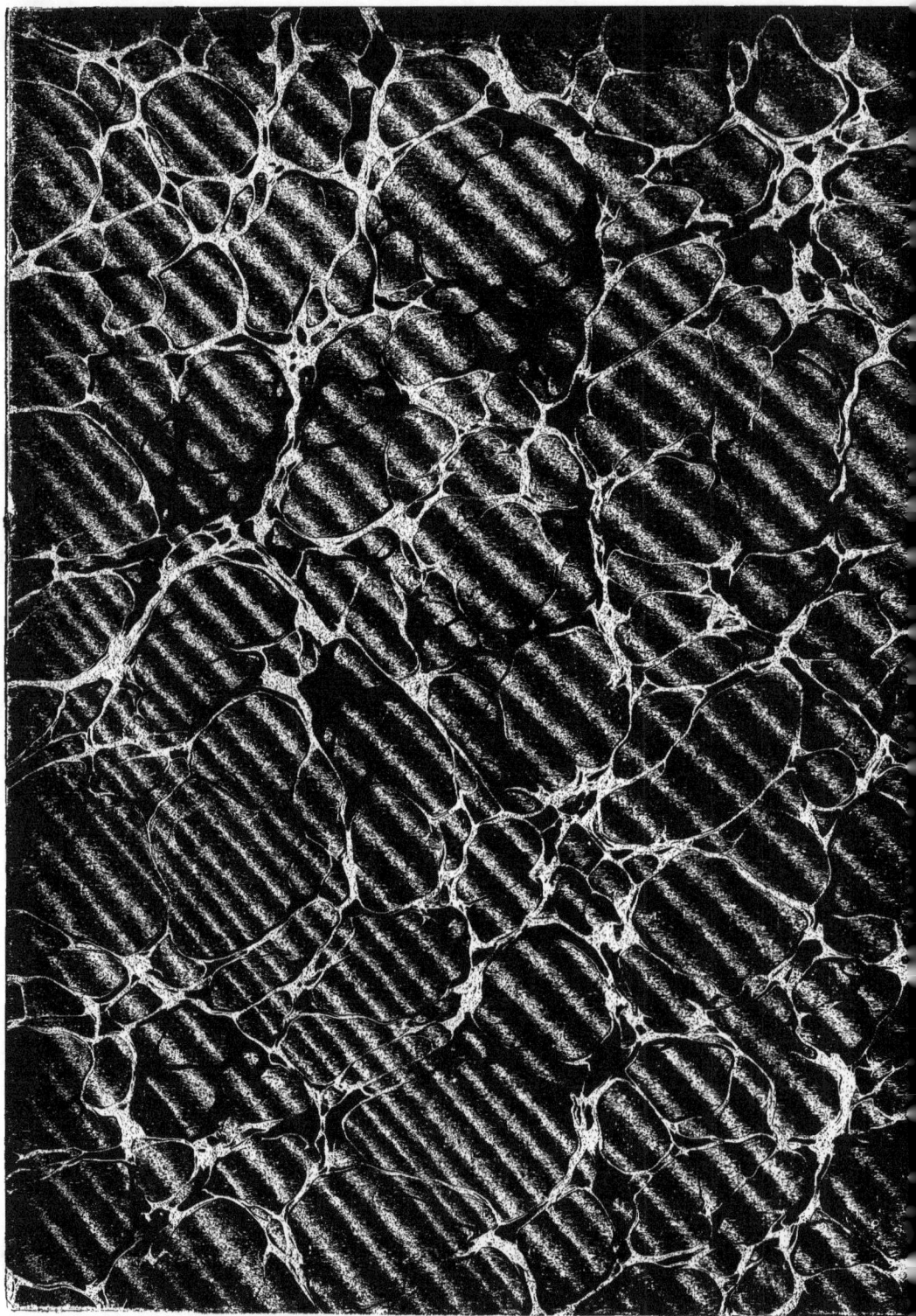

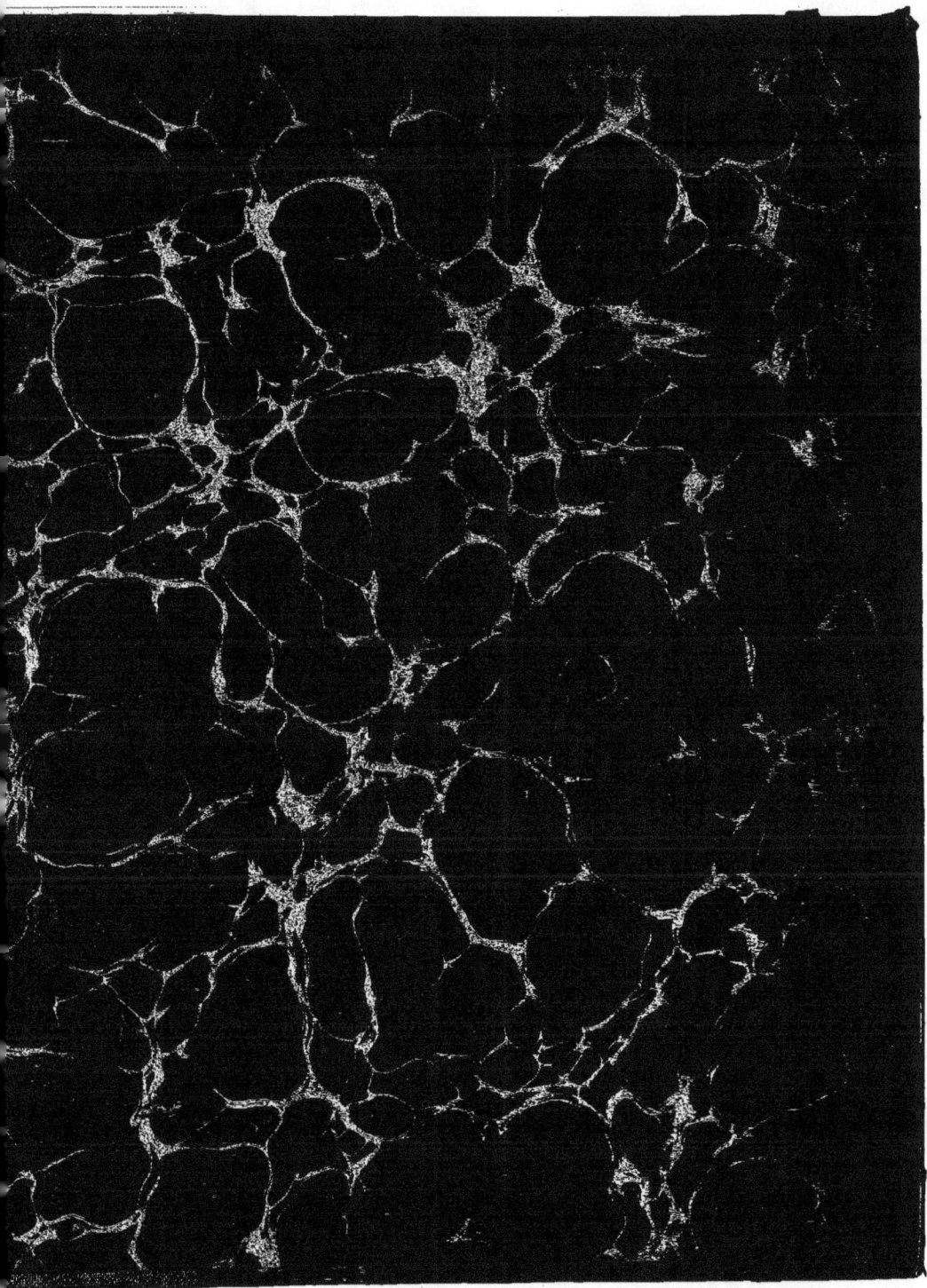

www.ingramcontent.com/pod-product-compliance
Lightning Source LLC
Chambersburg PA
CBHW070240200326
41518CB00010B/1634